普通高等学校"十四五"规划
计算机类专业特色教材

软件测试实用案例教程
（第二版）

主　编　张　硕
副主编　余　哲　梁　洁　陈苏红　周司珺

华中科技大学出版社
中国·武汉

内容简介

本书综合了软件测试的发展与教学需要,系统阐述了软件测试这一领域的基本概念、原理、方法与工具。全书共分 10 章,内容主要包括:初识软件测试、软件测试基础、黑盒测试、白盒测试、单元测试、集成测试、系统测试、接口测试、实用软件测试技术及软件测试管理。

全书内容丰富、组织严谨,将应用实例与测试方法及工具紧密结合起来。书中拥有丰富的应用实例和工具图表,有助于培养读者的实际软件测试分析、设计、执行及管理能力。书中还包含丰富的例题与习题,便于教学及读者自学。

本书可以作为高等院校软件工程专业、计算机科学与技术专业、计算机应用专业,以及其他相关专业的本科生教材,可供从事软件测试、计算机应用等工作的人员参考,同时可供计算机软件专业以及其他相关专业的科研人员以及相关大专院校的师生参考。

图书在版编目(CIP)数据

软件测试实用案例教程 / 张硕主编. -- 2 版. -- 武汉 : 华中科技大学出版社,2025.8. -- ISBN 978-7-5772-1860-1

Ⅰ. TP311.55

中国国家版本馆 CIP 数据核字第 20258J853G 号

软件测试实用案例教程(第二版)　　　　　　　　　　　　　　　　　　　　　　　　　张　硕　主编
Ruanjian Ceshi Shiyong Anli Jiaocheng(Di-er Ban)

策划编辑:范　莹
责任编辑:陈元玉
封面设计:原色设计
责任监印:曾　婷
出版发行:华中科技大学出版社(中国·武汉)　　　　电话:(027)81321913
　　　　　武汉市东湖新技术开发区华工科技园　　　　邮编:430223
录　　排:武汉市洪山区佳年华文印部
印　　刷:武汉市洪林印务有限公司
开　　本:787mm×1092mm　1/16
印　　张:13.25
字　　数:321 千字
版　　次:2025 年 8 月第 2 版第 1 次印刷
定　　价:45.00 元

前　　言

　　随着信息技术的高速发展,软件产品越来越丰富,软件产品的结构也越来越复杂。目前,软件产品的质量问题越来越受到人们的关注。随着软件测试技术的快速发展,市场对软件测试人才的需求猛增。近几年来,随着物联网、大数据、移动技术等的迅猛发展,软件测试技术也在不断变革以适应这些变化。在多年的教学过程中,由于受软件测试书籍的理论性强及工具运用的门槛高等影响,所以测试软件难以在课堂上讲解,实践起来也较困难,这些是我们想要做出改变的动力。为了让测试理论付诸实践,实验易于开展,我们撰写了本书的第一版。现在,在不断实践与探索的基础上,我们对第一版教材进行了更新,以满足学生不断发展的学习需求与社会对软件测试人才的需求。

　　本书介绍了软件测试的一般原理和各种测试方法,理论讲解循序渐进,适合读者逐步掌握软件测试的基本方法以及软件测试设计的精髓。除基础知识外,本书还适当加入了目前测试领域的各种先进的技术和理论,以方便读者了解前沿的测试理念和技术。

　　本书精心设计了浅显易懂的测试案例,重点关注黑盒测试、白盒测试、单元测试、集成测试、接口测试、系统测试、性能测试,尽量做到涉及面广、重点突出。在设计案例时,也以消耗较少的计算机资源且便于实操为原则,方便读者快速了解工具的使用方法及其在软件测试中扮演的角色。本书结合近几年软件测试技术的发展,重点介绍了一些比较流行的软件测试方法与测试工具。在甄选测试工具时,考虑到商业软件应用的范围以及对使用条件有一定的要求等情况,对国内外主流的开源软件测试工具进行了全面分析和研究,并通过教学实践的检验,最终确定了本书的开源测试工具。相较于商业工具而言,开源测试工具的伸缩性强,并易于裁减和扩充,无论是作为学习工具还是教学工具都较好上手。在介绍测试工具时,也使用了大量的代码和详细的操作说明,方便读者进行实践和演练。

　　本书的特色主要有以下四点。

　　(1) 随着 Python 运用越来越广泛,Python 在测试领域也扮演着越来越重要的角色。本书顺应 Python 的发展,在第 5 章中讲述了基于 Python 的单元测试以及 UnitTest 和 Coverage 两个工具的使用;在第 6 章中讲述了基于 Jenkins 的持续集成测试,在第 7 章中讲述了基于 Locust 及 Selenium 的自动化测试工具,构建了基于 Python＋Jenkins＋Selenium 的持续交付体系。

　　(2) 随着大数据、人工智能、物联网等技术的发展,软件更加多样化、复杂化,这也对测试人员提出了新的要求和挑战。第 9 章撰写了实用软件测试技术,讲解了 Web 应用测试、嵌入式测试、大数据测试、手机测试、车载测试等不同类型的测试技术、方法和策略。

　　(3) 本书重点介绍了 UnitTest、Coverage(第 5 章),Jenkins(第 6 章),Locust、Selenium (第 7 章),以及 Postman(第 8 章),这些开源工具都是企业中普遍使用的工具,掌握这些工具有利于测试人员的职业发展。

（4）本书提供了相应的测试代码、工具操作视频，以及全套软件测试文档，供读者阅读及下载使用。

本书由张硕任主编，余哲、梁洁、陈苏红、周司珺任副主编。其中张硕编写第1～7章、第9章，余哲编写第8章，梁洁编写第10章。全书由陈苏红、周司珺统稿。

本书的宗旨是提高软件测试课程的教学质量，让学生真正"学以致用"，并紧跟时代步伐。本书具有内容组织科学、合理、系统，理论与实践并重的特点，同时课后配有相应的习题供读者思考、练习与巩固。

本书可以作为高等院校软件工程专业、计算机科学与技术专业、计算机应用专业，以及其他相关专业的本科生教材，可供从事软件测试、计算机应用等工作的人员参考，同时可供计算机软件专业以及其他相关专业的科研人员、软件开发人员、软件测试人员以及相关大专院校的师生参考。

感谢武昌首义学院的领导和同事的支持与帮助，感谢陈苏红老师在第一版教材中做出的贡献，感谢郑昱参与本书的审稿工作，感谢华中科技大学出版社为本书辛勤付出的所有编辑们。

由于编者水平有限，书中难免存在不妥与疏漏之处，恳请广大读者批评指正。

编　者

2025 年 7 月

目　　录

第1章 初识软件测试

【学习目标】

　　随着计算机科技的飞速发展,软件无处不在。本章主要介绍软件测试的起源、现状与发展趋势,以及软件测试的重要性等内容。通过本章的学习,你将:

　　(1)了解软件测试的起源、在国内外的发展现状以及发展趋势。

　　(2)理解软件测试要解决什么基本问题。

　　(3)了解软件测试的重要性。

第1章课程资源

1.1 软件测试的起源

　　软件测试是伴随着软件的出现而产生,并随着软件开发技术的演进及应用领域的拓展而持续发展的。它已成为软件工程理论和实践中不可或缺的部分。借助软件测试技术,我们可以及时捕捉并修复软件中存在的缺陷,确保软件品质的稳固性和可靠性。在软件行业不断演进的浪潮中,软件质量的重要性日益凸显,软件测试作为其核心环节,可助力开发团队不断提升产品的质量,赢得用户的信任与支持。

　　自20世纪中期计算机诞生以来,计算机技术得到了惊人的发展。如今,软件已深入人们生活中的方方面面,大到计算机操作系统,小到日常的支付软件、打车软件,人们已经快速地进入了信息化时代。然而,在计算机技术起步的早期,软件与硬件之间紧密相连,且软件开发过程中缺乏工程化的方法论,导致软件中存在错误成为常态。对于这些软件缺陷的识别和处理,当时并没有形成标准化或系统化的方法和工具。

　　软件测试起源于20世纪40～50年代,在这个时期是没有清晰的软件测试概念的,测试只是整个软件开发过程的一个阶段。在这个阶段,测试与调试含义相似,目的都是排除软件故障,常常由开发人员自己来完成。直到1957年,Charles Baker 在他的一本书中对调试和测试进行了区分,即:

　　调试(debug):确保程序做了程序员想它做的事情。

　　测试(testing):确保程序解决了它该解决的问题。

　　从此,软件测试才开始与调试区别开来,成为一种发现软件缺陷的活动。这是软件测试史上一个重要的里程碑。当时计算机应用的数量、成本和复杂性都大幅度提升,随之而来的经济风险也大大增加,因此软件测试就显得十分有必要了。在这个阶段,软件测试的主要目的是确认软件是满足需求的,也就是我们常说的"做了该做的事情"。

　　1972年,北卡罗来纳大学举办了首届软件测试正式会议,组织者为 Bill Hetzel 博士。这一事件标志着软件测试作为一门独立的学科开始受到重视,并逐渐发展成为现代软件开发过程中不可或缺的一部分。这次会议对于软件测试的理论和实践发展具有重要的意义,为后来的软件测试研究和应用奠定了基础。

1973 年,Bill Hetzel 博士给出了软件测试的定义:软件测试就是建立一种信心,确信程序能够按照期望的设想进行。1981 年,Bill Hetzel 博士开设了一门公共课结构化软件测试。1983 年,他出版了《软件测试完全指南》(*The Complete Guide to Software Testing*)一书,并将软件测试的定义修改为测试是以评价一个程序或者系统属性为目标的任何一种活动,测试是对软件质量的度量。

1975 年,John Good Enough 和 Susan Gerhart 在 IEEE 上发表了《测试数据选择的原理》(*Toward a Theory of Test Data Selection*),这标志着软件测试开始被确立为一个正式的研究方向。

1979 年,Glenford Myers 的《软件测试的艺术》(*The Art of Software Testing*)成为软件测试领域的第一本重要专著,Myers 给出了软件测试的经典定义:The process of executing a program with the intent of finding errors(软件测试是为发现错误而执行一个程序或者系统的过程)。同时,他还提出了测试的目的是证伪,而不是证真。这个观点相较于之前的以证明为主的思路,是一个非常大的进步。我们不仅要证明软件做了该做的事情,也要保证它没做不该做的事情,这使得测试可以更加全面,也更容易发现问题。同时,他还提出了软件测试的目的,主要包括以下几点。

(1) 软件测试是程序的执行过程,目的在于发现错误。

(2) 软件测试是为了证明程序有错误,而不是程序无错误。

(3) 一个好的软件测试用例在于能发现至今未发现的错误。

(4) 一个成功的软件测试是发现了至今未发现的错误的测试。

1983 年,美国国家标准局(National Bureau of Standards)发布"Guideline for Lifecycle Validation, Verification and Testing of Computer Software",也就是我们常说的 VV&T。VV&T 提出了测试界很有名的两个名词:验证(verification)和确认(validation)。

Verification:Are we building the product right? (我们构建的产品正确吗?)主要为产品的功能可用性。

Validation:Are we building the right product? (我们构建了正确的产品吗?)主要为产品符合用户预期。

从通俗层面上讲,狭义的软件测试仅指动态测试,即软件测试是执行程序的过程,通过运行程序来发现程序代码或软件系统中的错误。广义的软件测试不仅是指对运行程序或系统进行测试,还包括对需求、设计、代码等的评审活动。因此,人们提出了在软件生命周期中使用分析、评审和测试来评估产品的理论。软件测试工程在这个时期经历了快速发展,出现了测试经理(test manager)、测试分析师(test analyst)等关键角色;开展正式的国际性测试会议和活动;发表大量测试刊物;发布相关国际标准等。以上种种都预示着软件测试正作为一门独立的、专业的、具有影响力的工程学发展起来了。

1983 年,IEEE(Institute of Electrical and Electronic Engineers)给出了软件测试的标准定义,并制定了测试的标准。软件测试是使用人工或自动手段来运行或测定某个系统的过程,其目的在于检验它是否满足规定的需求或是否清楚了预期结果与实际结果之间的差别。

直到 20 世纪 80 年代早期,软件行业才开始逐渐关注软件产品质量,并在公司内建立软件质量保证部门。随着软件开发的发展,软件质量保证部门的职能转变为流程监控(包括监控测试流程),这时,软件测试从质量保证部门中分离出来成为独立的组织职能。

1988 年,David Gelperin 博士和 Bill Hetzel 博士在《美国计算机协会通信》(Communication of the ACM)上发表了《软件测试的发展》(*The Growth of Software Testing*),文中介绍了系统化的测试和评估流程。

1996 年提出的测试能力成熟度(testing capability maturity model,TCMM)模型、测试支持度(testability support model,TSM)模型、测试成熟度(testing maturity model,TMM)模型。这些模型旨在系统化提升软件测试过程的规范性和质量。

在 2002 年,Rick 和 Stefan 在《系统的软件测试》一书中对软件测试做了进一步定义:测试是为了度量和提高被测试软件的质量,对测试软件进行工程设计、实施和维护的整个生命周期过程。

通过逐步建立的软件质量的要求、测试、评价、管理等方面的标准,不仅丰富了软件工程的标准化,也为软件测试提供了工程化、规范化的准则。

1.2 软件测试的现状及发展趋势

在美国、印度、日本等软件比较发达的国家,软件测试作为一个独立的产业发展迅速,软件测试在软件公司中占有重要的地位。微软公司联合创始人比尔·盖茨曾在马萨诸塞州技术学院的一次演讲中说:在微软一个典型的开发项目组中,测试工程师要比编码工程师多得多,比例大约是 2∶1,花费在测试上的时间要比花费在编码上的时间多得多。目前,很多国外大公司都有独立的测试团队,测试人员与开发人员的比例为 1∶1。

软件测试理论研究蓬勃发展,国外每年都会举办测试技术年会,技术专家会分享大量的软件测试研究论文,从而引领软件测试理论研究的最新潮流。

软件测试市场空前繁荣。HP、Compuware、Macabe、IBM、Borland 等都是著名的软件测试工具提供商,它们出品的软件测试工具占据了大部分国际市场,已经形成较大的软件测试产业。

20 世纪 90 年代初期,中国各地相继成立了软件测试机构,提供相应的测试服务。2001年以后,随着中国软件外包行业的发展,国内出现了一大批从事软件测试、软件外包的服务公司,国内大型国有或民营企业以及军工航天企业也逐步开始重视软件测试,国内软件测试人员的需求不断扩大。目前,中国软件测试行业正处于蓬勃发展的大好时机,软件公司日益重视软件产品的质量,软件测试必不可少。

2006 年 6 月,国务院出台《鼓励软件产业和集成电路产业发展若干政策》(国发〔2000〕18 号),对我国软件业的发展起到了极大的推动作用。发展至今,不仅软件测试已经受到软件企业的高度重视,而且市场化程度也越来越高,产业细分更加明显,软件企业中的测试开发比例持续上升。

根据中研普华产业研究院发布的《2024—2029 年中国软件测试行业现状分析及发展前景预测报告》显示,2022 年,我国软件测试行业市场规模已上升至 11929 亿,预计未来几年内将保持持续增长的态势。

随着软件技术的持续发展,以及软件应用的不断扩展,软件测试也必然会不断发展。近年来,各类新型架构的软件系统层出不穷,云计算、区块链、人工智能、大数据分析、数字孪生等新技术发展极为迅猛,也给软件测试带来了一些新的挑战。

智能化测试是当前软件测试行业的重要趋势,它通过集成人工智能(AI)和机器学习(ML)技术,极大地提升了测试的自动化水平和效率。AI 的引入使得测试工具能够自动生成测试用例,学习软件的运行模式,从而预测和识别潜在的缺陷。这种智能化的测试方法不仅提高了测试覆盖率,还能发现更为复杂的系统问题。智能化测试工具还能自动适应软件的变更,实现持续集成/持续部署(CI/CD),显著提高软件交付的速度和质量。随着技术的不断发展,预计智能化测试将成为软件测试行业的新标准。

持续集成/持续部署(CI/CD)是现代软件开发流程中的关键实践,它们通过自动化的测试流程,确保代码的每次提交都能快速地经过测试,从而实现更快速、更频繁的软件交付。CI/CD 的实施使得测试成为开发过程中的一个无缝环节,每次代码更新后,自动化测试将立即执行,帮助团队快速发现并修复问题。这种方法不仅加快了开发周期,还提高了软件的稳定性和可靠性。随着敏捷开发和 DevOps 文化的普及,CI/CD 已成为软件开发的标准配置,它们将测试流程紧密集成到软件开发周期中,实现快速迭代和频繁交付,缩短了从开发到部署的周期。

随着汽车行业的智能化和电动化发展,车载物联网测试已成为软件测试的一个重要领域。现代汽车逐渐变成"带轮子的计算机",其软件系统的复杂度和功能需求不断增加。车载测试不仅包括电动化、智能化技术,还包括车联网(V2X)技术、用户体验和安全合规性。这些测试内容要求测试技术和工具能够适应汽车行业的特定需求,确保汽车软件的安全性和可靠性。测试内容涵盖电动化、智能化、互联性、用户体验和安全合规性。

信创测试作为软件测试领域的一个重要发展方向,与全球信息技术供应链的重塑以及国家对信息安全的日益关注紧密相连。信创,即"信息技术应用创新",其宗旨是通过实现信息技术的自主可控,减少对外部技术的依赖,从而保障国家信息安全和推动国内信息技术产业发展。在全球化政治经济结构不断演变的今天,各国越来越重视科技领域的自主发展和数据安全,这使得信创测试成为维护国家信息技术安全的关键手段。信创国产化测试体现了国家对信息技术自主可控和安全可靠的重视,它涉及硬件、基础软件、应用软件等多个方面,确保产品和服务符合国家法规和政策。

软件测试行业正处于一个由传统向智能化、自动化和服务化转型的关键时期,测试人员需要不断学习新技术,以适应这一变革并推动行业的发展。

1.3 软件测试的重要性

软件生产过程均由人类的智力劳动来完成,因此在软件生产的分析、设计、开发等环节中都有可能引入缺陷的风险。而在软件发展的历史中,因为软件错误而造成的恶劣事件不胜枚举。

阿丽亚娜 5 型运载火箭是欧洲航天局(ESA)从 1987 年开始研制的大型运载火箭,主要用于地球同步轨道和太阳同步轨道卫星的商业发射。1996 年 6 月 4 日,阿丽亚娜 5 型运载火箭首次测试发射,然而火箭却在离开发射台仅 30 秒就因失去控制而自毁。在航空航天领域,软件继承复用是常见现象。根据 ESA 的调查报告显示,阿丽亚娜 5 型运载火箭的惯性参考系统(SRI)沿用了阿丽亚娜 4 型运载火箭的代码和硬件配置。由于 4 型运载火箭的测速数据采用 16 位浮点数处理,而 5 型运载火箭未对这一设计进行更新或验证,导致数据转换时出现溢出错误,最终失控而自毁。阿丽亚娜 5 型运载火箭的开发成本接近 80 亿美元,并携带了造价 5 亿美元的卫星,然而它们都化为灰烬。根据 ESA 的调查报告显示,这是 SRI 软件因需求、设计、测试以及评审问题而造成的错误。这凸显了在软件设计和测试中,确保软件兼容性和正确性至关重要。

2011 年 7 月 23 日 20 时 30 分 05 秒,由北京南站开往福州站的 D301 次列车与杭州站开往福州南站的 D3115 次列车发生追尾事故,造成 40 人死亡、172 人受伤,直接经济损失 19371.65 万元(见图 1-1)。造成该事故的原因为温州南站列控中心设备存在设计缺陷。当雷击导致保险管 F2 熔断后,采集驱动单元未能正确检测故障并触发安全机制。设备在无车占用状态下错误输出控制指令,使信号错误地显示为绿灯。该事故不仅造成了严重的人员与财产损失,也对我国高铁技术的输出产生了恶劣影响。

图 1-1　7.23 甬温线特别重大铁路交通事故图

2012 年,Knight Capital Group 的一家子公司在纽约证券交易所进行股票交易时,由于软件存在缺陷,导致发送大量错误的交易指令,造成其损失超过 4 亿美元。该事件是由该子公司新安装的交易软件的缺陷引起的。具体来说,软件中的一个错误导致它错误地评估了股票的价格,并因此发送了大量错误的买卖指令。这些指令迅速被市场执行,导致该子公司遭受巨大损失。该缺陷产生的原因包括:软件测试不够,新安装的软件在投入使用前没有经过充分的测试,未能发现其中的关键缺陷;缺乏有效的监控和纠错机制,在交易执行过程中,系统未能及时发现并纠正错误的交易指令。

美国波音公司是全世界最大的民用客机制造商之一,该公司为了提升波音 737MAX 飞机的俯仰稳定性而设计了一个机动特性增强系统(MCAS),该系统在飞机襟翼收起、大迎角手动飞行状态下激活。然而,2018 年 10 月的印尼狮航 JT610 航班起飞不久后坠毁,机上 189 人遇难;2019 年 3 月的埃塞俄比亚航空 ET302 航班同样在起飞后不久坠毁,机上 157 人遇难。经调查发现,是错误的迎角传感器数据触发了 MCAS,导致飞机自动且持续向下俯冲,飞行员无法控制这一自动操作。该波音公司随后对 MCAS 进行升级,增加了多层保护来应对迎角传感器的错误数据。这些升级包括:比较两个迎角传感器的输入,限制 MCAS 在已知或可预见故障情况下的激活次数,确保飞行员能够通过拉回操纵杆来抵消 MCAS 的指令。波音 737MAX 系列空难事件的直接原因与 MCAS 的设计缺陷密切相关,该系统在异常情况下未能导向安全。

2023 年 5 月 24 日,在巴西南部地区,微软公司的 Azure DevOps 的一处 scale-unit 设施发生严重故障,导致服务宕机约 10.5 个小时。这次故障的原因是一个简单的拼写错误,这个错误最终导致 17 个生产级数据库被意外删除。Azure DevOps 的工程师有时会保存生产数据库的快照,用于调查问题或测试性能改进。这些快照数据库需要定期清理,因此有一个后台负责删除旧的快照。在一次代码升级中,工程师试图用新的 NuGet 包替换已弃用的包,这个过程中发生了拼写错误,错误地将删除数据库的调用替换成了删除整个 Azure SQL Server 的调用。由于测试机制没有覆盖到这种极端情况,所以错误代码在部署到巴西南部地区的 scale-unit 设施后发生了严重故障。当执行删除作业时,不仅删除了旧的快照,还删除了所有的生产数据库,导致该 scale-unit 设施无法处理客户流量。Azure DevOps 的工程师在数据库删除后 20 分钟内检测到了中断,并着手修复。虽然数据没有丢失,但由于需要 Azure SQL 团队介入数据库备份配置的不匹配,以及 Web 服务器预热任务的复杂问题,所以整个恢复过程耗时长达 10.5 个小时。为了防止这类问题再次发生,微软公司采取了多项措施,包括修复快照删除作业中的错误、增加新的测试覆盖、为关键资源添加锁定机制、确保所有数据库备份配置一致,以及改进 Web 服务器预热逻辑等。微软公司首席软件工程经理 Eric Mattingly 对此次事件表达了歉意,并向受影响的客户承诺将持续提高服务质量和可靠性。

这些案例强调了软件安全和质量控制的重要性,尤其是在如航空、金融和能源等关键领域。通过对这些事件的分析,我们吸取教训,改进软件的设计、开发、测试和维护流程,以提高其安全性和可靠性。在保证软件质量的各种方法中,软件测试是一种有效的方法。因此,只有按照原则、规范和标准对软件系统进行严格而科学的测试,才能开发出高质量的让用户放心的软件。

1.4　小结

软件测试是伴随着软件的出现而产生的,也是随着软件技术和应用不断发展的。软件测试作为软件工程的一个关键组成部分,起源于 20 世纪 50 年代,随着计算机技术的发展而逐步形成。早期的测试工作主要集中于调试,缺乏系统化和标准化的方法。随着软件系统复杂性的增加,软件测试开始被视为一个独立的领域,发展出了多种测试技术和方法。

当前,国内外软件测试行业均呈现出快速发展的趋势。在智能化、自动化的推动下,软件测试正变得更加高效和精准。国内软件测试行业虽然起步较晚,但市场规模不断扩大,技术变革不断深化,展现出巨大的发展潜力。

未来的软件测试将更加侧重于智能化和自动化技术的应用,如利用人工智能进行缺陷预测和生成测试用例。同时,随着 DevOps 文化的普及,持续集成/持续部署(CI/CD)将成为软件测试的标准实践。

历史上的重大软件缺陷事件,如波音 737MAX 飞机的 MCAS 问题、微软公司 Azure DevOps 的数据库删除事故等,都凸显了软件测试的重要性。这些事件不仅造成了巨大的经济损失,也对人们的生命安全构成了威胁,因此应加强对软件测试和质量保证的重视。

软件测试是确保软件质量、可靠性和安全性的重要环节。随着技术的不断进步,软件测试正朝着更加智能化、自动化的方向发展。同时,软件测试人员需要不断学习新技术,提升测试技能,以满足不断变化的软件开发需求。通过深入理解软件测试的起源、现状和趋势,以及从历史事件中吸取教训,我们可以更好地应对未来的挑战,推动软件测试行业的发展。

习题 1

一、选择题

1. 以下(　　)不是软件测试领域的代表人物。

A. Bill Hetzel　　　　B. Glenford Myers　C. Rick 和 Stefan　D. 比尔·盖茨

2. 以下关于软件测试的说法,正确的是(　　)。

A. 调试就是测试,可以发现程序中存在的问题

B. 软件发生问题只是小概率事件

C. 软件测试不能有效预防软件出现故障

D. 软件在上线前进行软件测试是十分有必要的

3. 关于 Glenford Myers 的说法,错误的是(　　)。

A. 测试的目的是证伪,而不是证真

B. 软件测试是程序的执行过程,目的在于发现错误

C. 软件测试是为了证明程序无错误

D. 一个好的软件测试用例在于能发现至今未发现的错误

二、简答题

1. 什么是软件测试?

2. 请分析最近发生的软件质量事故,并简要分析产生的原因。

3. 请简述国内软件测试的现状与发展趋势。

第2章 软件测试基础

【学习目标】

本章主要介绍与软件测试相关的内容,如软件测试的定义、缺陷,软件测试的测试用例,从不同角度对软件测试进行分类,经典的软件测试模型。通过本章的学习,你将:

(1) 了解软件测试的定义、缺陷。

(2) 理解软件测试的测试用例。

(3) 理解经典的软件测试模型。

(4) 了解从不同角度对软件测试进行分类。

第2章课程资源

2.1 软件测试的概念

2.1.1 什么是软件测试

在软件测试的发展过程中,大家发现 Bill Hetzel 和 Glenford Myers 提出的定义是不同的,这正是软件测试中的两种不同的思维:正向思维和逆向思维。

Bill Hetzel 是软件测试正向思维的主要代表人物。软件测试正向思维的出发点是:针对软件系统的所有功能点,逐个验证其正确性,这有助于验证软件是否是正常工作的,即是否按照预先的设计执行功能。此外,他还把软件的质量定义为"符合要求",强调测试的目的是验证软件的功能是否满足用户需求或功能设计。

Glenford Myers 是软件测试逆向思维的主要代表人物,他认为测试不应该着眼于验证软件能正常工作,相反,应该首先认定软件是有错误的,然后用逆向思维去发现尽可能多的缺陷。他同时认为,将验证软件是否可以正常工作作为测试目的,非常不利于测试人员发现软件中的缺陷。

软件测试的正向思维和逆向思维的观点看似相反,其实是从不同的角度来看待软件测试。

1990 年,ANSI/IEEE 对软件测试进行了定义:是在规定条件下运行系统或构件,观察和记录结果,并对其某些方面给出评价的过程。

2014 年,IEEE 发布了软件工程知识体系 SWEBOK 3.0,其中将软件测试定义为:是动态验证程序针对有限的测试用例集是否可产生期望的结果。这是一个最新的定义,关注了测试用例集的有限性特征和对程序是否满足期望结果的验证。

软件测试的目的始终是保证软件质量。

2.1.2 软件质量

软件产品与其他产品一样,是有质量要求的。软件质量的好坏,关系着软件使用的各种体验以及软件的生命周期长度。一款高质量的软件往往能够满足用户的多种需求,更受用户欢迎。

国际标准化组织(International Organization for Standardization,ISO)和国际电工委员会(International Electrotechnical Commission,IEC)构成了世界标准化的专门体系。作为国际标准化组织或国际电工委员会成员的国家机构,可通过各自组织设立的技术委员会参与国际标准的制定,这些技术委员会负责特定领域的技术活动。国际标准化组织(ISO)的ISO/IEC 25010:2011 标准中将软件质量定义为:软件产品或系统在特定使用场景下与明确或隐含需求的符合程度,以及它在性能、可靠性、可用性、效率、可维护性、可移植性等方面的特性。在 ISO/IEC 25010:2023 第二版中对 ISO/IEC 25010:2011 进行了修订。修订后的特性包括:功能适用性(functional suitability)、性能效率(performance efficiency)、兼容性(compatibility)、交互能力(interaction capability)、可靠性(reliability)、安全性(security)、可维护性(maintainability)、灵活性(flexibility)、无害性(safety)。软件质量的 9 个特性和 40个子特性如表 2-1 所示。

表 2-1　ISO/IEC 25010:2023 第二版软件质量特性

	功能适用性	功能完备性、功能正确性、功能适合性
	性能效率	时间特性、资源利用率、容量
	兼容性	共存性、互操作性
软件质量	交互能力	可辨识性、易学性、易操作性、用户差错防御性、用户黏性、包容性、用户支持、自描述性
	可靠性	无故障、可用性、容错性、易恢复性
	安全性	保密性、完整性、抗抵赖性、可核查性、真实性、耐受性
	可维护性	模块化、可重复使用性、可分析性、可修改性、可测试性
	灵活性	适应性、可扩展性、可安装性、可替换性
	无害性	运行限制、风险识别、故障安全、危险警告、安全集成

在 ISO/IEC 25010:2023 第二版标准中所包含的 9 大特性的具体含义如下。

(1)功能适用性:产品在规定条件下使用时,提供满足预订用户明示和暗示需求功能的能力。功能适用性不仅涉及功能是否满足明示和暗示的需求,还涉及功能规格。

(2)性能效率:产品在规定的时间和吞吐量参数内执行其功能的能力,以及在规定条件下有效利用资源的能力。资源可以是 CPU、内存、存储和网络设备。

(3)兼容性:产品与其他产品交换信息和(或)在共享相同环境和资源的情况下执行其所需功能的兼容性。

(4)交互能力:产品与特定用户进行交互的能力,即用户与系统之间通过用户界面交换信息以完成预定任务的能力。

(5)可靠性:产品在规定的条件下,在规定的时间内执行规定功能而不发生中断和故障的能力。

(6)安全性:产品保护信息和数据的能力,使个人或其他产品拥有与其授权类型和级别相适应的数据访问权限,并抵御恶意行为者的攻击模式。

(7)可维护性:产品由预定维护者进行有效和高效修改的能力。

(8)灵活性:产品适应需求、使用环境或系统环境变化的能力。使用环境的灵活性应考虑两个不同的方面,即技术和非技术方面。技术方面与产品的执行环境有关,如软件、硬件和通信设施;非技术方面与社会环境(如用户和任务)以及物理环境(如气候和自然)有关。

(9)无害性:产品在规定条件下避免危及人的生命、健康、财产或危及环境的能力。

这9大特性及其子特性是软件质量标准的核心,软件测试工作将从这9大特性和40个子特性去测试、评价一个软件。

从软件质量的定义中可以看出,软件质量主要分为三个层次。第一个层次是软件产品符合明确定义的目标,并且能够可靠运行;第二个层次是能够满足用户的明确需求,并解决用户的实际问题;第三个层次更进一步符合用户的暗示需求,满足用户潜在的可能需要。

进行软件测试的主要目的是通过测试的手段发现和排除软件中的缺陷,从而保证软件的质量。软件测试和软件质量之间有着密切的关系。当一个软件产品是一个高质量的软件产品时,除了用户有很高的满意度外,对于内部人员来说,也是一个编码规范、易于维护的软件产品。

2.1.3　软件缺陷

软件缺陷的含义十分广泛。人们常将软件的问题(problem)、错误(error)以及因软件而引起的异常(anomaly)、故障(fault)、失效(failure)、偏差(variance)等均称为软件缺陷。通常,我们也会将计算机系统中的缺陷或者问题称为Bug。

1947年9月9日,霍珀在美国海军服役期间,参与了哈佛大学的Mark II艾肯继电器计算机的测试工作。当天,计算机发生了故障,经过检查,团队在继电器触点之间发现了一只飞蛾,这只飞蛾导致了电路中断,从而引起了工作故障。操作员将飞蛾取出且贴在了计算机日志上,并记录了这一事件,写下了"First actual case of Bug being found"(首个发现Bug的实际案例)。

这个事件被认为是"Bug"一词在计算机科学领域中用来指代软件或硬件中的错误或缺陷的起源。霍珀和她的团队还创造了"debugging"(调试)一词,意为找出并解决问题的过程,他们宣布"debugged"(调试完成)了机器,从而引入了"debugging a computer program"(调试计算机程序)这一术语。

IEEE 729—1983对软件缺陷进行了标准定义:从产品内部看,软件缺陷是软件产品开发或维护过程中存在的错误、毛病等问题;从产品外部看,软件缺陷是系统所需实现的某种功能的失效或违背。这意味着软件缺陷是计算机软件或程序中存在的问题,这些问题最终导致软件产品不能满足用户的需求。

软件缺陷可以通过多种形式展现,包括不限于功能未能完全实现或仅部分实现、由于设计上的缺陷导致使用不便、产品实际功能偏离预期目标、性能指标未能达到规定标准、程序运行时出现故障、数据处理错误或不准确、用户界面设计不符合用户体验标准及软件在不同系统或设备上的兼容性问题等。

在 ISTQB(国际软件测试资格委员会)中,软件缺陷的定义为可能会导致软件组件或系统无法执行其定义的功能的瑕疵。例如,错误的语句或变量定义。如果在组件或系统运行中遇到缺陷,可能会导致运行的失败。

软件缺陷是如何产生的呢? 软件缺陷的产生是一个复杂的过程,通常涉及软件开发生命周期的多个阶段。在团队合作开发过程中,因为个人理解、能力不同、沟通不畅、工作不规范等因素都有可能引入软件缺陷。以下是一些常见的导致软件缺陷产生的原因。

(1)需求不明确。如果需求文档不清晰或不完整,开发人员可能无法准确理解用户的实际需求,从而导致软件产品无法满足预期的需求。项目团队成员之间的沟通不畅可能导致误解需求或设计意图,进而产生缺陷。

(2)编码错误。开发人员在编写代码时可能会引入错误,如语法错误、逻辑错误或违反编码标准。加上开发人员的水平参差不齐,开发过程中团队缺乏有效的沟通等,都有可能引入缺陷。

(3)变更管理不当。需求或设计的频繁变更如果没有得到妥善管理,可能会导致软件产品出现不一致性或错误。

很多人认为缺陷产生的阶段主要在编码阶段,事实上,在软件开发生命周期中的各个阶段都有可能存在缺陷,而软件在需求和设计阶段引入缺陷的占比超过编码阶段。据统计,通常在需求分析阶段引入软件缺陷的比例约为 54%,在设计阶段引入缺陷的比例约为 25%,而编码产生的缺陷约为 15%,其他缺陷约占 6%。

2.2　软件测试的原则

软件测试过程中应遵循的原则对于确保测试的有效性和提高软件质量至关重要。在开展软件测试活动时,应当遵循以下原则。

(1)工程性原则。测试不是在开发完成后才存在的阶段性活动,而是贯穿了软件开发的各个阶段,因此,需要以工程化的思想和方法来组织与实施。

(2)早期介入原则。测试活动应尽早地在软件开发生命周期中开始,以便早期发现问题,降低后期修改的成本和复杂性。

(3)独立性原则。测试团队应保持独立性,以确保测试的客观性和全面性,避免开发团队的偏见或盲点。

(4)不完全性原则。软件系统是庞杂的,对软件进行完全测试是不太可能的。测试只能尽可能多地发现错误,不能证明软件是完全正确的。

(5)回归测试原则。任何对软件的更改都可能引入新的错误。因此,对修改部分进行回归测试以确保更改未对现有功能产生负面影响是必要的。

(6)缺陷聚集原则。实践中,缺陷往往倾向于聚集在软件的某些特定模块或功能中。一般来说,一段程序中若已发现较多的缺陷,则该部分存在其他缺陷的概率也大。

(7)杀虫剂悖论。杀虫剂悖论是指测试用例重复执行多次后不再发现新错误的现象。这种现象表明,如果一直使用相同的测试方法或手段,可能会使被测系统对这些测试用例产生"免疫力",从而无法发现新的缺陷。为了解决这个问题,测试用例应当定期修订和评审,增加新的或不同的测试用例以发现更多的缺陷。

2.3 软件测试模型

软件测试模型通常是随着软件工程中开发模型的发展而演变的。主要的软件测试模型有 V 模型、W 模型、H 模型和敏捷测试模型等。

2.3.1 V 模型

软件测试中的 V 模型源自软件开发中的瀑布模型。瀑布模型将软件开发过程划分为需求分析、概要设计、详细设计、编码实现等阶段。V 模型是一种传统的测试模型,用于将测试活动与软件开发的每个阶段紧密联系起来。左侧从上到下依次是需求分析、概要设计、详细设计、编码实现,右侧从下到上依次是单元测试、集成测试、系统测试、验收测试。V 模型的对应关系明确了"每个开发阶段都需要对应的测试来验证",避免了测试的盲目性。同时,V 模型打破了"测试仅在开发完成后进行"的传统观念,要求测试计划与开发计划同步制订。V 模型是一种线性、顺序型的模型,开发和测试阶段按顺序依次进行,前一阶段完成后才能进入下一阶段。软件测试中的 V 模型如图 2-1 所示。

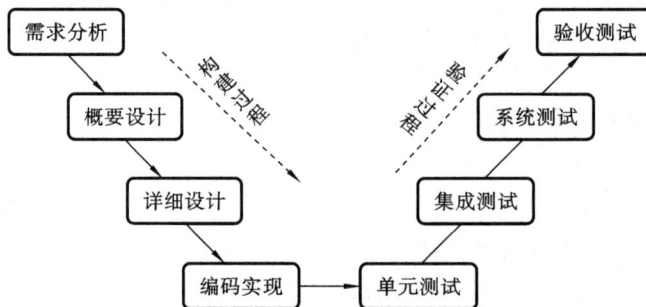

图 2-1 V 模型

2.3.2 W 模型

在 V 模型中,由于是把软件测试局限于软件工程的一个阶段性活动,并在编码结束后才开始,与软件测试中的早期介入原则不符。因此,在 V 模型的基础上进行了改进,让软件测试从需求分析阶段开始介入。W 模型实际上是两个 V 的叠加,其中一个 V 用于描述开发过程,另一个 V 用于描述测试过程。W 模型如图 2-2 所示。

对比 W 模型和 V 模型可以发现,W 模型体现了软件测试应分布于软件过程的每一个阶段,测试的范围不仅包括代码,还包括需求分析、设计等前期的工作及文档,能够尽可能早地发现问题。但是,在 W 模型中,并没有体现出软件的迭代等过程。

2.3.3 H 模型

在 W 模型和 V 模型的基础之上,有专家提出了 H 模型。H 模型是一种软件测试框架,它将测试活动视为一个独立的、与开发过程并行的流程,而不是仅在开发周期的末端进

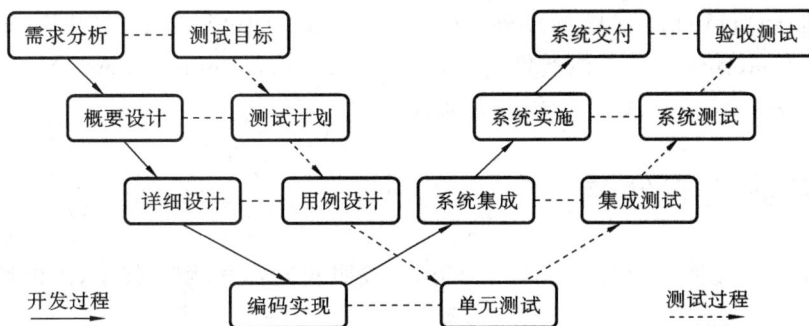

图 2-2 W 模型

行。该模型强调测试计划和测试用例的设计应该在软件开发的早期阶段就开始,并且测试应该贯穿整个软件开发生命周期。H 模型允许在软件开发的任何阶段执行测试,从而更早地发现和修复错误,提高软件质量,并支持迭代和增量的开发方法。H 模型如图 2-3 所示。

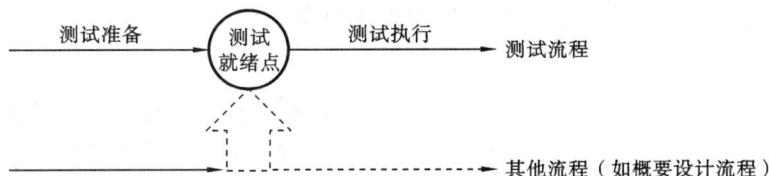

图 2-3 H 模型

H 模型特别适合于敏捷开发环境,其中需求和设计可能会频繁变化,H 模型提供了灵活性以适应这些变化,并确保测试活动与开发工作同步进行。然而,H 模型本身是一个抽象化的模型,只需要测试人员理解其含义。

2.3.4 敏捷测试模型

敏捷测试模型是一种与敏捷开发方法紧密集成的测试策略,它强调在整个开发过程中持续进行测试活动,以确保软件产品能够快速适应变化并满足用户需求。在敏捷测试中,测试团队与开发团队紧密合作,采用短周期的迭代开发和测试,实现快速反馈和持续改进。敏捷测试是敏捷开发的组成部分。敏捷测试过程如图 2-4 所示。

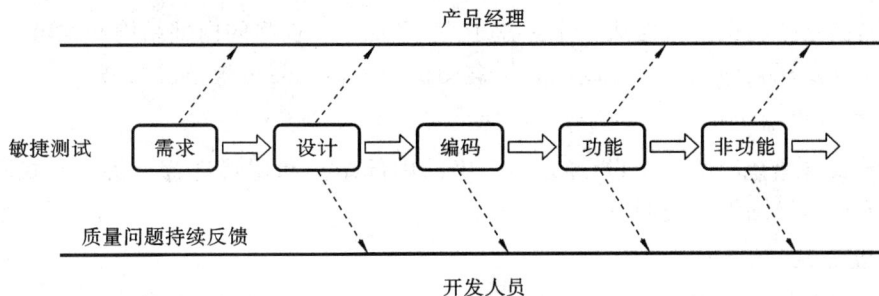

图 2-4 敏捷测试过程

除了以上经典软件测试模型以外,还有一些其他的模型,例如 TMMi(test maturity model integration,测试成熟度模型集成)、TPI(test process improvement,测试过程改进)、CTP(critical test process,关键测试过程)等模型。

2.4　软件测试的分类

软件测试可以按照不同的标准进行分类,如按照测试阶段、测试技术、测试环境等。

2.4.1　按照测试阶段分类

软件测试按照测试阶段可以分为单元测试、集成测试、系统测试和验收测试。

1. 单元测试

单元测试的目的在于检查每个程序单元是否满足详细设计说明书中的模块功能、性能、接口和设计约束等要求,检查各模块内部是否存在错误。单元测试需要从程序的内部结构出发设计测试用例。多个模块可以平行地独立进行单元测试。

2. 集成测试

集成测试也叫组装测试,其目的是确保软件的各个组件或模块在合并后能够协同工作,并满足设计要求。集成测试用于检验单元间的接口关系,采用一定的策略进行集成,最终形成符合概要设计要求的系统。

3. 系统测试

系统测试是将集成后的软件运行在实际环境中,并与数据库、硬件等其他系统的成分组合在一起进行的测试。

4. 验收测试

验收测试主要是对软件产品说明进行验证,按照说明书的描述对软件产品进行测试,确保其符合客户的各项要求。

2.4.2　按照测试技术分类

软件测试按照测试技术可以分为黑盒测试、白盒测试、灰盒测试。

1. 黑盒测试

黑盒测试是把测试对象看成一个黑盒子,不需要考虑程序的内部结构和逻辑,通过软件的外部表现来发现其中的错误和缺陷。黑盒测试的依据是需求规格说明书。

2. 白盒测试

白盒测试与黑盒测试不同,是通过对程序的内部结构和逻辑进行分析来寻找问题。白盒测试的依据是详细设计说明书。

3. 灰盒测试

灰盒测试介于白盒测试和黑盒测试之间,既关注输入的正确性,又关注程序的内部表现,但不会像白盒测试那样详细完整地对程序内部进行测试。

2.4.3　按照是否执行代码分类

按照是否执行代码,可以将系统测试分为静态测试和动态测试。

1. 静态测试

静态测试是指不运行程序,通过人工方式对程序和文档进行分析与检查。通常测试对象为需求文档、设计文档、产品规格说明书以及代码等。

2. 动态测试

动态测试则是运行被测程序来检查运行结果是否有错误或者验证程序的实际结果与预期结果之间是否有差异。

2.4.4　按照测试实施主体分类

根据测试实施的主体不同,可以将测试划分为开发方测试、用户方测试和第三方测试。

1. 开发方测试

开发方测试通常指的是由软件开发团队内部进行的测试活动,包括单元测试、集成测试和开发人员自己执行的系统测试等。这类测试的目的是确保代码在开发阶段就符合功能规格和性能要求,同时及早发现并修复潜在的缺陷,以减少后期修复代码的成本和降低风险。开发方测试通常结合了自动和手动测试手段,强调测试的及时性和连续性,是软件开发生命周期中保障软件质量的关键环节。

2. 用户方测试

用户方测试也称用户验收测试(User Acceptance Testing,UAT),是由软件的最终用户或业务代表执行的测试,主要目的是验证软件是否满足其业务需求和使用预期。这种测试通常在开发过程的后期进行,以确保软件的功能、性能和界面设计等均符合用户的实际工作流程和操作习惯。用户方测试是软件交付前的重要步骤,有助于确保软件解决方案能够真正解决用户的问题,并提升用户对软件的接受度和满意度。

3. 第三方测试

第三方测试是由独立于软件开发团队的外部机构或个人进行的测试活动,这些测试服务提供者不参与软件的开发过程,从而带来更客观和中立的质量评估。通过第三方测试,可以提供没有利益冲突的质量保证,发现可能被开发团队忽视的问题,增强最终产品的信任度,并帮助确保软件解决方案的质量、安全性和性能符合行业标准与用户期望。第三方测试可以包括多种测试类型,如功能测试、性能测试、安全测试和兼容性测试等,为软件的发布提供重要的质量保证。

2.4.5　其他分类

还有一些在测试行业中经常进行的测试,但无法具体归到某一类中,如 α 测试、β 测试、回归测试等。

1. α 测试

α 测试是对软件最初版本的测试,通常还没有对外发布,由开发人员和测试人员或者用户协助进行测试。

2. β测试

β测试是指对上线后的软件版本进行测试,该软件版本虽已上线,但还有可能存在Bug,因此通常由用户在使用过程中发现存在的问题与缺陷,并反馈给开发人员进行修复。

3. 回归测试

在进行软件测试的过程中,当测试人员发现缺陷后,会将缺陷提交给开发人员,在开发人员修改缺陷之后,测试人员需要重新对修改后的软件进行测试,该过程称为回归测试。回归测试是软件测试过程中的一种重要活动,其目的是确保软件的现有功能在经过修改或升级后,依然能够正常工作,没有因为最近的更改而引入新的错误或缺陷。这种测试通常涉及重新执行之前已经通过的测试用例,以验证软件的更改是否对现有功能产生了负面影响。回归测试的目的是保障软件质量,确保更改不会破坏已有的业务逻辑,同时帮助快速发现并修复可能出现的回归缺陷。

为了在给定的经费、时间、人力的情况下高效地进行回归测试,需要对测试用例库进行维护,并且依据一定的策略选择相应的回归测试包。

1)维护测试用例库

测试用例的维护是一个不断的过程,随着软件的修改或者版本的更迭,软件可能添加一些新的功能或者某些功能发生了改变,测试用例库中的测试用例因此可能不再有效或者过时,甚至不再能够运行,需要对测试用例库进行维护,以保证测试用例的有效性。

2)选择回归测试包

在回归测试时,由于受时间和成本的约束,将测试用例库中的测试用例都重新运行一遍是不实际的,因此,在进行回归测试时,通常选择一组测试包来完成回归测试。在选择测试包时,可以采用基于风险选择测试、基于操作剖面选择测试及再测试修改的部分等策略。

3)回归测试的步骤

在进行回归测试时,一般会遵循以下步骤。

(1)识别出软件中被修改的部分。

(2)在原本的测试用例库中排除不适用的测试用例,建立一个新的测试用例库。

(3)根据合适的选择策略,从新的测试用例库中选出测试用例包,测试被修改的软件。重复执行以上步骤,验证修改是否对现有功能造成了破坏。

2.5 软件测试的基本流程

当在面对不同类型的软件时,所关注的重点也会有所不同,但是遵循的流程基本是一样的。国际软件测试认证委员会(ISTQB)定义了完整的软件测试过程,包括测试计划、测试分析、测试设计、测试实施、测试执行、评估出口准则与报告和测试结束 7 个阶段,以及贯穿全过程的测试监督与控制。测试的基本流程如图 2-5 所示。

1. 测试计划(test planning)

软件测试贯穿着整个软件开发生命周期,因此需要在这个阶段定义测试目标、范围、方法、资源、时间表和风险评估,以及编写详细的测试计划文档,并将该文档作为整个测试的纲领性文件。

在 IEEE 826—1998 标准中测试计划的定义为:一种叙述了预订测试活动的范围、方法、资源和进度安排,并确认了测试项、被测特征、测试任务、人员安排以及可能遇到的任何偶发事件的风险。

软件测试计划为测试团队提供了一个共同的目标,确保测试活动有序进行。

2. 测试分析(test analysis)

测试需求分析涉及对需求文档、设计文档等测试依据的评审,以识别测试条件和测试需求。测试人员也可以通过对软件需求的分析,发现其中不合理的地方。例如,需求描述是否准确无歧义、软件需求规格说明书是否覆盖了客户提出的所有需求等。

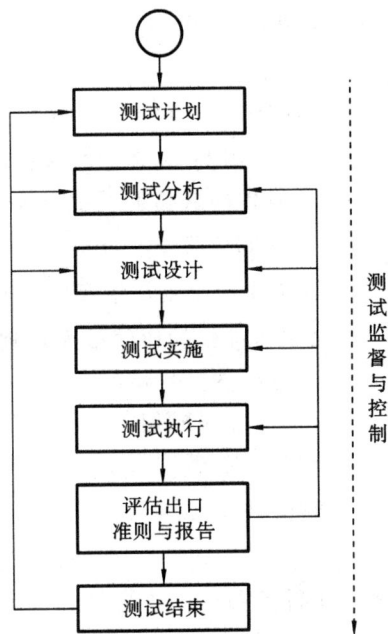

图 2-5　测试的基本流程

常见软件需求规格说明书检查的内容如下。

是否覆盖了客户提出的所有需求项;

用词是否清晰、语义是否存在歧义;

是否清楚地描述了软件需要做什么以及不做什么;

是否描述了软件的目标环境,包括软硬件环境;

是否对需求项进行了合理的编号;

需求项是否前后一致、彼此不冲突;

是否清楚地说明了软件的每个输入、输出格式,以及输入、输出间的对应关系;

是否清晰地描述了软件的性能要求。

在对需求进行分析时,还需与客户、开发人员进行沟通,确保需求理解一致。

3. 测试设计(test design)

根据分析阶段的输出,设计详细的测试用例和测试脚本,规划测试环境和所需的测试数据。

测试用例(test case)是软件测试中的基本元素,用于验证软件特定部分的行为是否符合预期。通常测试用例包括测试环境、测试步骤、测试数据、预期结果等内容。

一个好的测试用例可以帮助测试人员理清思路,避免测试过程中的遗漏。对于一个庞大复杂的测试项目,使用合适的方法及策略来设计测试用例是十分有必要的。

4. 测试实施(test implementation)

在这个阶段,测试用例被进一步细化,将逻辑测试用例用测试数据进行填充,得到实际测试用例、脚本的过程,以支持测试执行。测试经理和测试分析师还将定义测试执行顺序。

5. 测试执行(test execution)

执行测试用例、脚本。在执行测试用例的过程中,需要记录完整而详尽的测试过程和结果,并报告发现的缺陷。测试经理在这个阶段要按照测试计划监督进展、控制和引导测试任务、目标向着成功的方向发展。

6. 评估出口准则及报告(evaluation exit criteria and reporting)

测试出口准则的评估是检验测试对象是否符合预先定义的一组测试目标和出口准则的活动,出口准则的达标情况决定了是否满足发布标准。

测试团队在完成相关测试活动后,需要提交测试报告。在测试报告中需要明确是否满足测试出口准则,若不满足,则需要列出尚未满足出口准则的具体条目。

7. 测试结束(test termination)

完成所有测试活动后,检查测试是否完成、检查交付物、测试总结,包括经验教训的记录和测试工件的归档。总结经验和教训的内容一般包括:预料之外的缺陷机器、估算的准确性、缺陷的趋势和根因、改进机会及改进点、与计划的偏差以及后续调整的策略。

8. 测试监督与控制(test supervision and control)

需要建立测试进度计划和监督框架,以便对照计划跟踪测试工作产品与资源。此框架应该包括将测试产品的状态和活动、计划和战略关联所需的详细的度量项和目标。确保测试活动按照既定的策略和标准执行,并提供指导和支持。

测试控制是一个持续行为,包括实际进度与测试计划之间的比较,在需要的时候采取措施。跟踪测试进度,确保测试活动与测试计划的一致性,并根据需要进行调整。

2.6 小结

软件测试是确保软件产品质量的关键环节。本章内容涵盖了软件测试的基本概念、软件质量的内涵、软件缺陷的识别与产生原因、软件测试的基本原则、常见测试模型以及基本流程。

软件测试主要有正向思维和逆向思维两种思维方式,目的是保证软件质量。

软件质量是软件产品满足明确或隐含需求的程度,以及其在性能、可靠性、效率、可维护性和可移植性等方面的表现。软件质量可以通过一系列标准化的测试流程和技术方法来评估与提升。

软件缺陷是指软件产品中存在的任何不符合预期特性的问题。缺陷可能源自需求误解、设计错误、编码失误或其他原因,它们会影响软件的正常运行和性能表现。

软件测试原则包括工程性原则、早期介入原则、独立性原则、不完全性原则、回归测试原则、缺陷聚集原则、杀虫剂悖论等,这些原则指导测试活动的有效开展。

软件测试模型包括V模型、H模型、W模型及敏捷测试模型等。不同的模型有不同的特点,我们需要合理应用这些模型的特点。

　　软件测试基本流程通常包括测试计划、测试分析、测试设计、测试实施、测试执行、评估出口准则及报告和测试结束 7 个阶段,以及贯穿全过程的测试监督与控制。这个流程确保了测试工作的有序性和系统性,帮助测试团队高效地发现和修复缺陷。

　　通过本章内容的学习,我们了解到软件测试不仅是一种技术活动,也是一个管理过程。它要求测试人员不仅要具备技术能力,还要具备对软件质量的深刻理解和对测试流程的精准掌控。测试团队应该根据项目的特点和需求,选择合适的测试模型和流程,以确保软件产品能够在各种条件下稳定、可靠地运行,满足用户的需求和达到预期。

习题 2

一、选择题

1. 以下关于软件测试的说法,正确的是(　　)。

A. 软件测试是保障软件质量的有效方式

B. 软件测试只应该按照功能是否正确的方式去进行验证

C. 软件测试是一种阶段性的活动,完成后就结束了

D. 若项目工期非常紧张,不建议进行软件测试

2. 以下(　　)不是影响软件质量的因素。

A. 需求不清晰明确　　　　　　　　　　B. 开发人员技术优先

C. 缺乏规范性的文档　　　　　　　　　D. 测试要求太严格

3. 下列关于软件缺陷的说法,错误的是(　　)。

A. 软件缺陷的存在一定会影响软件的正常运行

B. 软件缺陷具有不同的优先级,应优先解决优先级较高的缺陷

C. 将软件缺陷进行编号作为唯一标识

D. 软件中存在一定的缺陷是正常的

4. 下列(　　)不属于软件缺陷。

A. 测试人员主观认为不合理的地方

B. 软件未达到产品说明书标明的功能

C. 软件出现了产品说明书指明不会出现的错误

D. 软件功能超出了产品说明书指明的范围

5. 以下(　　)不是软件测试的原则。

A. 测试越早进行越好　　　　　　　　　B. 测试是不能穷尽的

C. 测试团队应具有独立性　　　　　　　D. 测试是开发完成后才进行的活动

6. 下列选项中,(　　)不是软件测试模型。

A. V 模型　　　　　B. W 模型　　　　　C. H 模型　　　　　D. 瀑布模型

7. 下列软件测试分类选项中,不属于按照测试技术划分的是(　　)。

A. 白盒测试　　　　B. 灰盒测试　　　　C. 黑盒测试　　　　D. 第三方测试

8. (　　)是通过对程序内部结构进行分析、检测来发现缺陷的。

A. 黑盒测试　　　　B. 白盒测试　　　　C. 静态测试　　　　D. 动态测试

二、简答题

1. 你最近遇到的一个印象深刻的软件缺陷是什么？请简要分析该缺陷发生的原因。

2. 最近你作为项目组长负责一个需要紧急上线的项目,请简要说明你作为项目组长如何保证项目质量。

3. 小刘在面试时告诉面试官"我曾经完全测试过一个程序",他的说法是否正确,请给出理由。

4. 软件测试中的 V 模型、W 模型各有什么优劣?

5. 静态测试和动态测试分别是什么?

6. 请简述软件测试的基本流程。

第3章 黑盒测试

【学习目标】

黑盒测试是把测试对象看成一个黑盒子,既看不到其内部的实现原理,也不了解其内部的运行机制。黑盒测试通常在程序的界面处进行测试,通过软件需求规格说明书的规定来检测每个功能是否能够正常运行。黑盒测试是指只需要知道系统输入和预期输出,而不需要了解程序内部结构和内部特性的测试方法。通过本章的学习,你将:

（1）掌握黑盒测试的基本概念。

（2）掌握主要的黑盒测试方法。

（3）理解其他黑盒测试方法。

（4）理解黑盒测试方法的选择。

第 3 章课程资源

3.1 黑盒测试的基本概念

黑盒测试是一种从软件外部对软件实施的测试,也称功能测试。如果将程序的输入看成是定义域(输入域),程序的输出看成是值域(输出域),则可将程序看成是从定义域到输出域的映射,如图 3-1 所示。进行黑盒测试时,我们不关心程序的内部结构,只关心程序的输入数据和输出结果。

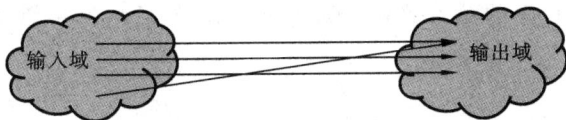

图 3-1　函数的映射

软件测试工程师将测试对象看成是一个黑盒子,如图 3-2 所示。黑盒测试的依据为软件需求规格说明书,是根据程序的输入和输出之间的关系或者程序的功能来设计测试用例,推断测试结果的正确性,仅仅依据程序的外部特性,完全不考虑程序的内部结构和内部特性。黑盒测试是从用户观点出发的测试,目的是尽可能地发现软件的外部错误行为。

图 3-2　黑盒测试示意图

黑盒测试通常有两种测试结果:测试通过及测试失败。黑盒测试通常用来发现以下几类错误。

（1）界面是否有错误。

（2）是否有遗漏的功能或者是否有未实现的功能。

（3）性能是否满足要求。

（4）初始化错误或终止错误。

（5）数据结构或者外部数据库访问错误。

（6）在接口上是否能够正确接收输入数据，是否能产生正确的输出信息等。

如果希望用黑盒测试方法检查软件中的所有故障，则需要采用穷举法，即把所有可能的输入全部作为测试用例进行测试的方法。像这样穷尽输入测试可行吗？显然，这样是不现实的，穷尽输入测试会耗费大量的人力和时间。这就需要我们选择测试方法，使用尽可能少的测试用例去发现尽可能多的软件故障，以提高测试效率，降低软件风险。简言之，就是在最短的时间内，以最少的人力发现最多、最严重的缺陷。这就要求测试是精确的，针对性强；也要求测试是完备的，覆盖面广，无漏洞，可以覆盖用户所有的需求；同时需要测试无冗余，测试方法简单易行；还要求测试易于调试，缺陷定位难度小。

常用的黑盒测试方法主要有边界值分析法、等价类划分法、因果图法、场景法等，每种方法各有所长，需要我们根据软件系统的特点选择合适的测试方法，有效地解决软件开发中的测试问题。

3.2 等价类划分法

由于软件测试的不完全性和不彻底性，在进行软件测试时，只能进行少量的有限的测试。这就要求在测试时，不仅要考虑测试的效果，还要考虑软件测试的经济性。等价类划分法是一种典型的、常用的黑盒测试方法。由于在测试时需要在有限的资源下得到比较好的测试效果，因此需要把程序的输入域划分为若干部分，然后从每一部分中选取具有代表性的少数数据作为测试用例。

3.2.1 等价类的划分

等价类的划分就是将输入域的数据划分为若干个不相交的子集，且这些子集里的数据对于揭露程序中的错误是等效的，继而从每个子集中选取具有代表性的数据。对于等价类的划分来说，各个子集的并集是整个集合，保证了形式的完备性；各个子集的交集为空，保证了形式的无冗余性。因此，采用等价类划分法，可以在某种程度上保证测试的完备性，并减少冗余。

等价类的划分包括有效等价类和无效等价类两种情况。

1. 有效等价类

有效等价类是正向思维，是由合理的或者有意义的输入数据所构成的集合。通过利用有效等价类来检测程序中的功能和性能的实现是否符合软件需求规格说明书的要求。

2. 无效等价类

无效等价类是逆向思维，是由不合理的或者无意义的输入数据所构成的集合。通过利用无效等价类来检测软件是否能够接收意外的、无效的或者不合理的数据。

例如,某程序中有标识符,其输入条件规定"标识符应以字母开头……",则可以这样划分等价类:"以字母开头"作为有效等价类,"以非字母开头"作为无效等价类。

3.2.2 划分等价类的方法

1. 按区间划分等价类

在输入条件规定了取值区间的情况下,可以确立一个有效等价类和两个无效等价类。例如,需要输入某门课程的分数,课程满分是 100 分,则输入数据的范围是[0,100],那么按照区间划分,可以划分为一个有效等价类(0≤分数≤100)和两个无效等价类(分数<0,分数>100),如图 3-3 所示。划分等价类后,在各个等价类中取一个具有代表性的数据进行测试。例如,有效等价类取分数=50,无效等价类取分数=−5 及分数=150。

分数<0　　　　0≤分数≤100　　　　分数>100

图 3-3　按区间划分等价类

2. 按数值划分等价类

若软件需求规格说明书规定了输入数据的值,并且程序需要对每个值进行相应的处理,这时,每个有效输入各为一个有效等价类,不符合有效输入的共为一个无效等价类。例如,在一个注册界面需要填写性别信息,性别有男、女两个输入值,针对该输入数据的处理,可以设置有效等价类为男、女,无效等价类为除了这两个值以外的集合。

3. 按数值集合划分等价类

若软件需求规格说明书规定了输入值的集合,或者规定了"必须如何"的条件,则可以根据该集合确定一个有效等价类和一个无效等价类,如图 3-4 所示。例如,某注册界面需要自己设置用户名,且要求"英文大写字母开头",则"英文大写字母开头"为一个有效等价类,"非英文大写字母开头"为一个无效等价类。

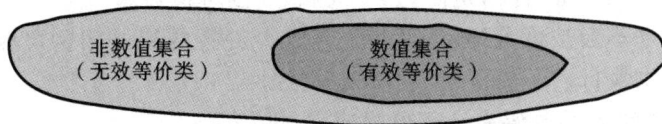

非数值集合　　　　　数值集合
(无效等价类)　　　　(有效等价类)

图 3-4　按数值集合划分等价类

4. 按限制条件划分等价类

若输入条件是一个布尔量,则可以确定一个有效等价类和一个无效等价类。例如,某注册界面要求用户输入的出生日期必须为数字,则输入数字为有效等价类,输入数据为非数字是无效等价类。

5. 按限制规则划分等价类

若软件需求规格说明书规定输入数据需要遵守某规则,在此情况下,可以确定一个有效等价类,若干个无效等价类。例如,Windows 文件名可以包含除"、""/"":""·""""?""<>"

和"、"之外的任意字符,且长度范围在 1～255 个字符之间。通过该规则为文件名设置测试用例,则有效等价类为字符合法、长度合法的名称;无效等价类包含非法字符的名称,长度超过 255 的名称,长度短于 1 的名称。

6. 按处理方式划分等价类

在规定了输入数据的一组值(假定为 n 个),并且程序要对每一个输入值分别处理的情况下,可确立 n 个有效等价类和一个无效等价类。

例如,程序输入 x 取值于一个固定的枚举类型{1,3,7,15},且程序中对这 4 个数值分别进行了处理,则有效等价类为 x=1、x=3、x=7、x=15,无效等价类为 x≠1,3,7,15 的值的集合。

在确立了等价类之后,可以建立等价类表,列出所有划分出的等价类。等价类表如表 3-1 所示。

表 3-1　等价类表

输入条件	有效等价类	编号	无效等价类	编号

3.2.3　等价类划分法测试用例设计

设计测试用例时,应同时考虑有效等价类和无效等价类测试用例的设计。根据等价类表设计测试用例的方法如下。

(1)划分等价类,形成等价类表,为每个等价类规定一个唯一的编号。

(2)设计一个新的测试用例,使它尽可能多地覆盖尚未被覆盖的有效等价类,重复这一步,直到测试用例覆盖了所有的有效等价类。

(3)设计一个新的测试用例,使它仅覆盖一个尚未被覆盖的无效等价类,重复这一步,直到测试用例覆盖了所有的无效等价类。

每次只覆盖一个无效等价类,是因为一个测试用例若覆盖了多个无效等价类,那么某些无效等价类可能永远不会被检测到,且第一个无效等价类的测试用例可能会屏蔽或终止其他无效等价类的测试执行。

【例 3.1】 某城市电话号码由 3 部分组成,分别如下:

地区码——空白或 4 位数字;

前缀——不以"0"或"1"开头的 3 位数字;

后缀——4 位数字。

假定被测程序能接受一切符合上述规定的电话号码,拒绝所有不符合规定的电话号码,请用等价类划分法进行测试,并设计相应的测试用例。

解 (1)根据输入条件,进行等价类的划分。电话号码等价类表如表 3-2 所示。

(2)根据等价类表设计相应的测试用例,需要覆盖所有的有效等价类和无效等价类。在设计测试用例时,需要用尽可能少的测试用例覆盖尽可能多的有效等价类,尽可能用一个测试用例覆盖一个无效等价类。电话号码测试用例表如表 3-3 所示。

表 3-2　电话号码等价类表

	有效等价类	编号	无效等价类	编号
	空白	1	有非数字字符	5
地区码	4 位数字	2	少于 4 位数字	6
			多于 4 位数字	7
			有非数字字符	8
			起始位为 0	9
前缀	200～999 之间的数	3	起始位为 1	10
			少于 3 位数字	11
			多于 3 位数字	12
			有非数字字符	13
后缀	4 位数字	4	少于 4 位数字	14
			多于 4 位数字	15

表 3-3　电话号码测试用例表

测试用例编号	输入数据			预期结果	覆盖等价类
	地区码	前缀	后缀		
1	空白	323	8578	合法	1、3、4
2	0217	310	4768	合法	2、3、4
3	A217	327	1568	不合法	5
4	11	323	8578	不合法	6
5	57668	323	8578	不合法	7
6	0217	A33	8868	不合法	8
7	0217	022	3569	不合法	9
8	2333	188	7578	不合法	10
9	2333	37	3569	不合法	11
10	2333	3579	6868	不合法	12
11	0771	468	C333	不合法	13
12	0771	468	567	不合法	14
13	0771	468	56789	不合法	15

【例 3.2】　某网上计算机销售系统注册用户名的输入框要求："用户名以字母开头,后跟字母或数字的任意组合,有效字符数不超过 8 个"。

解　根据输入条件,进行等价类划分。注册用户名等价类表如表 3-4 所示。

表 3-4 注册用户名等价类表

用户名	有效等价类	编号	无效等价类	编号
首字母	a~z 或 A~Z 字母	1	数字	6
			中文	7
			特殊字符	8
后缀	a~z 或 A~Z 字母	2	中文	9
	0~9 之间的自然数	3	非自然数数字	10
	字母与自然数的组合	4	特殊字符	11
长度	不大于 8 个字符	5	大于 8 个字符	12
			空	13

根据有效等价类和无效等价类设计相应的测试用例。注册用户名测试用例表如表 3-5 所示。

表 3-5 注册用户名测试用例表

测试用例编号	输入数据			预期结果	覆盖等价类
	首字母	后缀	长度		
1	w	uhan	<=8	合法	1、2、5
2	w	888	<=8	合法	1、3、5
3	w	uhan88	<=8	合法	1、4、5
4	8	888	<=8	不合法	6
5	武	han	<=8	不合法	7
6	#	wuhan	<=8	不合法	8
7	w	汉	<=8	不合法	9
8	w	h8.8	<=8	不合法	10
9	w	@@###	<=8	不合法	11
10	w	uhanhubei	>8	不合法	12
11	空	空	<=8	不合法	13

【例 3.3】 网易邮箱注册页面如图 3-5 所示。在"注册字母邮箱"的标签页下,有"邮件地址""密码""确认密码"和"验证码"4 栏。其中"邮件地址"要求 6~18 个字符,可使用字母、数字、下划线,需以字母开头;"密码"要求 6~16 个字符,区分大小写;"确认密码"需要与密码一致;"验证码"要求填写图片中的字符,不区分大小写。

解 根据以上条件列出网易邮箱注册页面等价类表,如表 3-6 所示。

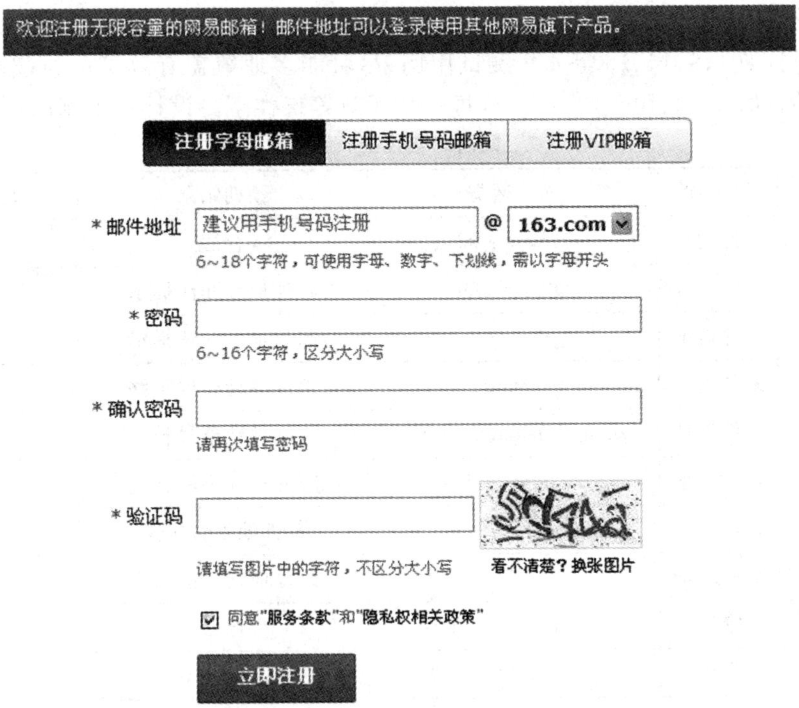

欢迎注册无限容量的网易邮箱！邮件地址可以登录使用其他网易旗下产品。

注册字母邮箱　注册手机号码邮箱　注册VIP邮箱

* 邮件地址 　建议用手机号码注册　@ **163.com**

6～18个字符，可使用字母、数字、下划线，需以字母开头

* 密码

6～16个字符，区分大小写

* 确认密码

请再次填写密码

* 验证码

请填写图片中的字符，不区分大小写　　看不清楚？换张图片

☑ 同意"服务条款"和"隐私权相关政策"

立即注册

图 3-5　网易邮箱注册页面

表 3-6　网易邮箱注册页面等价类表

输入条件	有效等价类	编号	无效等价类	编号
邮件地址	以字母开头	1	以数字开头	4
			以下划线开头	5
	6～18 个字符	2	5 个字符	6
			19 个字符	7
	含字母、数字、下划线	3	含特殊字符	8
			含中文	9
			空	10
密码	6～16 个字符	11	5 个字符	13
			17 个字符	14
	含大小写字母	12	含中文	15
			空	16
确认密码	与密码完全相同	17	与密码不完全一致（大小写不一致）	18
验证码	必须与图片中的字符一致，不区分大小写	19	与图片字符不完全一致（大小写除外）	20

根据网易邮箱注册页面等价类表设计相应的测试用例,如表3-7所示。对于有效等价类的测试用例,如1、9、14、16等4个测试用例,尽可能多地覆盖有效等价类;对于无效等价类的测试用例,如2~8、10~13、15、17,每一个无效等价类至少设计一个测试用例。

表3-7 网易邮箱注册页面测试用例

测试用例编号	输入项	输入数据	预期结果	覆盖等价类
1	邮件地址	zhangsan_022	合法	1、2、3
2	邮件地址	022zhangsan	邮件地址非法提示	4
3	邮件地址	_zhangsan	邮件地址非法提示	5
4	邮件地址	zhang	邮件地址长度不够	6
5	邮件地址	zhangsanzhangsan_022	邮件地址过长	7
6	邮件地址	zhangsan * 111	邮件地址不能含 *	8
7	邮件地址	张三 111	邮件地址含中文	9
8	邮件地址		邮件地址不能为空	10
9	密码	Admin123456	合法	11、12
10	密码	Aa111	密码长度不够	13
11	密码	Adminlonglonglonglong111	密码过长	14
12	密码	啊 111	密码含中文	15
13	密码		密码不能为空	16
14	确认密码	Admin123456	合法	17
15	确认密码	aaaa123456	与密码不一致	18
16	验证码	5d44A	合法	19
17	验证码	qwerd	与验证码不一致	20

3.3 边界值分析法

人们从长期的测试工作经验得知,大量的错误最易发生在定义域或值域(输出)的边界上,而不是在其内部,即"缺陷遗漏在角落里,聚集在边界上"。等价类划分法容易忽略边界值,边界值测试倾向于选择系统边界或边界附近的数据来设计测试用例,这样暴露出程序错误的可能性就更大一些。我们可以想象一下,如果能够在悬崖边自信安全地行走,那么平地就更不用担心了。对于边界条件的考虑,我们通常通过参照软件需求规格说明书和常识来进行设计。

3.3.1 边界条件

边界值分析法即在输入/输出变量范围的边界上,验证系统功能是否能够正常运行的测试方法。使用边界值分析法,首要解决的问题即为边界在哪里。

例如,需要输入某门课程的分数,课程满分是 100 分,则输入数据的范围是[0,100],那么输入条件的边界就是 0 和 100。然而,在实际开发过程中,某些边界条件是不需要呈现给用户的,但是又在需要测试的范畴之内,即内部边界。内部边界主要有数值的边界值(如不同数据类型的取值范围)、字符的边界值(如不同的数据区间包含的 ASCII 码值)等。

还有一些容易被忽略的条件,如在需要输入的地方没有输入任何内容,却按下了 OK 键。这种情况在产品说明书中容易忽视,程序员也可能经常遗忘,但是在实际使用中却时有发生。程序员总会习惯性地认为用户要么输入信息,不管是看起来合法的或非法的信息,要么就会选择 Cancel 键放弃输入。因此,测试时还需要考虑程序对默认值、空白、空值、零值、无输入等情况的反应。

ASCII 码表的结构使得其也存在一些边界问题。自然数 0～9 对应的 ASCII 码值为 48～57,而斜杠(/)对应的 ASCII 码值为 47,冒号(:)对应的 ASCII 码值为 58;同样,大写字母 A～Z 所对应的 ASCII 码值为 65～90,而 at 符号(@)对应的 ASCII 码值为 64,左方括号([)对应的 ASCII 码值为 91;小写字母 a～z 所对应的 ASCII 码值为 97～122,而右单引号(')对应的 ASCII 码值为 96,左大括号({)对应的 ASCII 码值为 123。

例如,需要测试一个文本框的文本输入,要求该文本框只接受用户输入字符 A～Z 和 a～z,则非法区间的字符则应包含@、[、'、{字符。

在进行边界值测试时,选取边界值一般应遵循以下几条原则。

(1) 如果输入条件规定了值的范围,则应取刚达到这个范围的边界的值,以及刚刚超越这个范围边界的值作为测试输入数据,如图 3-6 所示。

图 3-6　规定值范围的边界取值图

(2) 如果输入条件规定了值的个数,则用比最小个数少 1、比最大个数多 1 的数作为测试数据,如图 3-7 所示。

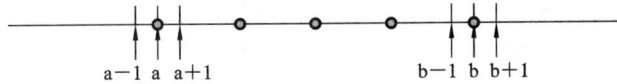

图 3-7　规定值个数的边界取值图

(3) 如果程序的软件需求规格说明书中给出的输入域或输出域是有序集合,则应选取集合的第一个元素和最后一个元素作为测试用例。

(4) 如果程序中使用了一个内部数据结构,则应当选择这个内部数据结构的边界上的值作为测试用例。

3.3.2　边界值分析

有一个函数 Add(int x1,int x2),对于输入条件 x1、x2 的要求为 1≤x1≤200,50≤x2≤300。若输入有效,则函数返回 x1+x2 的和;若输入无效,则返回-1。

对于 Add 函数的输入条件,x1 的上边界是 200,下边界是 1;x2 的上边界是 300,下边界是 50。该函数的输入范围如图 3-8 所示。

根据边界值条件得到 x1 的测试范围是 0,1,2,199,200,201;x2 的测试范围是 49,50,51,299,300,301。若采用穷尽法进行测试,则 x1 的一组边界测试用例有 1212 个,即 6×(201-0+1)=1212,x2 的一组边界测试用例有 1518 个,即 6×(301-49+1)=1518;边界测试用例总数为 2730 个,如图 3-9 所示。由此可见,采用穷尽法进行测试是很不现实的。

Add 函数有两个输入变量,若采用基于多边界的测试,可以使用测试用例覆盖输入域的 4 个角点区域,则每个角点有 9 个测试用例,共有 36 个测试用例,如图 3-10 所示。使用这

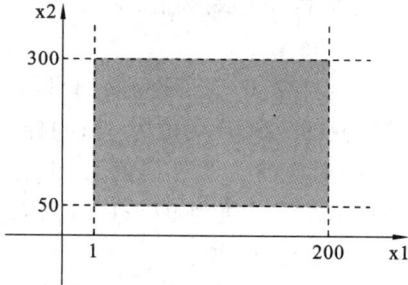

图 3-8　函数 Add 的两个变量 x1 和 x2 的输入范围

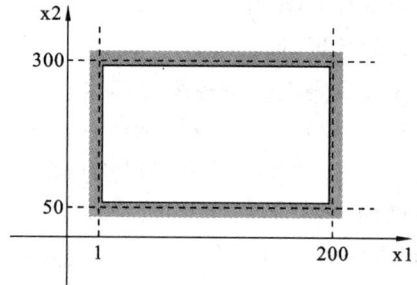

图 3-9　穷尽法测试边界的范围

种方法测试用例的数量和冗余度指标虽然大大改进了,但是缺陷定位仍然困难。例如,输入 x1=1,x2=50,预期输出为 51。若程序在 x1=1 的边界有缺陷,写成 1<x1≤200,那么实际输出则为-1。但是在定位错误的时候,发现可能有两种出错原因:x1 条件在边界点 1 处出错或者 x2 条件在边界点 50 处出错。因此,多边界的测试条件通常运用于检测可能由两个或者两个以上缺陷同时作用引起的缺陷。

采用基于单边界的测试。单边界测试的基本出发点为:若系统在一个边界上出错,则该系统在所有包含这个边界的情况下都会出错。因此,在选取变量时,只让一个变量取极值,其他变量均取正常值。通过此方法,测试目标明确,容易定位缺陷,例如,输入 x1=1,x2 为有效域内的正常值,则预期输出不存在缺陷。若程序写成 1<x1≤200,输入 x1=1,x2 为有效域内的正常值,则实际输出为-1,这样可以快速定位缺陷。基于单边界的缺点是测试用例数量也非常多,如图 3-11 所示。

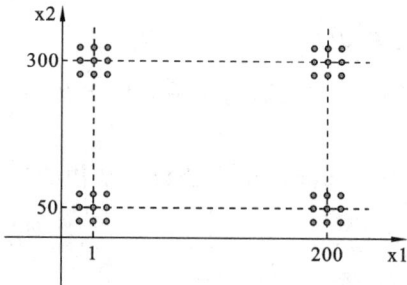

图 3-10　基于多边界的测试分析

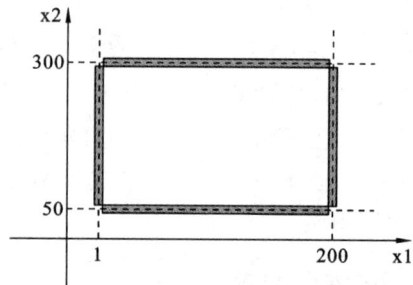

图 3-11　基于单边界的测试分析

因此,对于有两个输入变量的函数来说,需要划定较小的邻域,并在边界邻域内选择测试较少的测试用例。对于一个变量,例如给定 a≤x≤b,则 x 的边界点为 a、b。a 的邻域为[a-

$\sigma_1,a+\sigma_1]$,$[b-\sigma_2,b+\sigma_2]$,选择的边界测试数据分别为 $a-\sigma_1$、a、$a+\sigma_1$、$b-\sigma_2$、b、$b+\sigma_2$。

对函数 int Add(int x1,int x2)进行边界值分析,基于单边界选择的测试用例为(0, 175),(1,175),(2,175),(199,175)(200,175),(201,175),(100,49),(100,50),(100,51),(100,299),(100,300),(100,301),在图中的位置如图 3-12 所示。此时,测试用例数量为 12,测试用例覆盖度高,没有冗余,并且容易定位缺陷。

对于该分析方法,再取一个所有变量均为正常值的测试用例,则可以组成健壮性边界测试。对于健壮性边界测试,若变量个数为 n,则会产生 $6n+1$ 个测试用例。

在进行边界值测试时,通常采用以下分析步骤。

(1)确定有几个输入条件。

(2)根据输入条件的描述,确定每个输入条件的边界点。

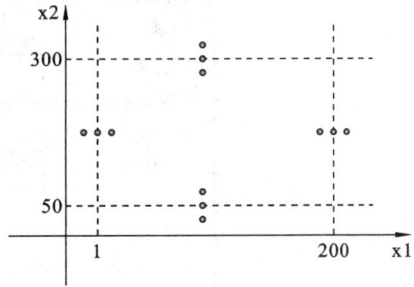

图 3-12　单边界的边界值分析

(3)划定合适的边界邻域 delta。

(4)针对边界邻域在每个边界对应 3 个测试数据,基于单边界设计测试用例,便于定位缺陷。

3.3.3　边界值分析法测试用例设计

在实际工作中,需要进行边界值分析的情况多种多样,下面通过几个例子来说明。

(1)多选框的边界值(见图 3-13)。

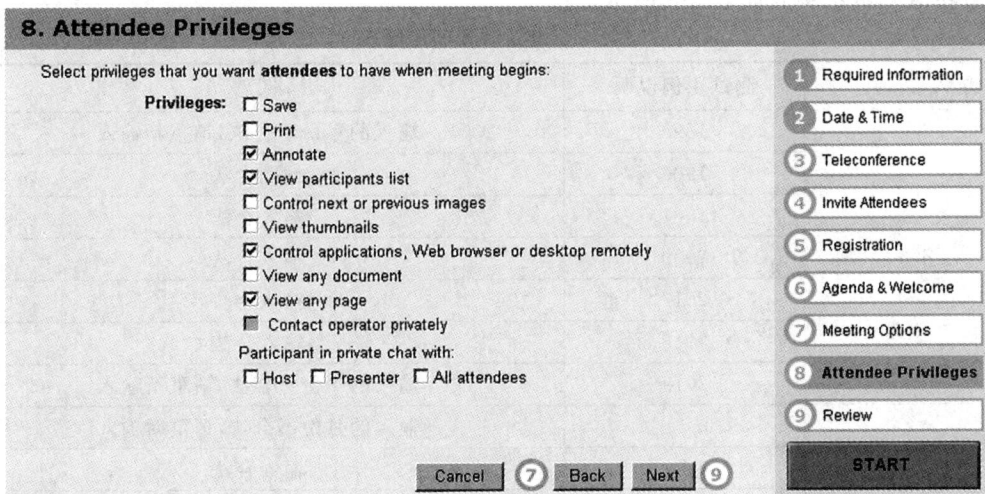

图 3-13　多选框的边界值

若出现多选框,则可以使用边界值分析法设计测试用例。任意的正常值为随机选择几个选项;边界值则为选择所有选项、一个都不选及选择一个选项。

(2)下拉框的边界值(见图 3-14)。

对于下拉框,其边界值有 Default、Null 未输入;正常值则为下拉菜单中的任意值。

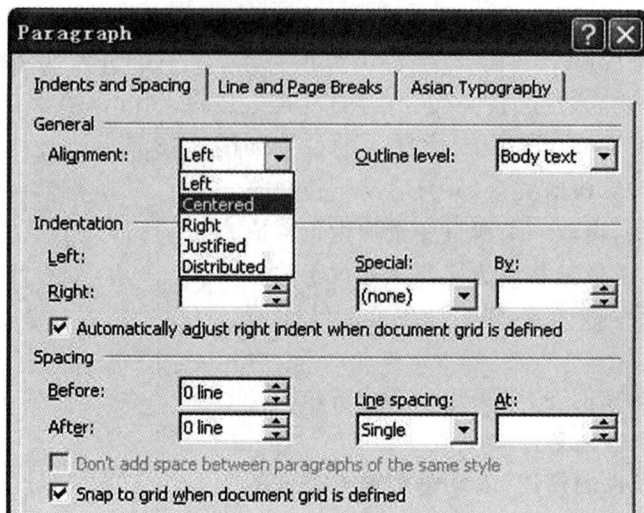

图 3-14 下拉框的边界值

【**例 3.4**】 某网上计算机销售系统的客户在注册时有如下限制:客户个人信息需填写出生年月,可选年份为 1900—2018 年。

解 在进行健壮性测试时,变量取值要包含略小于最小值、略大于最小值、中间值、略小于最大值、最大值、略大于最大值。

在填写出生年月信息时,除年份规定了范围外,月份也有隐含的范围 1～12,因此采用边界值分析法时,均要考虑边界。

边界值测试用例表如表 3-8 所示。

表 3-8 边界值测试用例表

输 入 类 别	测试用例说明	预 期 输 出
年	1899	输入的年份不合法,请重新输入
	1900	输入合法
	1901	输入合法
	2000	输入合法
	2017	输入合法
	2018	输入合法
	2019	输入的年份不合法,请重新输入
月	0	输入的月份不合法,请重新输入
	1	输入合法
	2	输入合法
	6	输入合法
	11	输入合法
	12	输入合法
	13	输入的月份不合法,请重新输入

【例 3.5】　根据给出的规格说明描述:"某程序读入 3 个整数,将这 3 个数值作为一个三角形的 3 条边的长度,3 条边的长度分别不大于 100。判断三角形类型并打印信息,说明该三角形是一般三角形、等腰三角形还是等边三角形"。并采用边界值分析法设计相应的测试用例。

解　(1)确定输入条件及输入条件边界点。

三角形的输入变量有 3 个,分别记为 a、b、c。由于 3 条边的长度均为整数且不大于 100,所以 a、b、c 的取值分别为 $1 \leqslant a \leqslant 100, 1 \leqslant b \leqslant 100, 1 \leqslant c \leqslant 100$。因此,a、b、c 的左边界点为 1,右边界点为 100。

(2)划定边界邻域 delta。

根据 a、b、c 的边界,取值为 0,1,2,99,100,101。

(3)每个边界对应 3 个测试数据,采用单边界设计测试用例。

让 a、b、c 中的 1 个变量取边界值,其余变量取正常值,对不同的变量重复该过程。采用边界值分析法设计的测试用例如表 3-9 所示。

表 3-9　采用边界值分析法设计的测试用例

测试用例编号	输入数据			预期结果
	A	B	C	
1	0	50	50	不能构成三角形
2	1	50	50	等腰三角形
3	2	50	50	等腰三角形
4	99	50	50	等腰三角形
5	100	50	50	不能构成三角形
6	101	50	50	不能构成三角形
7	50	0	50	不能构成三角形
8	50	1	50	等腰三角形
9	50	2	50	等腰三角形
10	50	99	50	等腰三角形
11	50	100	50	不能构成三角形
12	50	101	50	不能构成三角形
13	50	50	0	不能构成三角形
14	50	50	1	等腰三角形
15	50	50	2	等腰三角形
16	50	50	99	等腰三角形
17	50	50	100	不能构成三角形
18	50	50	101	不能构成三角形
19	50	50	50	等边三角形

3.4 边缘测试

在 ISTQB(国际软件测试资质认证委员会,2012)中描述了边界值分析法和等价类测试的混合动力,命名为"边缘测试"。我们通常结合等价类划分法和边界值分析法对软件的相关输入域进行分析,常见的分析域包括整数、实数、字符、字符串、日期、时间、货币等。

假设需要测试一个停车场系统,需要输入车辆进场的时间。这里就涉及时间作为分析域。综合应用等价类和边界值对时、分、秒的输入范围进行分析。在思考该问题时,需要考虑时间的格式问题。如果采用 12 小时制,那么 13:00:00 就是一个无效值。如果采用 24 小时制,那么 13:00:00 就是一个有效值,而 25:00:00 就是一个无效值。若时间表示为 HH:MM:SS,则 12 小时制时、分、秒的等价类划分如表 3-10 所示。

表 3-10　12 小时制时、分、秒的等价类划分

输入类别	有效等价类	编号	无效等价类	编号
时	$0 \leqslant H \leqslant 12$	1	$H < 0$	4
			$H > 12$	5
分	$0 \leqslant M \leqslant 60$	2	$M < 0$	6
			$M > 60$	7
秒	$0 \leqslant S \leqslant 60$	3	$S < 0$	8
			$S > 60$	9

根据表 3-10 所划分的等价类,可以得到时、分、秒的边界,能进行边界值的选取。

H 的边界值为:$-1,0,1,11,12,13$;

M 的边界值为:$-1,0,1,59,60,61$;

S 的边界值为:$-1,0,1,59,60,61$。

采用等价类划分法得到的有效等价类和无效等价类涉及相应的测试用例,而采用边界值分析法得到的边界值也涉及相应的测试用例。

3.5 判定表法

在实际的程序实现过程中,某些操作依赖于多个逻辑条件的取值。这些逻辑条件的取值可以组合成多种情况,不同的情况下执行不同的操作。在处理这类问题时,判定表(即决策表,decision table)是一种非常有力的分析、表达工具。

判定表将复杂的问题按照各种可能的情况全部列举出来,简明扼要,避免了遗漏。使用判定表法可以设计出完整的测试用例集合。判定表在逻辑上最严格,因此,在所有功能性测试方法中,基于判定表的测试方法是最严格的。

3.5.1 判定表的组成

判定表是把作为条件的所有输入的各种组合值以及对应的输出值都罗列出来而形成的

表格。通过判定表可以设计出完整的测试用例集合。判定表结构通常由 4 个部分组成,如表 3-11 所示。

表 3-11 判定表结构

桩	规则
条件桩	条件项
动作桩	动作项

1. 条件桩

条件桩(condition stub)列出了问题的所有条件。通常认为列出的条件的次序无关紧要。

2. 动作桩

动作桩(action stub)列出了问题规定可能执行的操作。这些操作的排列顺序没有约束。

3. 条件项

条件项(condition entry)针对条件桩给出的条件列出所有可能的取值。

4. 动作项

动作项(action entry)列出了在条件项的各组取值情况下应该采取的动作。

动作项和条件项联系紧密,动作项指明在条件项的各组取值情况下应采取的动作。任何一个条件组合的特定取值及其相应要执行的操作称为规则。在判定表中贯穿条件项和动作项的一列就是一条规则。规则表明在规则的各条件项指示的条件下要采取动作项中的行为。显然,判定表中列出多少个条件取值,就有多少条规则,即条件项和动作项有多少列。

通过表 3-12 所示的判定表实例来说明判定表各部分的含义。

表 3-12 判定表实例

桩	规则 1	规则 2	规则 3	规则 4	规则 5	规则 6	规则 7
条件 1	T	T	T	T	F	F	F
条件 2	T	T	F	F	T	F	F
条件 3	T	F	T	F	—	T	F
动作 1	√		√	√			
动作 2	√				√	√	
动作 3		√		√		√	
动作 4							√

在表 3-12 所给出的判定表中,规则 1 表示如果条件 1、条件 2、条件 3 分别为真,则采取动作 1 和动作 2;规则 2 表示如果条件 1 和条件 2 为真,条件 3 为假,则采取动作 3。

在表 3-12 的规则 5 中,条件 3 用"—"表示,意味着条件 3 为不关心条目。不关心条目表示"条件无关"或"条件不适用"。在规则 5 中,如果条件 1 为假、条件 2 为真,则采取动作 2,与条件 3 的真假无关(或者条件 3 不适用)。

实际使用判定表时,通常要将其化简。化简工作是以合并相似规则为目标。若表中有两条或者多条规则具有相同的动作,并且条件项之间存在极为相似的关系,便可设法将其合并。例如,在图 3-15(a)中,左端的两条规则的动作项一致,条件项中的前两项取值一致,只有第三个条件取值不同。在这种情况下,当第一个条件取值为真、第二个条件取值为假时,无论第三个条件取何值,都要执行相同的操作。即要执行的动作与第三个条件项的取值无关。于是,可以将这两条规则合并,合并后的第三个条件项用特定的符号"—"表示与取值无关。在 3-15(b)图中,左端两条规则的动作项一致,条件项中第一项和第三项取值一致,只有第二个条件取值不同,即规则 3 的第二个条件是无关条件,规则 4 的第二个条件取值为假,也就是在这种情况下,无论第二个条件取什么值,都会执行相同的操作,因此可以将两条规则合并,合并后第二个条件项也使用特定的符号"—"表示与取值无关。

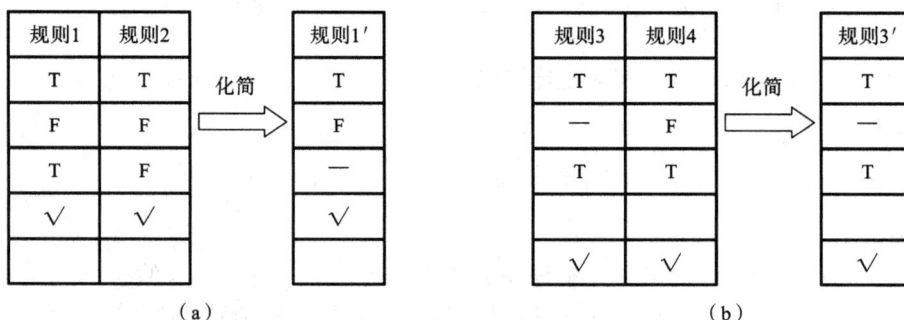

图 3-15　规则合并

3.5.2　基于判定表的测试

当使用判定表法的时候,需要标识测试用例。通常,我们把条件解释为程序的输入,把动作解释为程序的输出。测试时,有时条件最终引用输入的等价类、动作引用被测程序的主要功能来处理,这时规则就解释为测试用例。由于判定表的特点可以保证我们能够取到输入条件的所有可能的条件组合值,因此可以做到测试用例的完整集合。

使用判定表进行测试时,首先需要根据软件需求规格说明书建立判定表。在设计判定表时,一般包括以下步骤。

(1) 确定规则的条数。

(2) 列出所有的条件桩和动作桩。

(3) 填入条件项。

(4) 填入动作项。

(5) 简化判定表,合并相似规则(相同动作)。

对于具有 n 个条件的判定表,相应地有 2^n 条规则(每个条件分别取真值和假值),当 n 较大时,判定表会很烦琐。实际使用判定表时,常常先将它化简。判定表的化简工作是以合并相似规则为目标,若表中有两条以上规则具有相同的动作,并在条件项之间存在极为相似的关系,则可以合并相似规则。

判定表对于有 if-else 或 switch-case 语句的程序,设计测试用例时非常有帮助。判定表是一种理清思路的工具,比流程图更为直观,可以写出符合软件需求规格说明的测试用例。

3.5.3 基于判定表测试的指导方针

判定表能将复杂的问题按照各种可能的情况全部列举出来,简明扼要,避免了遗漏。但是,判定表不能描述重复执行的动作,例如循环结构。

与其他测试技术一样,基于判定表的测试对于某些应用程序很有效,而对于另一些应用程序却不适用。B. Beizer 指出了适合使用判定表法设计测试用例的条件,如下。

(1) 易得到判定表。

(2) 与条件的排列顺序无关。

(3) 与规则的排列顺序无关。

(4) 当某一规则的条件已经满足,并确定要执行的操作后,不必检验别的规则。

(5) 如果某一规则已满足要执行多个操作,则与这些操作的执行顺序无关。

对于某些不满足这几个条件的判定表,同样可以借助这种方法设计测试用例,只是需要增加其他的测试用例。

【例 3.6】 某计算机销售系统订单处理的需求为:"……VIP 客户且单次采购台数在 5 台及以上,或者对于单次采购达到 20000 元及以上的订单,应显示优先发货"。

解 根据问题的描述,可通过判定表法设计测试用例。

(1) 列出所有的条件桩和动作桩。

根据输入条件和输出结果,分析出以下条件桩和动作桩。

条件桩:① VIP 客户;② 单次采购在 5 台及以上;③ 单次采购达到 20000 元及以上。

动作桩:① 显示优先发货;② 不显示。

(2) 确定规则的条数。

本例有 3 个输入条件,每个条件的取值可以取到"是"或"否",因此有 $2^3 = 8$ 条规则。

(3) 填入条件项。

在填写条件项时,可以将各个条件取值的集合做笛卡儿积,以得到每一列条件项的取值。本题的计算为 {Y,N}×{Y,N}×{Y,N}={<Y,Y,Y>,<Y,Y,N>,<Y,N,Y>,<Y,N,N>,<N,Y,Y>,<N,N,Y>,<N,Y,N>,<N,N,N>}。笛卡儿积所得集合中的一个元素就是一列条件项,根据条件项取值填入判定表中。

(4) 填入动作桩和动作项。

根据条件项的取值,获得对应的动作项,并填入判定表中,如表 3-13 所示。

表 3-13 判定表

	规 则	1	2	3	4	5	6	7	8
条件	VIP 客户	Y	Y	Y	Y	N	N	N	N
	单次采购在 5 台及以上	Y	Y	N	N	Y	N	Y	N
	单次采购达到 20000 元及以上	Y	N	Y	N	Y	Y	N	N
动作	显示优先发货	√	√	√		√	√		
	不显示				√			√	√

（5）化简。

由表 3-13 中可以直观地看出规则 1 和规则 2 的动作项相同,第一个条件项和第二个条件项的取值相同,只有第三个条件项的取值不同,满足合并的原则。合并时,第三个条件项则为无关条目,用"—"表示。同样,规则 5 和规则 6 中的动作项相同,第一个条件项和第三个条件项相同,第二个条件项的取值不同,也满足合并规则,可以合并。同理,规则 7 和规则 8 的也可以合并。合并后得到的简化后的判定表如表 3-14 所示。

表 3-14 简化后的判定表

规 则		1	2	3	4	5
条件	VIP 客户	Y	Y	Y	N	N
	单次采购在 5 台及以上	Y	N	N	—	—
	单次采购达到 20000 元及以上	—	Y	N	Y	N
动作	显示优先发货	√	√		√	
	不显示			√		√

（6）根据简化后的判定表设计测试用例,每一列设计一个相应的测试用例,如表 3-15 所示。

表 3-15 测试用例表

测试用例编号	输入数据			预 期 结 果
	VIP 客户	单次采购数/台	单次采购金额/元	
1	是	6	58888	显示优先发货
2	是	3	60000	显示优先发货
3	是	3	2888	不显示
4	否	3	60000	显示优先发货
5	否	3	2888	不显示

3.6 因果图法

等价类划分法和边界值分析法都是从输入条件方面进行考虑的,若输入条件之间没有什么联系,采用等价类划分法和边界值分析法都是比较有效的方法,即这两种方法并没有考虑到输入条件之间的各种组合和相互制约关系。若把所有可能组合的输入条件划分为等价类,则需要考虑的情况非常多,因此,需要一种适合描述多种条件组合的方法来设计测试用例。因果图法适用于多种组合情况产生多个相应动作的情形。

3.6.1 因果图法的基本概念

因果图法是从程序规格说明的描述中找出输入条件(即为因)和输出条件或程序状态的变化(即为果),将各自的原因和结果根据语义说明相连接,将用自然语言书写的内容转换为图形表示形式。在较为复杂的问题中,因果图法能够帮助我们确定测试用例。因果图法可以帮助测试人员按照一定的步骤,高效率地开发测试用例,检测程序输入条件的各种组合情况,因果图法是将自然语言规格说明转化成形式语言规格说明的一种严格的方法,还可以指出规格说明中存在的不完整性和二义性。

因果图法使用了简单的逻辑符号。在因果图中,以直线连接左右节点。左节点表示输入状态(原因),右节点表示输出状态(结果)。图 3-16 所示的为因果图的 4 种关系,其中 c_i 表示原因,通常放置在图的左部;e_i 表示结果,通常放置在图的右部。c_i 和 e_i 均可取值"0"或"1","0"表示某状态不出现,"1"表示某状态出现。

因果图包含以下 4 种关系。

(1) 恒等。若 c_i 为 1,则 e_i 也为 1;若 c_i 为 0,则 e_i 也为 0。

(2) 非。若 c_i 为 1,则 e_i 为 0;若 c_i 为 0,则 e_i 为 1。

(3) 与。若 c_1 和 c_2 都为 1,则 e_1 为 1;否则 e_1 为 0。"与"可以有任意一个输入。

(4) 或。若 c_1 或 c_2 为 1,则 e_1 为 1;若 c_1 或 c_2 都为 0,则 e_1 为 0。"或"可以有任意一个输入。

实际情况中,输入状态、输出状态之间都可能存在某些依赖关系,称为"约束"。在因果图中,可以使用特定的符号表明输入/输出之间的约束关系。对于输入条件的约束有 E、I、O、R 4 种,对于输出条件的约束类型只有 M 1 种。输入/输出约束关系的图形符号如图 3-17 所示。设 c_1、c_2 和 c_3 表示不同的输入条件。

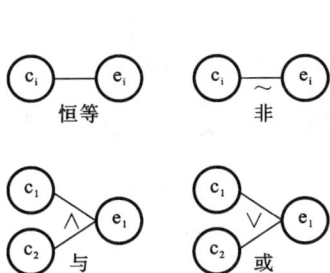

图 3-16　因果图的 4 种关系　　　　图 3-17　输入/输出约束关系

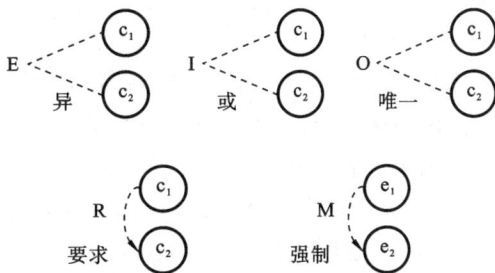

- E(异):表示 c_1、c_2 中至多有一个可能为 1,即 c_1 和 c_2 不能同时为 1。
- I(或):表示 c_1、c_2 中至少有一个是 1,即 c_1、c_2 不能同时为 0。
- O(唯一):表示 c_1、c_2 中必须有一个且仅有一个为 1。
- R(要求):表示 c_1 为 1 时,c_2 必须为 1,即不可能 c_1 为 1 时 c_2 为 0。对于输出条件的约束只有 M 约束。
- M(强制):表示如果结果 e_1 为 1,则结果 e_2 强制为 0。

3.6.2　因果图法概述

在使用因果图设计测试用例时,可以采用以下步骤。

(1) 分析软件需求规格说明书中哪些是原因,哪些是结果。其中,原因常常是输入条件,或者原因是输入条件的等价类;结果常常是输出条件。然后给每个原因和结果赋予一个标识符,并且把原因和结果分别画出来,原因放在左边一列,结果放在右边一列。

（2）分析软件规格说明书中的语义，找出原因与结果之间、原因与原因之间对应的关系，根据这些关系，将其表示成连接各自原因与各自结果的"因果图"。

（3）由于受语法或环境的限制，有些原因与原因之间、原因与结果之间的组合情况不可能出现。为了说明这些特殊情况，可在因果图上使用一些记号标明约束或限制条件。

（4）把因果图转换成判定表。首先将因果图中的各原因作为判定表的条件项，因果图中的各结果作为判定表的动作项。然后给每个原因分别取"真"和"假"两种状态，一般用"1"和"0"表示。最后根据各条件项的取值和因果图中表示的原因和结果之间的逻辑关系，确定相应的动作项的值，完成判定表的填写。

（5）将判定表的每一列拿出来作为依据，设计测试用例。

因果图将自然语言规格说明书转化成形式语言规格说明书，采用了简单的逻辑符号来进行说明。因果图法具有以下优点。

（1）考虑了输入情况的各种组合以及各输入情况之间的相互制约关系。

（2）能够帮助测试人员按照一定的步骤，高效率地开发测试用例。

（3）因果图法是将自然语言规格说明书转化成形式语言规格说明书的一种严格的方法，可以指出规格说明存在的不完整性和二义性。

【例 3.7】 程序的规格说明要求：输入的第一个字符必须是 A 或 B，第二个字符必须是一个数字，这种情况下再进行文件的修改；如果第一个字符不是 A 或 B，则给出信息 L；如果第二个字符不是数字，则给出信息 M。

分析 解题思路如下。

（1）分析程序的规格说明，列出原因和结果。

（2）找出原因与结果之间的因果关系、原因与原因之间的约束关系，并画出因果图。

（3）将因果图转换成判定表。

（4）根据（3）中的判定表，设计测试用例的输入数据和预期输出。

解（1）根据规格说明分析出原因和结果。

规格说明分析的原因和结果及其编号如表 3-16 所示。

表 3-16 原因和结果及其编号

原　因	结　果
c_1:第一个字符是 A	e_1:修改文件
c_2:第一个字符是 B	e_2:给出信息 L
c_3:第二个字符是一个数字	e_3:给出信息 M

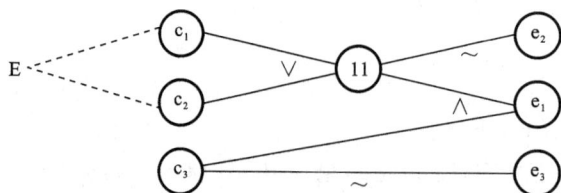

图 3-18 因果图 1

（2）绘制因果图。

根据分析的原因和结果绘制因果图。使用因果图的逻辑符号将原因、结果联系起来。绘制因果图时，需要考虑原因 c_1 和 c_2 不可能同时为真，因此需要添加一个约束条件 E。最终形成的因果图如图 3-18 所示。

注：编号为 11 的中间节点是导出结果的进一步原因。

（3）将因果图转换为判定表，如表 3-17 所示。

表 3-17　规格说明的判定表

规　　　则		1	2	3	4	5	6	7	8
条件	c_1：第一个字符是 A	Y	Y	Y	Y	N	N	N	N
	c_2：第一个字符是 B	Y	Y	N	N	Y	Y	N	N
	c_3：第二个字符是一个数字	Y	N	Y	N	Y	N	Y	N
	11	—	—	Y	Y	Y	Y	N	N
动作	e_1：修改文件	/	/	√		√			
	e_2：给出信息 L	/	/					√	√
	e_3：给出信息 M	/	/		√		√		√

优化判定表。规则 1 和规则 2 中的条件 c_1 和 c_2 的取值同时为真，这种情况是不符合逻辑的，即第一个字母既为 A 又为 B，因此需要排除这两种情况。优化后的判定表如表 3-18 所示。

表 3-18　优化后的判定表

规　　　则		1	2	3	4	5	6
条件	c_1：第一个字符是 A	Y	Y	N	N	N	N
	c_2：第一个字符是 B	N	N	Y	Y	N	N
	c_3：第二个字符是一个数字	Y	N	Y	N	Y	N
	11	Y	Y	Y	Y	N	N
动作	e_1：修改文件	√		√			
	e_2：给出信息 L					√	√
	e_3：给出信息 M		√		√		√

（4）根据判定表设计测试用例。测试用例表如表 3-19 所示。

表 3-19　测试用例表

测试用例编号	规　　　则	输入数据	预期结果（输出）
1	1	A8	修改文件
2	2	AS	给出信息 M
3	3	B3	修改文件
4	4	B%	给出信息 M
5	5	W3	给出信息 L
6	6	WU	给出信息 L 给出信息 M

【例 3.8】 某计算机销售系统订单处理的需求为:"……VIP 客户且单次采购台数在 5 台及以上,或者对于单次采购达到 20000 元及以上的订单,都应显示优先发货"。

解 (1)根据描述,分析出以下原因和结果。

原因:c_1 VIP 客户;

c_2 单次采购在 5 台及以上;

c_3 单次采购达到 20000 元及以上。

结果:E_1 显示优先发货;

E_2 不显示。

(2)找出原因和结果之间的对应关系。

① VIP 客户且单次采购台数在 5 台及以上,显示优先发货。

② 任何客户采购金额达到 20000 元及以上,显示优先发货。

③ VIP 客户单次采购台数在 5 台以下或低于 20000 元的金额,则不显示。

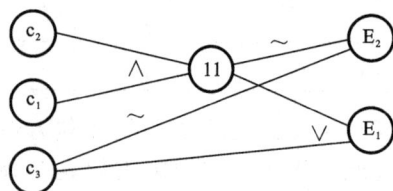

图 3-19 因果图 2

(3)根据实际逻辑分析画出因果图,如图 3-19 所示。

(4)在得到因果图后,将因果图转化为判定表。

3.7 场景法

目前软件行业内的大多数业务软件基本都由用户管理、角色管理、权限管理、工作流等几个部分构成。作为被测对象的终端用户,期望被测对象能够实现其业务需求,而不是简单的功能组合。因此针对单点功能利用等价类划分法、边界值分析法、判定表法等用例设计方法能够解决大部分问题,但涉及业务流程的软件系统,采用场景法比较恰当。

现在的软件几乎都是使用事件触发来控制流程,事件触发的情景便形成了场景,而同一事件不同的触发顺序和处理结果就形成了事件流。这一系列过程可以利用场景法描述清楚。场景法是采用 Rational 公司的 RUP 开发模式所提倡的测试用例思想。这种软件设计方面的思想也可以引入软件测试中,可以比较生动地描绘出事件触发时的情景。如果软件需求规格说明书是采用 UML 的用例设计,那么设计测试用例可以采用将系统用例影射成测试用例的方法,从而使测试用例更容易理解和执行。通过运用场景来对系统的功能点或业务流程进行描述,可提高测试效率。

场景法一般包含基本流和备选流(见图 3-20),从一个流程开始,通过描述经过的路径来确定过程,通过遍历所有的基本流和备选流来完成整个场景。

基本流是基本事件流,它是从系统的某个初始状态开始,经一系列状态后,到达最终状态的一个业务流程,并且是最主要、最基本的一个业务流程。备选流就是备选事件流,它是以基本流为基础,在基本流所经过的每个判定节点处满足不同的触发条件而导致的其他事件流。

场景则可以看成是基本流与备选流的有序集合。一个场景中至少应包含一条基本流。在图 3-20 中,基本流表示正常的开始及结束,备选流 1 表示分支结构,备选流 3 表示循环结构,备选流 2、备选流 4 表示进入了某一分支,以其他方式结束。根据图 3-20 中每条经过的可能路径,从基本流开始,再经过基本流、备选流的综合,可以确定不同的用例场景如下。

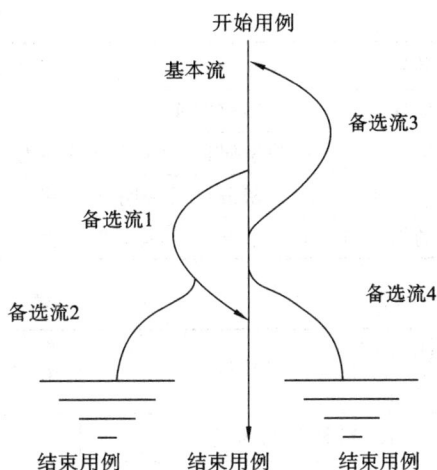

图 3-20　基本流和备选流

场景 1:基本流。

场景 2:基本流—备选流 1—基本流。

场景 3:基本流—备选流 1—备选流 2。

场景 4:基本流——备选流 3——基本流。

场景 5:基本流——备选流 3——备选流 1——基本流。

场景 6:基本流——备选流 3——备选流 1——备选流 2。

场景 7:基本流——备选流 3——备选流 4。

场景 8:基本流——备选流 4。

确定场景时需关注流程的入口,重复的节点不可作为新的场景,每个场景应包含从未包含的节点。

使用场景法设计测试用例的基本设计步骤如下。

(1) 根据需求规格说明,描述出程序的基本流及各项备选流。

(2) 根据基本流和各项备选流生成不同的场景,绘制场景流程图。

(3) 将每个场景生成相应的测试用例。

(4) 重新复审生成的所有测试用例,去掉多余的测试用例,测试用例确定后,再确定每一个测试用例的测试数据值。

【例 3.9】　用户进入某网上计算机销售系统在线购买计算机。选择心仪的计算机后,直接进行在线购买。购买时需要使用账号登录,登录成功后进行付款交易。系统有两个测试账户:账户 1 为 lisi,密码为 li12345,账户余额为 4000 元;账户 2 为 wangwu,密码为 wang12345,账户余额为 1000 元。交易成功后,生成订单,完成购物过程。

分析　采用场景法对该业务流程进行测试。首先确定基本流和备选流。基本流与备选流如表 3-20 所示。

表 3-20　基本流和备选流

基本流	用户进入计算机销售系统,选择计算机,登录,直接付款购买,生成购物订单
备选流 1	账户不存在或者错误
备选流 2	密码错误
备选流 3	账户余额不足

在确定基本流和备选流之后,再确定场景,场景表如表 3-21 所示。

场景确定以后,再设计测试用例,每个场景都需要测试用例来执行。场景法测试用例如表 3-22 所示。

表 3-21　场景表

场景 1	购物成功	基本流	
场景 2	账户不存在或者错误	基本流	备选流 1
场景 3	账户密码错误(剩余 3 次机会)	基本流	备选流 2
场景 4	账户密码错误(剩余 0 次机会)	基本流	备选流 2
场景 5	账户余额不足,请选择其他支付方式	基本流	备选流 3

表 3-22　场景法测试用例

用例编号	场景	账户	密码	余额	商品价格	预期结果
1	场景 1:购物成功	lisi	li12345	4000	3800	购物成功
2	场景 2:账户不存在或者错误	zhang	li12345			提示:账户不存在或者错误
3	场景 3:账户密码错误(剩余 3 次机会)	lisi	li	—	—	提示:账户密码错误(剩余 3 次机会)
4	场景 4:账户密码错误(剩余 0 次机会,账户锁定)	lisi	12345	—	—	提示:账户密码错误,账户锁定
5	场景 5:账户余额不足,请选择其他支付方式	wangwu	wang12345	1000	3800	提示:账户余额不足,请选择其他支付方式

3.8　其他黑盒测试方法

3.8.1　错误推测法

错误推测法是一种依赖于直觉和经验的测试用例设计方法。错误推测法通过基于经验和直觉推测程序中可能产生的各种错误,有针对性地设计测试用例。由于测试的不完备性,测试人员的经验和直觉能对测试的不完整性做出很好的补充。

使用错误推测法进行测试时,首先罗列出可能出现的错误,形成错误模型,然后设计测试用例覆盖所有的错误模型。

错误推测法简单易行,但是具有较大的随意性,比较依赖于测试人员的经验,因此更多地作为一种辅助的黑盒测试方法来使用。

3.8.2　正交表法

随着程序规模越来越庞大,程序逻辑也越来越复杂,采用因果图法进行测试时,因果关系也很复杂,从而会使得到的测试用例数目非常多,这样会给软件测试带来沉重的负担。正交表法是一种能有效减少测试用例个数的设计方法。

依据 Galois 理论,正交试验设计法是从大量的试验数据中挑选适量的、有代表性的点,从而合理地安排测试的一种科学的试验设计方法,是研究多因子(因素)、多水平(状态)的一种试验设计方法。正交试验设计法是根据试验数据的正交性从试验数据中挑选出部分有代表性的点进行试验,而这些点具备整齐可比,均匀分散的特点。正交试验设计法是一种基于正交表的、高效率的、快速的、经济的试验设计方法。

我们通常把所有参与试验、影响试验结果的条件称为因子,影响试验因子的取值或输入称为因子的水平。

与传统的测试用例设计方法相比,正交表法利用数学理论来大大减少测试组合的数量。在判定表、因果图测试用例设计方法中,基本都是通过 mn 进行排列组合。使用正交试验设计法,需考虑参与因子具备整齐可比,均匀分散的特性,保证每个试验因子及其取值都能参与试验,降低了人为测试习惯导致覆盖率低及冗余测试用例的风险。

(1) 整齐可比。

在同一张正交表中,每个因子的水平出现的次数完全相同。在正交试验设计法中,每个因子的水平与其他因子的水平参与试验的概率完全相同,这就保证了在每个因子的水平中最大限度地排除了其他因子的水平的干扰。因此,能最有效地进行比较和做出展望,容易找到好的试验条件。

(2) 均匀分散。

在同一张正交表中,任意两列(两个因子)的水平搭配(横向形成的数字对)是完全相同的,这就保证了试验条件均衡地分散在因素水平的完全组合之中,因而具有很强的代表性,容易得到好的试验条件。

通常,一般用 L 代表正交表,常用的正交表有 $L_8(2^7)$、$L_9(3^4)$、$L_{16}(4^5)$、$L_8(4*2^4)$ 等。

对于 $L_i(m^n)$ 来说,n 表示此正交表列的数目(最多可安排的因子数);m 代表因子的水平数;8 代表行的数目(试验次数)。如 $L_8(4*2^4)$ 表示有 4 列是 2 水平的,有 1 列是 4 水平的,用其来安排试验,做 8 个试验最多可以考查 1 个 4 水平因子和 4 个 2 水平因子。

在实际测试工作中,经常出现组合条件多、每个条件的取值项多的情况,例如对打印选项进行测试,需要测试的内容包括以下几项。

(1) 按打印范围分:全部、当前幻灯片、给定范围。

(2) 按打印内容分:幻灯片、讲义、备注页、大纲视图。

(3) 按打印颜色/灰度分:彩色、灰度、黑白。

(4) 按打印效果分:幻灯片加框和幻灯片不加框。

若每一项都测试到,则测试组合数会很多;如果按照传统的测试方法,如因果图法,则会增加测试工作量。因此,可以通过确定影响功能的因子与水平来选择合适的正交表。对于因子数、水平数较高的情况下,测试组合数会比较多,正交表法可以大大减少测试用例数,减少工作量。

当使用正交试验设计法设计用例时,通常可能会遇到以下几种情况。

(1) 测试输入参数个数及取值与正交试验表的因子数刚好符合。

分析被测对象的需求后,如果测试输入参数个数及取值恰好等于正交试验表的因子及水平数,则可直接套用正交表,然后根据经验补充用例即可。

（2）测试输入参数个数与正交试验表的因子数不符合。

如果测试输入参数个数大于或小于正交试验表的因子数,则选择正交表中因子数大于输入参数的正交表,多余的因子可抛弃不用。

（3）测试输入参数个数及取值与正交试验表的水平数不符合。

如果测试输入参数个数及取值大于或小于正交试验表的水平数,则选择正交表中因子数及水平数均大于测试输入参数且总试验次数最少的正交表,多余的因子可抛弃不用,多余的水平可均分参与试验。

由于正交表法能借助正交试验表快速得到测试组合,通常用在组合查询、兼容性测试、功能配置等方面,因此在软件测试用例设计中有着广泛的应用。但该方法也有一定的弊端,因其从数学公式引申而来,可能在实际使用过程中无法考虑输入参数相互组合的实际意义,因此使用时需结合业务实际情况做出判断,删除无效的数据组合,补充有效的数据组合。

【例 3.10】 某网上计算机销售系统的功能界面包含功能客户姓名、联系电话、通信地址 3 个查询字段,每个查询条件有输入数据和不输入数据 2 种情况,根据正交试验法设计相应的测试用例。

分析 网上计算机销售系统的功能界面有 3 个查询字段,如果从经验测试的角度来看,可测试 2 种情况,即 3 个查询字段都不输入和都输入的情况。如果从全排列的角度考虑,可设计 2^3,即个用例进行覆盖。但如果测试条件增加,测试用例数将会很庞大,测试效率也无法保证。若仅根据经验进行测试,则可能因为测试工程师的喜好,造成测试遗漏。因此,采用正交试验法可降低此类风险。

（1）根据需求获取因子及水平。

根据被测对象的需求描述,获取输入条件及每个条件可能的取值。如果取值较多,可先使用等价类划分法及边界值分析法进行优化。本题有 3 个查询字段,每个查询条件有 2 种情况,可称为 3 因子 2 水平。

（2）根据因子数及水平数选择正交表。

由分析(1)可知,被测对象所需的正交表为 3 因子 2 水平。从数理统计等相关书籍及正交试验网站中查找得知有符合 3 因子 2 水平的正交表,如表 3-23 所示。如果预估正交表与实际正交表不相符,则选择因子及水平大于预估正交表,且试验次数最少的正交表。

表 3-23　正交表

试验因子	水平		
	1	2	3
1	1	1	1
2	1	2	2
3	2	1	2
4	2	2	1

（3）替换因子与水平,获取试验次数。

将输入项及取值正交表替换,获取试验次数,替换后的表格如表 3-24 所示。

表 3-24 试验次数替换表

试验次数	输入条件		
1	客输姓名	联翰电话	通输地址
2	输入	不输入	不输入
3	不输入	输入	不输入
4	不输入	不输入	输入

（4）根据经验补充试验次数。

正交表法的试验次数是通过数学方法推导出来的,虽然保证了每个参与试验的因子与水平取值均匀地分布在试验数据中,但并不能代表全部业务的情况,所以仍需根据测试经验补充一些用例。针对例 3.10,发现 3 因子 2 水平正交表并不包含每个因子取 2 值的试验,故需补充该用例,调整后的表格如表 3-25 所示。

表 3-25 调整后的表格

试验次数	输入条件		
	客户姓名	联系电话	通信地址
1	输入	输入	输入
2	输入	不输入	不输入
3	不输入	输入	不输入
4	不输入	不输入	输入
5	不输入	不输入	不输入

这样,如果使用全排列测试方法得到的用例将是 2^3 共 8 个用例,如果使用正交表法,8 个用例减少至 5 个,同样能保证测试效果,但测试用例数量大大减少。

（5）细化输出测试用例。

根据优化后的正交表,每行一次试验数据构成一条测试规则,在此基础上利用等价类划分法及边界值分析法细化测试用例。

3.8.3 功能图法

程序的功能说明通常由动态说明和静态说明组成。动态说明用于描述输入数据的次序或者转移的次序;静态说明用于描述输入条件与输出条件之间的对应关系。对于较复杂的程序来说,由于存在大量的组合情况,因此,仅使用静态说明是不够的,还要使用动态说明来补充功能说明。功能图法就是为了解决动态说明问题的一种测试用例的设计方法。

1. 功能图法概述

功能图法是用功能图形象地来表示程序的功能说明,并机械地生成功能图的测试用例。功能图由状态转移图(state transition diagram,STD)和逻辑功能模型(logic function model,LFM)构成。

状态转移图用于描述系统状态变化的动态信息——动态说明,即由状态和迁移来描述,状态用于指出数据输入的位置(或时间),而迁移则用于指明状态的变化。例如用户在登录时输入用户名和密码,若输入正确,则表示登录成功,此时变为成功状态,然后进入下一个状态;若输入错误在 5 次以内,则提示重新输入,此时变为等待状态;若输入错误超过 5 次,则表示登录失败,此时变为失败状态;若用户想要找回密码,则点击"忘记密码",此时变为新的等待状态。在该场景中,状态转移图如图 3-21 所示。

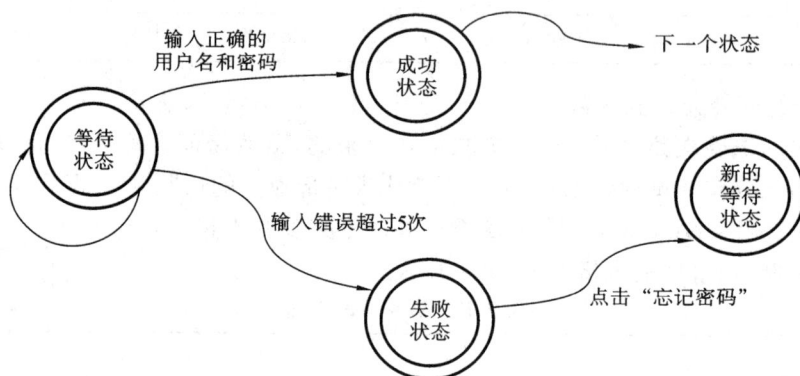

图 3-21 状态转移图

逻辑功能模型用于表示状态中输入条件和输出条件之间的对应关系。逻辑功能模型只适合描述静态说明,输出数据仅由输入数据决定。测试用例则是由测试中经过的一系列状态和在每种状态中必须依靠输入/输出数据满足的一对条件组成。

2. 使用功能图法生成测试用例

在生成测试用例时,可以用节点代替状态,用弧线代替迁移,状态转移图就可以直接转化为一个程序的控制流程图。功能图生成测试用例的过程如下。

(1)生成局部测试用例。在每种状态下,从因果图生成局部测试用例。局部测试库由输入数据(原因值)组合与对应的输出数据或者状态(结果值)构成。

(2)生成测试路径。利用(1)规则生成从初始状态到最后状态的测试路径。

(3)合成测试用例。合成测试路径与功能图中每个状态的局部测试用例。结果是初始状态到最终状态的一个状态序列,以及每种状态中输入数据与对应的输出数据组合。

(4)采用条件构造树算法进行测试用例的合成。

3.8.4 黑盒测试方法的选择

随着系统功能的多样化,系统设计越来越复杂,测试用例管理的设计方法也不是单独存在的,具体到每个测试项目里,都会用到多种方法。对于不同类型软件所具备的特点,所采用的测试用例设计方法也不尽相同,各有特点。实际测试过程中,只有综合使用各种测试方法,才能有效提高测试效率和测试覆盖度。

如何评价当前选择的测试方法呢?首先,测试用例的覆盖度要高。覆盖度指的是对需求以及风险的覆盖能够达到多少。软件测试是以需求为中心的,因此,测试用例的设计也需要以需求为中心,并且测试用例应覆盖功能需求以及软件中的高风险。软件中的高风险指的是可能因为测试的不完备而导致软件缺陷,从而对软件产生严重影响。因此,设计测试用例时需要发现特定的缺陷,确保风险被覆盖。其次,测试用例的数量要少,并且测试用例的冗余度应低,缺陷定位能力应高。最后,需要测试方法的复杂度低,使得测试经济可行。

在选择测试方法时,可以遵循以下综合策略。

(1) 进行等价类划分,包括输入条件和输出条件的等价划分,将无限测试变成有限测试,可以有效减少工作量以及提高测试效率。

(2) 任何情况下都必须使用边界值分析法,该方法设计的测试用例发现程序错误的能力最强。

(3) 根据工作经验,使用错误推测法补充一些测试用例。

(4) 根据程序逻辑,检查当前测试用例的逻辑覆盖度达到多少。若没有达到覆盖标准的要求,则应当再补充足够的测试用例。

(5) 若程序的功能说明中有较清晰的输入条件组合情况,则可以采用因果图法和判定表法。

(6) 对于参数配置类的软件,使用正交试验法选择较少的组合方式能达到最佳效果。

(7) 对于业务流清晰的软件,可以使用场景贯穿测试,再综合使用各种测试方法。

3.9　小结

黑盒测试通过系统的输入以及预期的输出来验证功能是否正确。黑盒测试的进行,需要采取一定的方法、策略来保证软件测试有组织、有计划地进行,以保证软件质量。

本章介绍了黑盒测试中的等价类划分法、边界值分析法、判定表法、因果图法、场景法、错误推测法、正交表法和功能图法。通过具体的例子展示了各种黑盒测试方法设计测试用例的过程。

等价类划分法是将程序的输入划分为若干部分,然后选取每一部分的代表数据作为测试用例进行测试,从而减少测试用例的数量,提高测试效率。

边界值分析法通过选择边界附近的数据进行测试,来验证系统功能是否能够正常运行。判定表法是最严格的测试方法,通过将作为条件的所有输入的各种组合值以及对应的输出值罗列出来而形成的表格,设计出完整的测试用例。

因果图法是从使用自然语言书写的程序规格说明描述中找出因果之间的关系,绘制出因果图,然后通过因果图转换为判定表。

场景法是针对业务流程的软件系统,通过运用场景来对系统的功能点或业务流程进行描述,以提高测试效果。

错误推测法是基于软件测试人员的经验和直觉对被测程序中有可能存在的错误进行推测,这种方法严重依赖软件测试人员的经验,可以有针对性地设计测试用例。

正交表法能借助正交试验表快速得到测试组合,通常用在组合查询、兼容性测试、功能配置等方面。

功能图法是为了解决动态说明问题的一种测试用例的设计方法。

实际测试过程中,对于不同类型软件所具备的特点,所采用的测试用例设计方法也不尽相同,各有特点。只有综合使用各种测试方法,才能有效提高测试效率和测试覆盖度。

习题 3

一、选择题

1. 以下描述中,正确的是( )。

A. 设计测试用例时,应优先考虑测试没有冗余

B. 设计测试用例时,不仅要考虑对需求的覆盖,还应考虑对风险的覆盖

C. 在数据可以穷尽的情况下,如果能保证测试用例覆盖所有数据,就可以确保测试没有风险

D. 设计测试用例的目的是要确保执行测试后能找到出错原因

2. 在某个等价类中取测试数据的时候,( )。

A. 取非边界值   B. 取边界值

C. 随便取值,不考虑是否是边界值   D. 边界和非边界值都要取

3. 以下描述中,错误的是( )。

A. 随着边界点的增加,边界值分析法可能得到数量庞大的测试用例

B. 通过使用边界值分析法,不一定能保证测试对系统边界的全覆盖

C. 如果要设计一个计算 100 以内所有质数的函数,从输入来看,则该函数涉及的边界点仅有 0 和 100

D. 任何情况下都可以使用边界值分析法设计测试用例

4. 以下关于黑盒测试的测试方法选择叙述中,不正确的是( )。

A. 任何情况下都要采用边界值分析法

B. 必要时由等价类划分法补充测试用例

C. 可以用错误推测法追加测试用例

D. 如果输入条件之前不存在组合情况,则采用因果图法

5. 根据输出对输入的依赖关系设计测试用例的黑盒测试方法是( )。

A. 等价类划分法   B. 因果图法   C. 边界值分析法   D. 场景法

6. 以下关于边界值分析法的叙述中,不正确的是( )。

A. 边界值分析法仅考虑输入域边界,不用考虑输出域边界

B. 边界值分析法是对等价类划分法的补充

C. 错误更容易发生在输入/输出边界上而不是输入/输出范围的内部

D. 测试数据应尽可能选取边界上的值

7. 在某高校学籍管理系统中,假设学生年龄的输入范围是 16~40,则根据黑盒测试中的等价类划分技术,下面划分正确的是( )。

A. 可以划分为 2 个有效等价类,2 个无效等价类

B. 可以划分为 1 个有效等价类,2 个无效等价类

C. 可以划分为 2 个有效等价类,1 个无效等价类

D. 可以划分为 1 个有效等价类,1 个无效等价类

8. 采用边界值分析法,假定 X 为整数,10≤X≤100,那么 X 在测试中应该取(　　)边界值。

 A. X=10,X=100
      B. X=9,X=10,X=100,X=101

 C. X=10,X=11,X=99,X=100
   D. X=9,X=10,X=50,X=100

二、填空题

某航空公司的会员卡分为普卡、银卡、金卡和白金卡 4 个级别,会员每次搭乘该航空公司的航班均可能获得积分,积分规则如表 3-26 所示。此外银卡及以上级别会员有额外积分奖励,奖励规则如表 3-27 所示。公司开发了一个程序来计算会员每次搭乘航班累积的积分,程序的输入包括会员的级别 B、舱位代码 C 和飞行公里数 K,程序的输出为本次积分 S。其中 B 和 C 字母的大小写不敏感,K 为正整数,S 为整数(小数部分四舍五入)。

表 3-26　积分规则

舱位	舱位代码	积分
头等舱	F	200% * K
	Z	150% * K
	A	125% * K
公务舱	C	150% * K
	D/I	125% * K
	R	100% * K
经济舱	Y	125% * K
	B/H/K/L/M/W	100% * K
	Q/X/U/E	50% * K
	P/S/G/O/J/V/N/T	0

表 3-27　额外积分奖励规则

会员级别	普卡	银卡	金卡	白金卡
级别代码	F	S	G	P
额外积分奖励	0%	10%	25%	50%

(1) 采用等价类划分法对该程序进行测试,等价类表如表 3-28 所示,请补充空①~⑦。

表 3-28　等价类表

输入条件	有效等价类	编号	无效等价类	编号
会员等级 B	F	1	非字母	12
	S	2	非单个字母	13
	G	3	⑤	14
	①	4		

续表

输入条件	有效 等价类	编号	无效等价类	编号
	F	5	非字母	15
	②	6	⑥	16
舱位代码 C	③	7		
	R/B/H/K/L/M/W	8		
	Q/X/U/E	9		
	P/S/G/O/J/V/N/T	10		
飞行公里数 K	④	11	非整数	17
			⑦	18

（2）根据表 3-28 所示的等价类表设计的测试用例，请补充表 3-29 中的空①～⑬。

表 3-29　测试用例表

测试用例编号	输入数据 B	输入数据 C	输入数据 K	预期结果 S	覆盖等价类
1	F	F	500	①	1,5,11
2	S	Z	②	825	2,6,11
3	G	A	500	781	③
4	P	④	500	750	4,8,11
5	⑤	Q	500	250	1,9,11
6	F	P	500	⑥	1,10,11
7	⑦	P	500	N/A	12,10,11
8	⑧	F	500	N/A	13,5,11
9	A	Z	500	N/A	14,6,11
10	S	⑨	500	N/A	2,15,11
11	S	⑩	500	N/A	2,16,11
12	S	Q	⑪	⑫	2,9,17
13	S	P	⑬	N/A	2,10,18

三、综合题

1. 对 QQ 登录界面（见图 3-22）进行测试，QQ 账号的要求为 5～10 位自然数。采用等价类划分法进行测试。

2. 有一个小程序，能够求出 3 个在 0～9999 之间的整数中的最大者，请使用边界值分析法设计测试用例。

3. 假定有一台 ATM 机允许提取金额的增量为 100 元，总金额为从 100～20000 元不

图 3-22 QQ 登录界面

等的现金。请结合等价类划分法和边界值分析法进行测试。

4. 什么是黑盒测试？有哪些常用的黑盒测试方法？

5. 自动贩卖机的程序说明如下：该程序能够处理单价为 2 元的饮料。若投入 2 元，并选择"绿茶""矿泉水""可乐"按钮，相应的饮料就会送出。若投入的钱大于 2 元，则在送出饮料的同时退出多余的钱。若投入的钱不够，则直接退款，不送出饮料。

请采用黑盒测试方法对该软件进行测试，并设计测试用例。

6. 软件系统几乎都是使用事件触发来控制流程的，事件触发时的情景便形成了场景，而同一事件不同的触发顺序和处理结果就形成事件流。场景法就是通过用例场景描述业务操作流程，从用例开始到结束遍历应用流程上所有的基本流（基本事件）和备选流（分支事件）。下面是对某 IC 加油卡应用系统的基本流和备选流的描述。

基本流 A 如表 3-30 所示。

表 3-30 基本流 A

序号	用例名称	用例描述
A1	准备加油	客户将 IC 加油卡插入加油机
A2	验证 IC 加油卡	加油机从 IC 加油卡的磁条中读取账户代码，并检查它是否属于可以接收的加油卡
A3	验证黑名单	加油机验证 IC 加油卡账户是否存在于黑名单中，如果属于黑名单，则加油机吞卡
A4	输入购油量	客户输入需要购买的汽油数量
A5	加油	加油机完成加油操作，从 IC 加油卡中扣除相应金额
A6	返回 IC 加油卡	退还 IC 加油卡

备选流 B、C、D、E 如表 3-31 所示。

（1）使用场景法设计测试用例，指出场景涉及的基本流和备选流，基本流用字母 A 表示，备选流用题干中描述的相应字母表示。

表 3-31　备选流

序号	用 例 名 称	用 例 描 述
B	IC 加油卡无效	在基本流 A2 过程中,不能够识别或非本机可以使用的 IC 加油卡,加油机退卡,并退出基本流
C	IC 加油卡账户属于黑名单	在基本流 A3 过程中,判断 IC 加油卡账户属于黑名单,例如,已经挂失,加油机吞卡并退出基本流
D	IC 加油卡账面现金不足	系统判断 IC 加油卡内现金不足,重新加入基本流 A4,或选择退卡
E	加油机油量不足	系统判断加油机内油量不足,重新加入基本流 A4,或选择退卡

(2) 场景中的每一个场景都需要确定测试用例,一般采用矩阵来确定和管理测试用例。表 3-32 所示的是一种通用的测试用例表,其中行代表各个测试用例,列代表测试用例的信息。本例中的测试用例包含测试用例 ID 号、场景、测试用例中涉及的所有数据元素和预期结果等项目。首先确定执行用例场景所需的数据元素(本例中包括账号、是否是黑名单卡、输入油量、账面金额、加油机油量),然后构建矩阵,最后确定包含执行场景所需的适当条件的测试用例。在下面的测试用例表中,V 表示有效数据元素,I 表示无效数据元素,例如 C01 表示"成功加油"基本流。请按上述规定为其他应用场景设计用例矩阵。

表 3-32　测试用例表

测试用例 ID 号	场景	账号	是否黑名单卡	输入油量	账面金额	加油机油量	预期结果
C01	场景1:成功加油	V	I	V	V	V	成功加油
C02							
C03							
C04							
C05							

(3) 假如每升油为 4 元人民币,用户的账户金额为 1000 元,加油机内油量足够,那么在 A4 输入油量的过程中,请运用边界值分析法为 A4 选取合适的输入数据(即油量,单位为升)。

(4) 假设本系统开发人员在开发过程中通过测试发现了 20 个错误,独立的测试组通过上述测试用例发现了 100 个软件错误,系统上线后,用户反馈了 30 个错误,请计算缺陷探测率(DDP)。

第4章 白盒测试

【学习目标】

白盒测试是指清楚地了解程序结构和处理过程,检查程序结构及路径的正确性,检查软件内部动作是否按照设计说明书的规定正常进行。通过本章的学习,你将:

(1)掌握白盒测试的基本概念。

(2)掌握白盒测试的主要方法。

(3)掌握其他白盒测试方法。

(4)掌握白盒测试方法的选择。

第4章课程资源

4.1 白盒测试的基本概念

白盒测试也称结构测试或逻辑驱动测试,它是按照程序内部的结构测试程序,通过测试来检测软件内部动作是否按照设计说明书的规定正常进行,检验程序中的每条通路是否都能按预定要求正确工作。白盒测试示意图如图4-1所示。

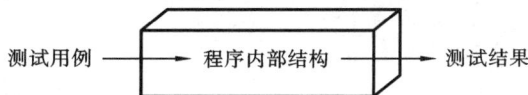

测试用例 → 程序内部结构 → 测试结果

图 4-1 白盒测试示意图

白盒测试通常可分为静态测试和动态测试两种方法。静态测试方法有代码检查法、静态结构分析法;动态测试方法有逻辑覆盖测试法、基本路径测试法、数据流测试法、域测试法、符号测试法、程序插桩和程序变异法等。

1. 程序控制流图

程序的结构形式是白盒测试的主要依据,在进行测试前,需要对程序进行静态结构分析。静态结构分析是指测试者通过使用测试工具来分析程序源代码的系统结构、数据结构、数据接口、内部控制逻辑等内部结构,生成函数调用关系图、模块控制流图、内部文件调用关系图等各种图表,清晰地标识整个软件的组成结构,通过分析这些图表(包括控制流分析、数据流分析、接口分析、表达式分析)来检查软件是否存在缺陷或错误。

控制流图与程序流程图类似,是由节点和连接节点的边组成的图形。节点代表一条或多条语句;边代表节点间的控制流向,用于显示函数内部的逻辑结构。进行测试设计时,对程序流程图进行简化,可以更加突出程序的控制流结构,简化后的图形称为程序控制流图。

程序控制流图由节点和控制流线组成。节点代表一条或顺序执行的多条语句;有向箭头代表控制流,称为边。程序控制流图是程序在执行时对应于从源节点到汇聚节点的路径,使用它可以明确地描述测试用例与其所测试的程序片段之间的关系。程序的5种基本控制流图结构如图 4-2 所示。

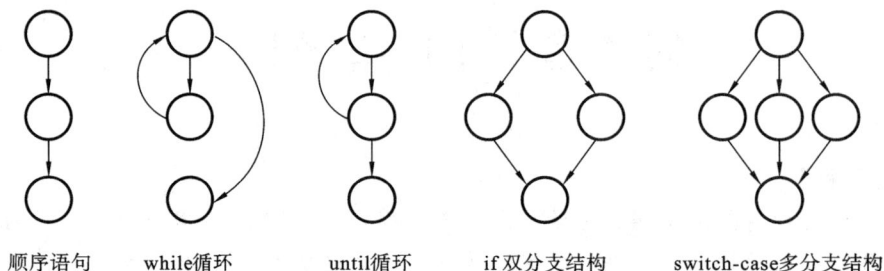

图 4-2 程序的 5 种基本控制流图结构

在将程序流程图转化为控制流图时,应注意以下原则。

(1) 分支汇聚处应有一个汇聚节点。

(2) 边和节点圈定的范围称为区域,当对区域计数时,图形外的范围应算成一个区域。

(3) 若程序有复合条件,则必须将其分解为多个嵌套的简单条件(包含简单条件的节点称为判定节点,即谓词节点),并映射成控制流图。

(4) 谓词节点就是不含复合判定条件的节点,分支判断节点和循环判断节点都可能是谓词节点。程序或流程图中的复合条件,应转化为多个简单条件判断节点,在控制流图中采用相应的谓词节点加以表示。

图 4-3(a)所示为一个程序的流程图,可以映射为图 4-3(b)所示的控制流图。

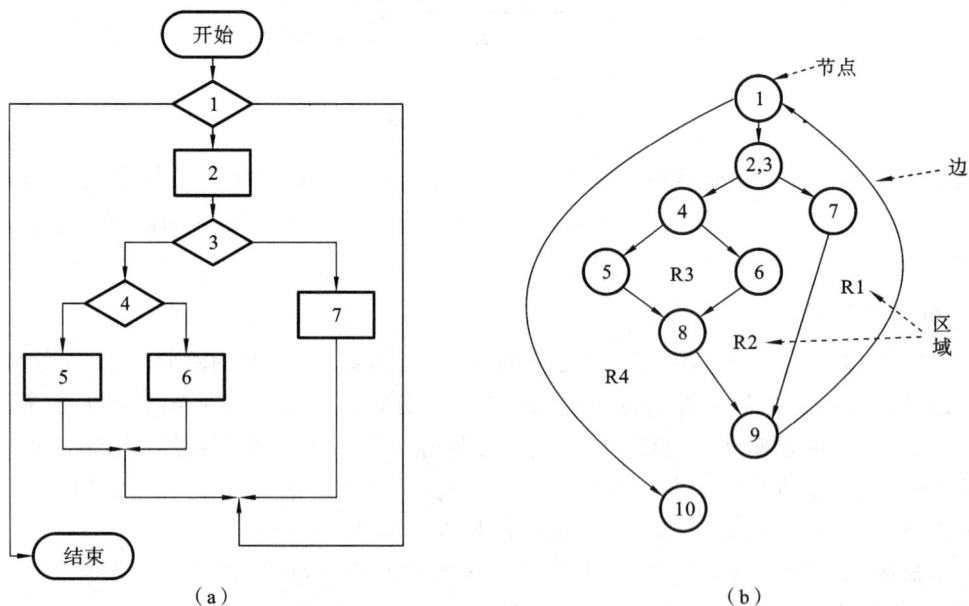

图 4-3 程序流程图和控制流图

图 4-3(a)中的节点 2、3 可以合并为一个控制流图节点,分支汇聚节点如图 4-3(b)中的节点 8、9。图形外的范围也是一个区域 R4。其中,节点 1 是程序源节点,节点 4 到节点 8 是一个 if 双分支结构,节点 1 到节点 9 再到节点 1 是一个循环结构。

控制流图对应程序执行从源节点到汇聚节点的路径。由于测试用例需要设计为按某条路径执行程序,因此可以通过控制流图来进行明确的描述,表示测试用例及其所测试的程序段之间的关系。通过这种描述找到一种可以让人信服的方法来处理程序中潜在的大量执行路径。

若有 C 语言语句如下:

```
if(m&&n)
    x;
else
    y;
```

其中,条件语句 m&&n 为复合语句,条件 m 和条件 n 应各有一个且只有单个条件的判断节点。复合逻辑的控制流图如图 4-4 所示。

首先对条件 m 进行判断,再对条件 n 进行判断,以防出现"条件屏蔽"的情况。

2. McCabe 复杂性度量

程序的环路复杂性为控制流图的区域数。从程序的环路复杂性可以导出程序基本路径集合中的独立路径条数,该条数为每条可执行语句至少执行一次所需要的测试用例数目的上界。

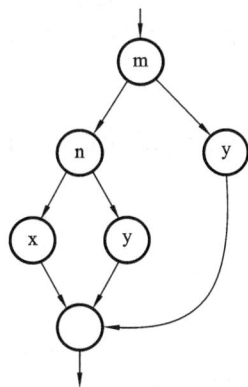

图 4-4 复合逻辑的控制流图

环路复杂性有以下三种获得方式。

(1) 通过控制流图的边界数和节点数计算。

控制流图的边数用 E 表示,节点数用 N 表示,则环路复杂性为 $V(G)=E-N+2$。如图 4-3(b) 所示,若边数 $E=11$,节点数 $N=9$,则环路复杂性 $V(G)=E-N+2=11-9+2=4$。

(2) 通过控制流图中的判定节点个数来计算。

若控制流图中的判定节点个数为 P,则环路复杂性为 $V(G)=P+1$。如图 4-3(b) 所示,若判定节点有节点 1,节点 2、3,节点 4,即 $P=3$,则环路复杂性 $V(G)=P+1=4$。

(3) 通过控制流图的区域个数来计算。

控制流图中的区域数用 R 表示,则环路复杂性为 $V(G)=R$。其中,控制流图中的边与节点所围成的面积称为区域,区域除被围起来的部分外,所有未被围起来的部分记为一个区域。如图 4-3(b) 所示,总共有 4 个区域,即 $R=4$,则环路复杂性为 $V(G)=R=4$。

4.2 代码检查法

代码检查法是静态测试的主要方法,包括代码走查、桌面检查、流程图审查等。代码检查法更容易发现与构架以及时序相关等较难发现的问题,还可以帮助团队成员统一编程风格,提高编程技能等。代码检查法被认为是一种提升代码质量的有效手段。

4.2.1 代码检查的概念

代码检查主要用来检查代码和设计意图的一致性、代码结构的合理性、代码编写的标准性和可读性、代码逻辑表达的正确性等方面。代码检查法用来发现违背程序编写标准的问题;检查程序中不安全、不明确和模糊的部分;找出程序中不可移植的部分;检查违背程序编程风格的问题,如变量的检查、命名和类型审查、程序逻辑审查、程序语法检查和程序结构检查等内容。

采用代码检查的目的主要有以下几个。

(1)检查程序是不是按照某种编码标准或规范编写的。

(2)检查代码是不是符合流程图要求。

(3)发现程序缺陷和程序产生的错误。

(4)检查有没有遗漏的项目。

(5)检查代码是否易于移植。

(6)使代码易于阅读、理解和维护。

4.2.2 代码检查的方式

代码检查的方式主要有桌面检查、代码走查和代码审查。

1. 桌面检查

桌面检查是一种传统的检查方法,在程序通过编译之后,由程序员自己检查编写的程序,包括对源程序代码进行分析、检查等,并对相关文档进行补充,以发现程序中的错误。程序员作为开发者,极其熟悉自己编写的程序及其设计风格,进行桌面检查可以节省很多时间,但由于是"自写自查",所以极易具有主观片面性。

2. 代码走查

代码走查是通过对代码的阅读来发现程序中的问题。代码走查是由走查小组进行的,走查小组由若干程序员和测试人员以及一个负责人组成。在进行代码走查时,负责人先把设计规格说明书、控制流图、程序文本及相关要求和规范等材料发给每个成员,让他们认真研究程序,然后开会讨论。开会前,测试组成员为所测程序准备一些具有代表性的测试用例,提交给走查小组。开会时,每个参与者都充当"计算机"的角色,即使用测试组成员所准备的测试用例,将程序运行一遍,并记录程序的踪迹,然后分析讨论,通过这种方式可以发现 $30\%\sim70\%$ 的逻辑设计和编码错误。

代码走查的优点:能在代码中对错误进行精确定位,降低调试成本;可以发现成批的错误,便于一同得到修正。而动态测试通常只能暴露错误的某个表征,且错误是逐个发现并得到纠正的。

3. 代码审查

随着软件技术的飞速发展,软件规模的不断扩大,软件复杂性越来越高,软件质量也越来越难以保证。这一方面源于软件系统固有的复杂性;另一方面源于软件代码缺少良好的风格,难以阅读、分析、理解、测试和维护。因此,必须对代码进行审查。代码审查是在不执行软件的条件下,有条理地仔细审查软件代码,从而找出软件的缺陷。

代码审查的目的是在程序开发的早期发现和定位源程序代码中可能存在的错误,如果有就纠正错误,以降低测试和维护的代价。

代码审查是由审查小组进行的,审查小组由若干程序员和测试人员组成,通过阅读、讨论和争议,对程序进行静态分析的过程。审查小组有一个小组负责人。

代码审查过程为小组负责人提前将设计规格说明书、控制流程图、程序文本及其相关要求和规范等发给小组成员,并分配代码审查任务,确定软件代码的审查重点,小组成员需要充分阅读这些材料。小组成员详细阅读材料后,召开程序审查会。会议首先由程序员逐句讲解程序的逻辑,在讲解过程中,小组成员可以提出问题并展开讨论,在讨论的过程中可以发现很多以前没有发现的错误,这大大改善了软件的质量。

为了提高代码审查的效率,通常在会前会给审查小组的成员提供一份常见的错误清单,这个清单也称代码检查表。代码检查表是将程序中可能发现的各种错误进行分类,并将每类列举出的典型错误制成表格,供再次审查时使用。

代码审查工作结束后,项目负责人进行总结,编写测试报告,对软件代码质量进行评估,并给出合理的建议。详细记录代码审查时成员提出的所有问题可以供其他代码审查人员借鉴。

代码检查表包括一系列规程式的步骤,并要求检查人员严格按照这些步骤执行。如果想发现和改正程序中的每一个缺陷,就必须遵照精确的规程,而检查表可以确保遵循这个规程。代码检查表可以帮助我们查找程序中的缺陷,并且能够发现以前程序中曾经引起大多数问题的缺陷。通过使用代码检查表,就能够知道如何进行代码复查。代码检查表中定义了代码复查的每个步骤、细节。

代码检查时需要注意:是否所有功能都已经编码实现;根据编码标准复查代码时,有没有漏掉关键的注释;有没有使用不正确的格式;使用代码检查表时,通常只能找到一些已知的可能的缺陷;要从系统或用户的角度进行全面检查(检查业务的合理性等)。

使用代码复查检查表时:

(1) 要了解每一项的说明,并按照这些步骤去执行。

(2) 每检查一项,就在后面的表格中记录相关的数据。

(3) 直至检查完整个表格。

建立一个属于自己的代码检查表,步骤如下。

(1) 在建立个人检查表前,先检查缺陷数据并找出引起大部分问题的缺陷类型,根据软件开发过程中每个阶段发现的缺陷类型和数目制作一张表。

(2) 按缺陷类型降序排列在编译和测试阶段发现各种类型缺陷的数目(数目大的在最上面)。

(3) 对于有多数缺陷的那些类型,看看是由于什么原因引起的。

(4) 一般根据自身的情况、所用语言、经常发现的或漏过的缺陷类型来设计检查表。开始时,可以参考别人的检查表。对于个人检查表,应该是一张持续改进的表。

(5) 定期复查缺陷数据、重新审核检查表,保留有效的步骤,删除无效的,从而不断更改个人检查表。

（6）检查表是个人经验的总结，可以帮助我们按照总结出来的步骤来查找和修复缺陷，提高软件质量。

4.2.3 代码检查项目

进行代码检查时，一般要检查以下项目。

（1）验证调用及其位置是否正确，确认每次所调用的子程序、宏、函数是否存在，调用方式与参数顺序、个数、类型是否一致。

（2）检查数制、数据类型是否一致，检查引用时的取值、数制、数据类型是否一致。

（3）检查条件判断语句、循环语句是否正确。

（4）检查代码注释是否正确。

（5）桌面检查。

（6）检查目录文件与程序设计风格是否一致。

进行人工代码检查时，可以制作缺陷检查表，缺陷检查表中可以列出工作中遇到的典型错误，如表 4-1 所示。

表 4-1   缺陷检查表

序号	缺 陷 类 型	备　　　注
1	Documentation	注释、提示信息等
2	Syntax	拼写错误、指令格式错误等
3	Build,Package	组件版本、调用库方面的错误
4	Assignment	声明、变量影响范围等方面的错误
5	Interface	调用接口错误
6	Checking	出错信息、未充分检验等错误
7	Data	数据结构、内容错误
8	Function	逻辑错误以及指针、循环、计算、递归等方面的错误
9	System	配置、计时、内存方面的错误
10	Environment	设计、编译、测试或者其他支持系统的错误

4.3　逻辑覆盖测试法

逻辑覆盖测试法是根据程序内部的逻辑结构来设计测试用例的技术，是白盒测试的主要动态测试技术之一，是以程序内部的逻辑结构为基础的测试技术，通过对程序内部的逻辑结构的遍历来实现程序的覆盖。逻辑覆盖可以分为语句覆盖、判定覆盖、条件覆盖、判定-条件覆盖、条件组合覆盖和路径覆盖。

现有 C 语言程序段如下：

```
if(a>8&&b>10)
```

```
m=m+1;
if(a=10||c>5)
m=m+5;
```

C 语言程序段的流程图如图 4-5 所示。

a、b、c、d、e、f、g 为所要经过的路径（边）。通过 C 语言程序段，下面讨论几种常用的逻辑覆盖技术：语句覆盖、判定覆盖、条件覆盖、判定-条件覆盖、条件组合覆盖以及路径覆盖。

4.3.1　语句覆盖

语句覆盖，即设计的若干个测试用例在运行时使程序中的每条语句至少执行一次。

为了使每条语句执行一次，需要的测试用例如下。

a＝10,b＝15,c＝8，执行路径为 a—c—d—f—g。

若选择数据 a＝10,b＝6,c＝8，则执行路径为 a—b—f—g，语句 m＝m＋1 未被覆盖，该测试用例不能达到语句覆盖的目的。

语句覆盖执行了每一条语句，但是对于逻辑运算，如 || 和 &&，则无法全面测试到错误。语句覆盖是一种弱覆盖，它只测试了条件为真的情况，条件为假的情况并没有进行测试。例如有语句，

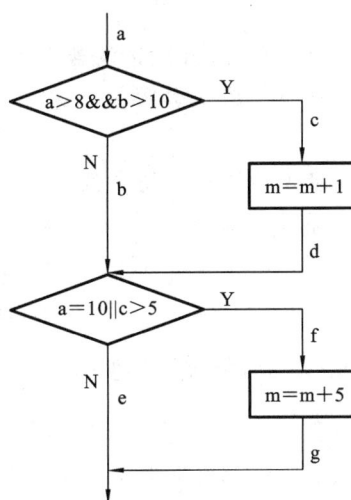

图 4-5　C 语言程序段的流程图

```
if(i>=0)
sum=a+b;
```

若由于编程人员的疏忽而遗漏了"＝"号，错写成：

```
if(i>0)
sum=a+b;
```

当给出的测试用例为 i＝3 时，则 sum 的值为 a 与 b 之和，得到的实际结果与预期结果是一致的，也满足了语句覆盖，但是其中条件的错误并没有被检测出来。语句覆盖可以很直观地从源代码得到测试用例，无须细分每个判定表达式。

4.3.2　判定覆盖

判定覆盖又称分支覆盖，即设计的若干个测试用例在运行时使程序中的每个判断的真、假分支至少执行一次。虽然判定覆盖的测试能力比语句覆盖的测试能力强，但是只能判定整个判断语句的最终结果，无法确定内部条件的正确性。跟语句覆盖相比，由于可执行语句不是在判定的真分支上，就是在判定的假分支上，所以，只要满足了判定覆盖标准，就一定满足语句覆盖标准，反之则不然。

要使每个判断的真假至少各执行一次，需要的测试用例如下。

(1) a＝9,b＝15,c＝8，执行路径为 a—c—d—f—g（判断的结果分别为：T,T）。

（2）a＝5,b＝8,c＝4,执行路径为 a—b—e(判断的结果分别为:F,F)。

若将第二个判断中的 c>5 错写成 c<5,则使用上述两组数据仍然可以得到一样的结果,因此判定覆盖不一定能够保证测试出判定条件中存在的错误。

4.3.3　条件覆盖

条件覆盖,即设计的若干个测试用例在运行时使程序中的每个判断的每个条件都至少取一次真值或一次假值。这种情况覆盖了每个条件,但是并不一定覆盖到了每个判断的分支。

要使程序中的每个判断的每个条件都至少取一次真、假值,即 a>8、b>10、a＝10、c>5 四个条件结果各为真、假一次。需要的测试用例如下。

（1）a＝10,b＝15,c＝8,执行路径为 a—c—d—f—g(条件的结果分别为:T,T,T,T)。

（2）a＝5,b＝8,c＝4,执行路径为 a—b—e(条件的结果分别为:F,F,F,F)。

4.3.4　判定-条件覆盖

判定-条件覆盖是将判定覆盖和条件覆盖结合起来设计测试用例。这种方法是让程序中所有条件的可能取值都至少执行一次,所有判断的可能结果也至少执行一次。判定-条件覆盖满足判定覆盖准则和条件覆盖准则,弥补了二者的不足。判定-条件覆盖准则的缺点是未考虑条件的组合情况。

判定-条件覆盖需要使得判断中的每个条件都至少取值一次,同时每个判断的可能结果也要取值一次,需要的测试用例如下。

（1）a＝10,b＝15,c＝8,执行路径为 a—c—d—f—g(判断的结果分别为:T,T;条件的结果分别为:T,T,T,T)。

（2）a＝5,b＝8,c＝4,执行路径为 a—b—e(判断的结果分别为:F,F;条件的结果分别为:F,F,F,F)。

在这种测试数据的情况下,判定-条件覆盖与条件覆盖的举例相同,因此,判定-条件覆盖并不一定比条件覆盖的逻辑更强。

4.3.5　条件组合覆盖

条件组合覆盖,即设计的若干个测试用例在运行时使程序中所有可能的条件取值组合至少执行一次。条件组合覆盖满足了判定覆盖、条件覆盖和判定-条件覆盖准则。

条件组合覆盖需要使得每个判断的所有可能条件取值组合至少执行一次,需要的测试用例如下。

（1）a＝10,b＝15,c＝8,执行路径为 a—c—d—f—g(条件的结果分别为:T,T,T,T)。

（2）a＝5,b＝8,c＝4,执行路径为 a—b—e(条件的结果分别为:F,F,F,F)。

（3）a＝10,b＝8,c＝4,执行路径为 a—b—f—g(条件的结果分别为:T,F,T,F)。

（4）a＝5,b＝15,c＝8,执行路径为 a—b—f—g(条件的结果分别为:F,T,F,T)。

这四组数据虽然满足了条件组合覆盖的要求,但是并没有将所有路径都覆盖,如路径 a→c→d→e。因此,条件组合覆盖的测试结果也并不完全。

4.3.6　路径覆盖

若选择足够的测试用例,使得程序中的每一条可能组合的路径都至少执行一次,则为路径覆盖。因此,需要的测试用例如下。

(1) a＝10,b＝15,c＝8,执行路径为 a—c—d—f—g。

(2) a＝9,b＝12,c＝4,执行路径为 a—c—d—e。

(3) a＝10,b＝8,c＝8,执行路径为 a—b—f—g。

(4) a＝5,b＝8,c＝4,执行路径为 a—b—e。

路径覆盖相对于以上几种覆盖方式而言,覆盖率要大,但是随着程序代码复杂度的增加,测试的工作量将呈指数级增长。如果一个函数包含 10 条 if 语句,则将会有 2^{10} 条路径需要进行测试。

4.4　基本路径测试

1. 基本路径测试概述

基路径测试是在程序控制流图的基础上,通过分析控制构造的环路复杂性,导出基本可执行路径的集合,从而设计测试用例的方法。

基本路径测试主要包含以下 4 个方面。

(1) 绘制程序流程图,根据程序流程图绘制程序控制流图。

(2) 计算程序环路复杂度。环路复杂度是一种为程序逻辑复杂性提供定量测度的软件度量,将该度量用于计算程序的基本独立路径数目,这是程序中每条可执行语句至少执行一次所必需的最少测试用例数。

(3) 确定独立路径的集合。通过程序控制流图导出基本路径集,列出程序的独立路径。

(4) 设计测试用例。根据程序结构和程序环路复杂性设计用例输入数据和预期结果,确保基本路径集中的每一条路径可执行。

以以下代码为例:

```
1    a,b,c=eval(input("请输入三角形边长 a,b,c:"))
2    if a+ b<=c or a+c<=b or b+c<=a \
3      or abs(a-b)>=c or abs(b-c)>=a  or abs(c-a)>=b:
4        print("不能构成三角形!")
5    elif a==b or b==c or a==c:
6        if a==b and b==c:
7            print("是等边三角形!")
8        else:
9            print("是等腰三角形!")
10   else:
11       print("是普通三角形!")
```

根据图 4-6(a)所示的程序流程图绘制控制流图,并采用基本路径法,设计出测试用例进行测试。

(1) 绘制程序控制流图。控制流图标号对应代码中的行号,程序控制流图如图 4-6(b)所示。其中增加的汇聚节点 12 作为结束语句。

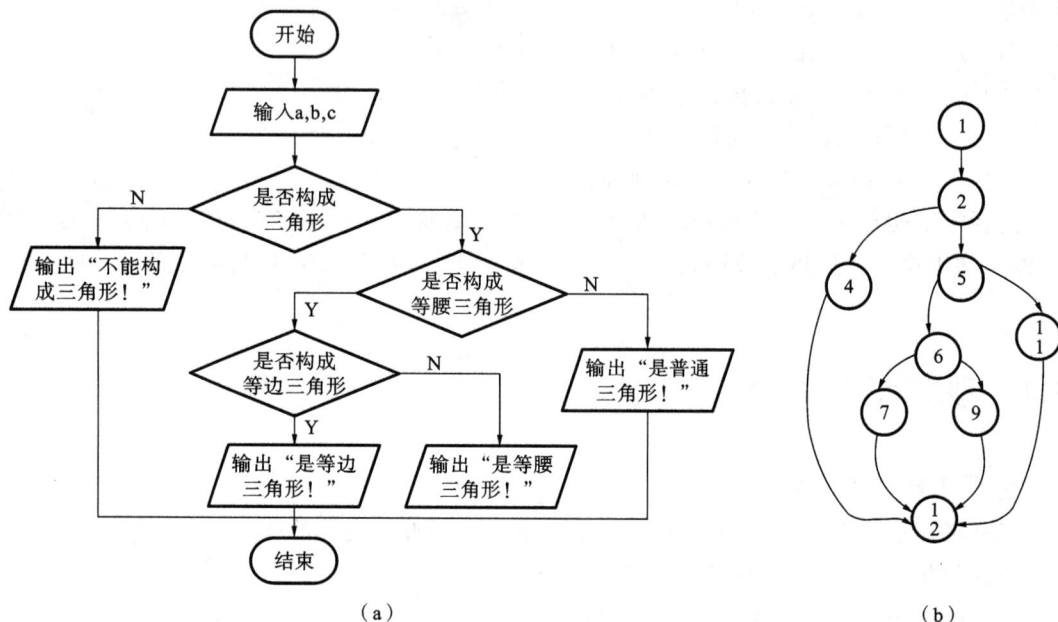

图 4-6　程序流程图和程序控制流图

(2) 计算程序环路复杂度。在对程序进行基本路径法测试时,需要依靠程序的环路复杂性来获得程序基本路径集合中的独立路径的数目。独立路径需要包含一条在之前不曾用到的边,而环路复杂度则决定了测试用例数目的上界。独立路径即为至少引入一条新的处理语句或者一条新的判断的程序通路。

计算环路复杂度的方法有以下三种。

① 定义环路复杂度为 $V(G)$,E 为程序控制流图的边数,V 为程序控制流图的节点数,则有:$V(G)=E-N+2$。

② 定义 P 为控制流图中的判定节点数,则有:$V(G)=P+1$。

③ 定义控制流图中的区域数为 R,则有:$V(G)=R$。

在图 4-6(b)中:

● $V(G)=E-N+2=11(边数)-9(节点数)+2=4$;

● $V(G)=P+1=3+1=4$(其中判定节点为 2,5,6);

● $V(G)=4$(共有 4 个区域)。

(3) 确定独立路径的集合。

● 路径 1:1—2—4—12。

● 路径 2:1—2—5—11—12。

● 路径 3:1—2—5—6—7—12。

● 路径 4:1—2—5—6—9—12。

根据以上路径,设计测试所需输入数据,使得程序分别执行到上述 4 条路径。

(4)设计测试用例。满足以上基本路径集的测试用例如表 4-2 所示。

表 4-2　测试用例

编　号	路　径	输 入 数 据	预 期 输 出
1	路径 1:1—2—4—12	a=3,b=5,c=2	输出"不能构成三角形!"
2	路径 2:1—2—5—11—12	a=6,b=7,c=8	输出"是普通三角形!"
3	路径 3:1—2—5—6—7—12	a=8,b=8,c=8	输出"是等边三角形!"
4	路径 4:1—2—5—6—9—12	a=8,b=8,c=10	输出"是等腰三角形!"

2. 循环测试

基本路径测试简单高效,但是在有循环的情况下,测试覆盖并不充分,此时可以使用循环测试来提高白盒测试的质量。

循环测试专注于测试程序中的循环结构,进一步提高了测试的覆盖率。循环结构通常分为简单循环、嵌套循环、串联循环和非结构化循环。

(1)简单循环。

简单循环(见图 4-7)只有一个循环层次,若 m 是循环的最大次数,则通常设计 5 个测试集(循环通过的次数):0 次、1 次、n 次(n<m)、m—1 次、m 次。

(2)嵌套循环。

嵌套循环(见图 4-8)为两个及两个以上的循环嵌套,如果直接采用简单循环的测试方法,则测试数量会随着嵌套层数的增加而呈几何级数增长,使得测试用例数量十分庞大。因此,可以采用降层的方式进行循环测试。

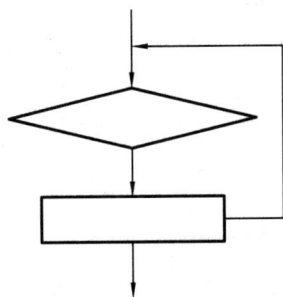

图 4-7　简单循环　　　　　　　图 4-8　嵌套循环

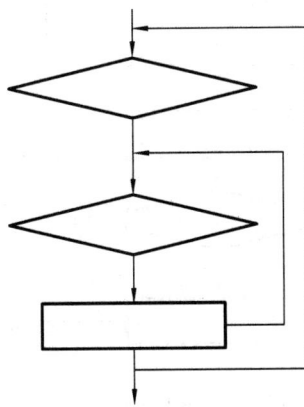

以以下代码为例:

```
int cock,hen,chick;                            //定义三种鸡
    for (cock=0;cock<=20;cock++)                //公鸡
    {
        for (hen=0;hen<=33;hen++)               //母鸡
```

```
        {
            for (chick=0;chick<=99;chick++)            //小鸡
            {
                if(15* cock+ 9* hen+ chick==300 && cock+hen+ chick==100)
                    printf("公鸡:% d,母鸡:% d,小鸡:% d\n",cock,hen,chick);
            }
        }
    }
```

① 最内层进行简单循环的全部测试,其余层保持循环变量取最小值。对小鸡使用简单循环的全部测试,测试时公鸡、母鸡的循环变量取最小值。

② 由内向外构造下一层的循环测试,测试时保持所有的外层循环变量取最小值,嵌套内的循环变量取"典型"值,测试层使用相应的测试用例。公鸡的循环变量取最小值,小鸡的循环变量取"典型"值,母鸡的循环变量取 5 个测试值。

③ 重复至所有循环层均被测试。

(3) 串联循环。

两个及两个以上的简单循环串联在一起,称为串联循环(见图 4-9)。如果串联在一起的多个循环之间互不独立,则分别做简单循环测试;若两个循环之间相互不独立,则使用嵌套循环的方式进行测试。

(4) 非结构化循环。

非结构化循环(见图 4-10)不能进行测试,需要重新设计为结构化程序后再进行测试。

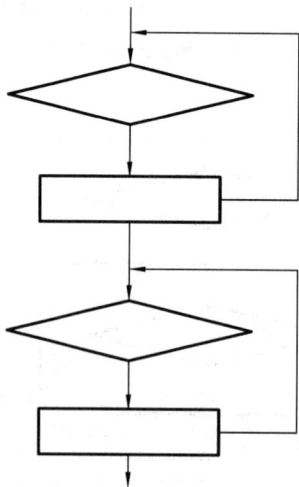

图 4-9 串联循环

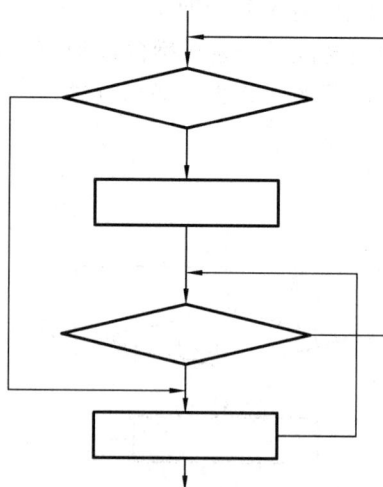

图 4-10 非结构化循环

4.5 其他白盒测试方法

4.5.1 数据流测试

数据流测试是基于程序的控制流,考察变量从接收到值到使用这些值的路径,从建立的数据目标状态的序列中发现异常的结构测试的方法。数据流测试使用程序中的数据流关系来指导测试者选取测试用例,测试常集中在定义、引用异常故障分析上。其基本思想是:一个变量的定义,通过辗转的引用和定义,可以影响到另一个变量的值,或者影响到路径的选择等。进行数据流测试时,根据被测程序中变量的定义和引用位置来选择测试路径。因此,可以选择一定的测试数据,使程序按照一定变量的定义-引用路径执行,并检查执行结果是否与预期的相符,从而发现代码的错误。

基于数据流的测试可以从离散数学的角度来理解。假定有程序 P,则程序 P 有程序图 G(P)以及一组程序变量 V。G(P)按照控制流图构造出一个有向图,其中节点代表语句片段,边代表节点序列,有一个单入口节点和一个单出口节点。该有向图不允许存在由某个节点到其自身的边,即不允许存在自环。因此,可以有如下定义。

当且仅当变量 $v \in V$ 的值由对应节点 $n \in G(P)$ 的语句片段定义时,n 称为变量 v 的定义节点,记作 DEF(v,n)。一般来说,输入语句、赋值语句、循环控制语句和过程调用都是定义节点的语句。通过对定义节点语句的执行,与该变量相关联的存储单元的内容就会改变。

当且仅当变量 $v \in V$ 的值由对应节点 $n \in G(P)$ 的语句片段使用时,称为变量 v 的使用节点,记作 USE(v,n)。一般来说,输入语句、赋值语句、条件语句、循环控制语句和过程调用语句都是使用节点的语句。执行使用节点的语句时,与该变量相关联的存储单元的内容保持不变。

使用节点 USE(v,n)是一个谓词使用(记作 P-USE),当且仅当语句 n 是谓词语句;否则,使用节点 USE(v,n)是一个计算使用(记作 C-USE)。对应谓词使用的节点的出度≥2,对应计算使用的节点的出度≤1。

若有语句 a=b,则有 DEF(1)={a},USE(1)={b}。

若有语句 a=a+b,则有 DEF(1)={a},USE(1)={b}。

PATHS(P)中的路径,对某个 $v \in V$,存在 DEF(v,m)和 USE(v,n),使得 m 和 n 是该路径的最初节点和最终节点,则该路径为定义-使用路径(du-path)。

PATHS(P)中的路径,具有最初节点和最终节点的 DEF(v,m)和 USE(v,n),使得该路径中没有其他节点是 v 定义的节点,则该路径为定义-清除路径(dc-path)。

定义-使用路径和定义-清除路径描述了从值被定义的点到值被使用的点的源语句的数据流。不是定义-清除路径的定义-使用路径,是潜在有问题的地方。

从数据流的角度来讲,程序是一个程序元素对数据访问的过程。对于数据来说,形成数据流,就是一个从定义到使用的过程。数据流测试通常用作路径测试的真实性检查。

4.5.2　程序插桩

程序插桩(program instrumentation)是一种基本的测试手段,有着广泛的应用。程序插桩,简单来说,就是借助向被测程序中的插入来实现测试目的的方法。例如,调试程序时,常常会在程序中插入一些打印语句来检测我们所关心的信息是否正确,或者了解特定变量在特定时刻的取值是否正确,等等。程序插桩技术能够按照用户的要求获取程序的各种信息,已成为测试工作的有效手段。

设计插桩程序时,需要考虑有哪些信息需要探测、在程序的什么位置设置探测点、设置多少个探测点、在程序中的特定部位插入某些用以判断变量特性的语句。

程序插桩需要从插桩位置、插桩策略、插桩过程三方面进行考虑。

1. 插桩位置

在进行程序插桩时,一般选择在以下位置进行插桩。

(1) 程序的开始,即程序块的第 1 条可执行语句之前。

(2) 转移指令之前,for、do、do-while、do until 等循环语句处,if、else if、else 及 end if 等条件语句各分支处,输入/输出语句之后,函数、过程、子程序调用语句之后。

(3) 标号之前。

(4) 程序的出口,return 语句之后,call 语句之后。

2. 插桩策略

插桩策略主要解决如何在程序中植入探针,包括植入的位置和方法。主要考虑块探针和分支探针。

3. 插桩过程

在被测试的源程序中植入探针函数的桩,即函数的声明。而插桩函数的原型在插桩函数库中定义。当目标文件连接成可执行文件时,必须连入插桩函数库。探针函数是否被触发,要依据插桩选择记录文件,要求不同的覆盖率测试会激活不同的插桩函数。

以计算整数 X 和整数 Y 的最大公约数程序为例说明插桩方法的要点。插桩后求最大公约数程序的流程图如图 4-11 所示。

在程序开始位置的第 1 条可执行语句之前插入 C(1),在循环语句分支处插入 C(2),在条件语句分支 Q≠R 处插入 C(3),在过程语句之后插入 C(4)、C(5),在程序出口处插入C(6)。

4.5.3　域测试

域测试(domain testing)是一种基于程序结构的测试方法。Howden 曾对程序中出现的错误进行分类,他将程序错误分为域错误、计算型错误和丢失路径错误三种。这是相对于执行程序的路径来说的。

域测试的"域"是指程序的输入空间。域测试方法基于对输入空间的分析。

域测试的缺点:为了进行域测试,对程序提出的限制过多;当程序有很多路径时,测试点也很多。

域测试的基本步骤如下。

(1) 根据各个分支谓词,给出子域的分割图。

(2) 对每个子域的边界,采用 ON-OFF-ON 原则选取测试点。

(3) 在子域内选取一些测试点。

(4) 针对这些测试点进行测试。

4.5.4　程序变异测试

程序变异(program mutation)测试是一种错误驱动方法,与之前的功能测试及结构测

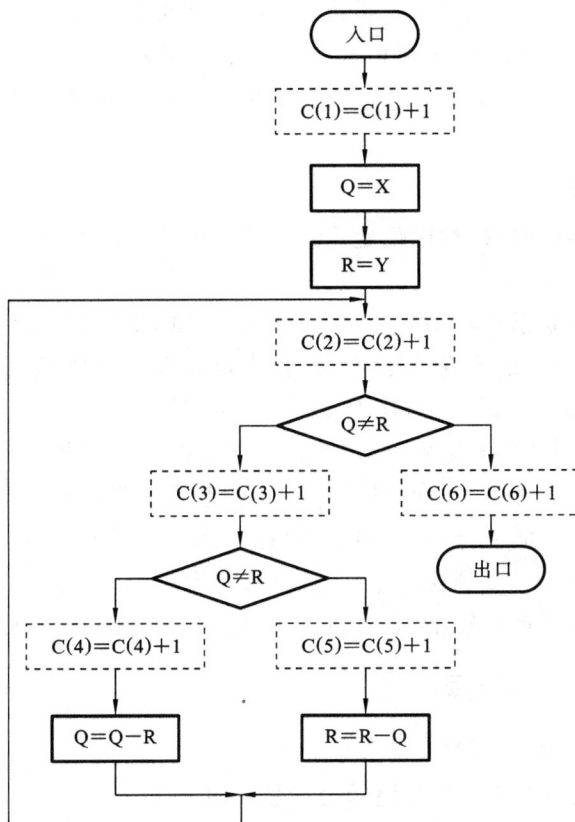

图 4-11　插桩后求最大公约数程序的流程图

试都不同。它提出于 20 世纪 70 年代末期,是针对某种类型的特定程序错误而提出来的。经过人们长期的实践发现,想要找出程序中所有的错误几乎是不可能的,其中一种比较好的解决方法就是将错误的搜索范围尽可能地缩小,以便于专门测试某类错误是否存在。这样可以集中目标对付对软件危害最大的可能错误,而暂时忽略危害较小的可能错误,这样可以提升测试效率,降低测试成本。

错误驱动测试主要有程序强变异测试和程序弱变异测试。

1. 程序强变异测试

对于某程序 P,假设程序中存在一个错误,则程序 P 就变为 P_1。若假设了 n 个错误 e_1,e_2,$\cdots$,e_n,对应了 n 个不同的程序 P_1,P_2,$\cdots$,P_n,则称 P_i 为 P 的变异因子。

从理论上讲,如果程序 P 是正确的,则 P_i 肯定是错误的。例如,若设计一个测试用例 C_i,那么执行后 P 和 P_i 应该是不同的结果。通过这种方式,对于程序 P 和其变异程序,可以得到测试数据集 $C=\{C_1,C_2,\cdots,C_n\}$。如果运行该测试数据集,则执行结果 P 均为正确,P_i 均为错误,说明程序 P 的正确性较高。如果某个 C_i 的执行结果 P 是错误的,而 P_i 是正确的,说明程序 P 存在错误 e_i。

变异测试技术的关键在于产生变异因子。例如表达式 m>n,可以有以下表达式作为变异因子:m<n,m==n,m! =n,m≥n,m≤n。

程序强变异测试是错误驱动测试,是通过程序中可能出现的错误而进行的变异运算,因此,可以进行变量之间的替换、变量与常量之间的替换、算术运算符之间的替换、关系运算符之间的替换、逻辑运算符之间的替换等。使用变异因子时,需要根据实际情况进行选择,否则测试的工作量将会非常多。

2. 程序弱变异测试

当变异因子非常多的时候,程序强变异测试的工作量就会变得非常多,因此采用程序弱变异测试技术来减少开销。

程序弱变异测试也是错误驱动测试,与程序强变异测试类似,是把目标集中在程序的一系列基本组成成分上,并考虑组成成分内部的错误可以在哪个局部地方发现。对于某程序 P,C 作为 P 的简单组成部分,使用变异变换作用于 C 而生成了 C'。如果 P' 是包含 C' 的 P 的变异因子,则在程序弱变异测试中,要求存在测试数据。当 P 执行该测试数据时,C 被执行,并且至少执行一次,C 所产生的值与 C' 所产生的值是不同的。

与程序强变异测试不同的是,程序弱变异测试强调的是变动程序的组成部分,并不实际产生变异因子。组成部分可以是变量定义与引用、算数表达式、关系表达式、布尔表达式等。虽然程序弱变异测试的开销比较小,效率高,但是在实际测试中有很大的局限性。

4.5.5　白盒测试方法的选择

采用白盒测试方法,必须遵循以下几条原则。

(1) 保证一个模块中的所有独立路径至少被使用一次。

(2) 对于所有逻辑值,均需测试逻辑真(True)和逻辑假(False)。

(3) 在上、下边界及可操作范围内运行所有循环。

(4) 检查程序的内部数据结构,以确保其结构的有效性。

在白盒测试中,可以使用各种测试方法进行测试。但是测试时要考虑以下几个问题。

(1) 尽量使用自动化工具来进行静态结构分析。

(2) 建议先进行静态测试,如静态结构分析、代码走查和静态质量度量,然后进行动态测试,如逻辑覆盖测试。

(3) 将静态结构分析的结果作为依据,再使用代码检查和动态测试方法对静态结构分析结果进行进一步确认,以提高测试效率及准确性。

(4) 逻辑覆盖测试是白盒测试中的重要手段,在测试报告中可以作为量化指标的依据,对于软件的重点模块,应使用多种覆盖率标准衡量代码的覆盖率。

(5) 在不同的测试阶段,测试的侧重点是不同的。

① 单元测试阶段:以程序语法检查、程序逻辑检查、代码检查、逻辑覆盖为主。

② 集成测试阶段:需要增加静态结构分析、静态质量度量,以接口测试为主。

③ 系统测试阶段:在真实系统工作环境下,通过与系统的需求定义做比较,检验完整的软件配置项能否和系统正确连接。

④ 验收测试阶段:按照需求开发,体验该产品是否能够满足使用要求,有没有达到原设计水平,完成的功能怎样,是否符合用户的需求,以达到预期目的为主。

4.6 灰盒测试

灰盒测试是介于白盒测试与黑盒测试之间的测试。灰盒测试关注输出对于输入的正确性，同时也关注内部表现，但这种关注不像白盒测试那样详细、完整。灰盒测试结合了白盒测试和黑盒测试的优点，相对于黑盒测试和白盒测试而言，灰盒测试投入的时间相对较少，维护量也较小。

灰盒测试考虑了用户端、特定的系统和操作环境，主要用于多模块的较复杂系统的集成测试阶段。灰盒测试既使用被测对象的整体特性，又使用被测对象的内部具体实现，即它无法知道函数内部的具体内容，但可以知道函数之间的调用。灰盒测试重点在于检验软件系统内部模块的接口，主要用于集成测试阶段。

由于黑盒测试把整个软件系统当成一个整体来测试，所以，如果软件系统的某个关键模块还没有完工，那么测试人员就无法对整个软件系统进行测试。而灰盒测试是针对模块的边界进行的，模块开发完一个就测试一个，这样及早地介入了测试。

测试人员想要进行灰盒测试，首先要熟悉内部模块之间的协作机制，这有助于测试人员发现一些系统结构方面的缺陷。对于黑盒测试而言，由于测试人员不清楚软件系统的内部结构，所以很难发现一些结构性的缺陷。如果仅仅使用黑盒测试方法测试系统的外部边界，那么有很多缺陷是不容易发现的，因此，需要灰盒测试来构造测试用例。

灰盒测试能够有效地发现黑盒测试的盲点，可以避免过渡测试，能够及时发现没有来源的更改，行业门槛及研发成本要比白盒测试的低。因此，灰盒测试具有投入少、见效快的优点。但是灰盒测试不适用于简单的系统。相对于黑盒测试来说，灰盒测试门槛较高，测试也没有白盒测试那么深入。

4.7 小结

本章主要介绍了白盒测试的主要方法以及选择策略。对于大规模复杂软件，想要穷举所有的逻辑路径是不可能的，因此有可能遗漏某些路径而无法检测出数据相关的错误。白盒测试主要包括静态测试和动态测试两种方法。静态测试方法主要为代码检查法、静态结构分析法；动态测试方法主要包括逻辑覆盖法、基本路径测试法、数据流测试法、程序插桩和程序变异法等。

代码检查法要检查代码和设计意图的一致性、代码结构的合理性、代码编写的标准性和可读性、代码逻辑表达的正确性等方面。代码检查的方式主要有桌面检查、代码走查和代码审查。

逻辑覆盖法由强到弱依次为语句覆盖、判定覆盖、条件覆盖、判定-条件覆盖、条件组合覆盖和路径覆盖。

基本路径测试法是在程序控制流程图的基础上，通过计算环路复杂性而得出基本可执行路径的集合，进而设计相应的测试用例。

程序变异法是一种错误驱动方法，主要有程序强变异测试和程序弱变异测试。

在进行白盒测试时,需要了解程序的内部结构,选择合适的测试方法,从而进行合理、高效的测试。

习题 4

一、选择题

1. 一个程序的控制流图中有 6 个节点,10 条边,在测试用例数最少的情况下,确保程序中每条可执行语句至少执行一次所需要的测试用例数的上限是(   )。

A. 2　　　　　　　　B. 4　　　　　　　　C. 6　　　　　　　　D. 8

2. 对于逻辑表达式((b1＆b2)‖ln)需要(   )个测试用例才能完成条件组合覆盖。

A. 2　　　　　　　　B. 4　　　　　　　　C. 8　　　　　　　　D. 16

3. 以下关于测试方法的叙述中,不正确的是(   )。

A. 根据被测代码是否可见,可分为白盒测试和黑盒测试

B. 黑盒测试一般用来确认软件功能的正确性和可操作性

C. 静态测试主要是对软件的编程格式 M 结构等方面进行评估

D. 动态测试不需要实际执行程序

4. 在软件测试中,逻辑覆盖标准主要用于(   )。

A. 白盒测试方法　　B. 黑盒测试方法　　C.灰盒测试方法　　D.软件验收方法

5. 以下不属于白盒测试的是(   )。

A. 逻辑覆盖　　　　B. 基本路径测试　　C. 条件覆盖　　　　D. 等价类划分法

6. 逻辑路径覆盖法是白盒测试用例的重要设计方法,其中语句覆盖法是较为常用的方法。针对下面的语句段,采用语句覆盖法完成测试用例设计,测试用例见下表,对于表中的空缺项(TRUE 或者 FALSE),正确的选择是(   )。

语句段:

if (A ＆＆ (B‖C)) x＝1;

else x＝0;

用例表:

	用例 1	用例 2
A	TRUE	FALSE
B	①	FALSE
C	TRUE	②
A＆＆(B‖C)	③	FALSE

A. ①TRUE ②FALSE ③TRUE　　　　B. ①TRUE ②FALSE ③FALSE

C. ①FALSE ②FALSE ③TRUE　　　　D. ①TRUE ②TRUE ③FALSE

7. 下列叙述中正确的是(   )。

A. 白盒测试又称"逻辑驱动测试"

B. 穷举路径测试可以查出程序中因遗漏路径而产生的错误

C. 一般而言,黑盒测试对结构的覆盖比白盒测试的高

D. 必须根据软件需求说明文档生成用于白盒测试的测试用例

8. 关于白盒测试与黑盒测试,最主要的区别是(　　　)。

A. 白盒测试侧重于程序结构,黑盒测试侧重于功能

B. 白盒测试可以使用测试工具,黑盒测试不能使用测试工具

C. 白盒测试需要程序员参与,黑盒测试不需要程序员参与

D. 黑盒测试比白盒测试应用更广泛

二、综合题

1. 什么是白盒测试? 包含哪些常用的白盒测试方法?

2. 根据下列简单的 Java 程序画出控制流程图,并进行基本路径测试。

```java
publicvoidsort(int iRecordNum,int iType)
{
  intx=0;
  int y=0;
  while(iRecordNum>0){
    if(iType==0)
        x=x+2;
    else{
        if(iType==1)
            x=y+5;
        else
            x=y+10;
    }
  }
}
```

3. 逻辑覆盖法是设计白盒测试用例的主要方法之一,它是通过对程序逻辑结构的遍历来实现程序的覆盖。针对以下由 C 语言编写的程序,按要求回答问题。

```c
getit(int m)
{
    int i,k;
    k=sqrt(m);
    for(i=2;i<=k;i++)
    if(m%i==0)  break;
    if(i>=k+1)
        printf("%d is a selected number\n",m);
    else
        printf("%d is not a selected number\n",m);
}
```

(1) 请找出程序中所有的逻辑判断子语句。

(2) 请找出 100%DC(判断覆盖)所需的逻辑条件填入下表。

判断子语句	真分支(True)条件	假分支(False)条件

（3）请画出上述程序的控制流程图，并计算其控制流程图的环路复杂度 V(G)。假设函数 getit 的参数 m 的取值范围是 150＜m＜160，请使用基本路径测试法设计测试用例，并将参数 m 的取值填入下表，使之满足基本路径覆盖要求。

用例编号	m 的取值
1	
2	

4. 逻辑覆盖是通过对程序逻辑结构遍历实现程序的覆盖，是涉及白盒测试用例的主要方法之一。分析下列 C 语言编写的代码，按要求回答问题。

```
void cc(int n)
{
int g,s,b,q;
if((n>1000)&&(n<2000))
{
    g=n% 10;
    s=n% 100/10;
    b=n/100% 10;
    q=n/1000;
    if((q+g)==(s+ b))
     { printf("%-5d",n);}
  }
  printf("\n");
  return;
}
```

（1）请找出程序中所有的逻辑判断语句。

（2）请分析并给出满足 100％判定覆盖(DC)和 100％条件覆盖(CC)时所需要的逻辑条件。

（3）假设 n 的取值范围是 0＜n＜3000，请使用逻辑覆盖法为 n 的取值设计测试用例，使测试用例满足基本路径覆盖标准。

5. 阅读下列 C 语言编写的代码，回答问题。以下代码可根据指定的年和月来计算当月所含的天数。

```
int GetMaxDay(int year,int month)
{
int maxday= 0;
```

```
if(month>=1&&month<=12)
{
    if(month==2)
    {
      if(year%4==0)
      {
        if(year%100==0)
        {
          if(year%400==0)
              maxday=29;
          else
              maxday=28;
        }
        else
          maxday=29;
      }
      else
          maxday=28;
    }
    else
    {if(month==4||month==6||month==9||month==11)
      maxday=30;
    else
      maxday=31;}
}
    return maxday;
}
```

（1）根据以上代码绘制出控制流程图。

（2）根据控制流程图计算环路复杂度 V(G)。

（3）假设 year 的取值范围是 1000＜year＜2020，请使用基本路径测试法为变量 year、month 设计测试用例（包括 year 取值、month 取值、maxday 的预期结果），以满足基本路径测试法的覆盖要求。

第 5 章　单 元 测 试

【学习目标】

　　软件测试是软件开发过程中的一个重要环节,是在软件投入运行前对软件需求分析、设计规格说明和编码实现的最终审定,贯穿于软件定义与开发的整个过程。按照软件开发的阶段划分,软件测试可以分为单元测试、集成测试、确认测试、系统测试和验收测试。通过本章的学习,你将:

　　(1)掌握单元测试的环境、原则、意义。

　　(2)掌握单元测试的内容、过程、主要技术。

　　(3)掌握单元测试工具 UnitTest、覆盖率统计工具 Coverage。

第 5 章课程资源

5.1　单元测试概述

　　单元测试(unit testing)是软件开发过程中所进行的最低级别的测试活动,其目的在于检查每个单元能否正确达到详细设计规格说明中的功能、性能、接口和设计约束等要求,发现单元内部可能存在的各种缺陷。单元测试作为代码级功能测试,目标就是发现代码中的缺陷。

5.1.1　单元测试的环境

　　单元测试是对软件设计的最小单元进行测试。一般来说,"单元"是软件里最小的可以单独执行编码的单位。例如,如果对 Java 或 C++这种面向对象语言进行测试,则被测的基本单元可以是类,也可以是方法。对于一个模块或一个方法来说,其并不是独立存在的,因此在测试时需要考虑外界与它的联系。这时,需要用到一些辅助模块来模拟被测模块与其他模块之间的关系。辅助模块有以下两种。

　　(1)驱动模块。驱动模块用于模拟被测模块的上级模块,相当于被测模块的主程序,用于接收测试数据,并把这些数据传送到所测模块,最后输出实测结果。

　　(2)桩模块。桩模块用于模拟被测模块在工作过程中所需调用的模块。桩模块只需要执行少量的数据操作,不需要把模拟被调用子模块的所有功能都带进来,但是不能什么事情都不做。

　　驱动模块、桩模块与被测模块共同构成测试环境,如图 5-1 所示。

　　单元测试的定义通常有广义和狭义之分。狭义的单元测试是通过编写测试代码来验证被测代码的正确性;广义的单元测试不仅包括编写测试代码来进行单元测试,还包括代码规范性检查、代码性能以及安全性验证等。

　　单元测试是软件测试的基础,因此,单元测试的效果会直接影响到软件的后期测试,最终影响到产品的质量。

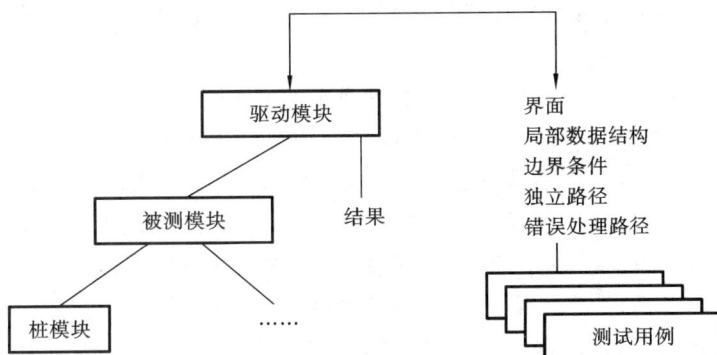

图 5-1　单元测试的测试环境

卡内基梅隆大学软件工程研究所(CMU SEI)的 Watts S. Humphrey 于 1995 年推出个体软件过程(personal software process,PSP),其是一种个体级用于管理和改进软件工程师个人工作方式的持续改进过程。在这个过程中,从需求调研、策划、设计、编码、编译、单元测试、总结直至完成产品,都有相应的过程操作指南,这个过程为提高软件过程质量并最终提高产品质量提供了基石。单元测试在提高软件过程质量当中也是非常重要的一个环节,软件工程师通过度量、跟踪和管理自己的工作来管理软件组件的质量,且从自己开发过程的偏差中学习、总结,并整合到自己后续的开发过程中,通过这个持续改进的过程,逐步提高个人的软件质量。通过单元测试,开发者可以更准确、全面地找到错误,提高软件质量。在单元测试阶段发现缺陷,能够大量减少修复缺陷所产生的费用。

进行单元测试时,大多数采用白盒测试技术,系统内多个模块可以并行进行单元测试。

5.1.2　单元测试的原则及意义

进行单元测试时,应尽量遵守以下原则。

(1) 单元测试要尽早进行。在软件开发过程中,错误发现得越早,修改维护的费用就越低,修改的难度也越小。因此,有的开发团队甚至奉行"先写测试,再写代码"的测试驱动开发方式。

(2) 单元测试应该遵循详细设计规格说明。单元测试并不是简单地运行一下模块,编译器没有报错就好,而是不仅需要验证代码是否正确运行,还要验证代码应不应该做这件事情。

(3) 对于修改过的代码应重新进行单元测试,以保证修改后没有引入新的错误。

(4) 测试过程中,当测试结果与设计规格说明不一致时,应如实地详细记录结果。

(5) 设计适当的被测单元。被测单元的大小应适当,若单元划分太大,则该单元内部逻辑和程序结构就会比较复杂,测试用例则会比较多,测试用例的设计及评审的工作量也会增加;若单元划分太小,则会造成测试工作太烦琐,测试效率较低。因此,在测试过程中要把握被测单元的规模。

(6) 使用单元测试工具。单元测试工具可以帮助测试人员把握进度,避免大量的重复劳动,降低工作强度,提高测试效率。

进行单元测试的最终目的是保障代码级的行为与我们预期的一致。进行单元测试有着多方面的意义。

对于软件设计来说,进行单元测试就是保证软件的质量。就像是对一台饮水机进行清洗,如果只是整体清洗,那么在饮水机的内部可能还有许多地方没有被清洗到,但是,如果把每个零件都拆开来清洗,那么洁净度就有了一定的保证。单元测试也一样,在代码较少、模块较小的情况下,更容易发现开发过程中的一些缺陷。通过单元测试对代码进行分支和覆盖,增强了代码的可测试性,也更加清晰地揭示了开发中的设计流程。

对于软件开发者来说,单元测试可以帮助开发者更加清晰地理解功能需求,通过静态测试拓展开发人员的逻辑思维,保持代码编写标准的一致性。

5.2　单元测试的内容

单元测试主要解决模块接口测试、模块局部数据结构测试、模块中所有独立执行路径的测试、各种错误处理测试以及模块边界测试。

(1)模块接口测试。模块接口测试是单元测试的基础,在进行模块接口测试时,首先要对通过模块接口的数据流进行测试,检查进出模块单元的数据流是否正确。例如,输入的实参与形参是否一致,调用其他方法的接口是否正确,标识符定义是否一致,是否进行出错处理等。当模块接口测试进行内外存交换时,需要考虑文件属性是否合适、OPEN 语句与CLOSE 语句是否正确、缓冲区容量与记录长度是否匹配等问题。

(2)模块局部数据结构测试。模块局部数据结构测试是检查局部数据结构的完整性,包括内部数据的内容、形式及相互关系不发生错误。例如,是否有不合适或者不相容的类型说明,变量是否有初值、初始化,默认值是否正确,是否存在从未使用的变量名等。

(3)模块中所有独立执行路径的测试。检查每一条独立执行路径,保证每条语句至少执行一次。在进行测试时,测试用例必须能够发现由于计算错误、不正确的判断或不正常的控制流等产生的错误。例如,是否有不正确的算术优先级、是否缺少初始化或者是否有错误的初始化、精确度是否匹配、是否有不同数据类型的比较等。

(4)各种错误处理测试。若模块工作时发生了错误,则要查找是否进行了出错处理、处理的措施是否有效、出错的描述是否能够对 Bug 进行定位、是否提供了充分的报错信息等。

(5)模块边界测试。模块边界测试是单元测试的最后一步,主要检查模块边界处的数据是否能够正常处理,可采用边界值分析法来设计测试用例。

若对模块运行时间有要求,则需要专门进行关键路径测试,检测最坏情况下和平均意义下影响模块运行时间的因素。

5.3　单元测试的过程

单元测试是从制订测试计划开始,然后设计单元测试、实施测试,最后生成测试报告。

(1)制订测试计划。在制订单元测试计划时,需要先做好单元测试的准备,如测试所需的资源、功能的详细描述、项目计划的相关资料等。然后制定单元测试策略,如在单元测试过程中需要采用的技术和工具、测试完成的标准等。最后根据实际的项目情况及客观因素制订单元测试的日程计划。

（2）设计单元测试。根据详细设计规格说明创立单元测试环境，完成测试用例的设计和脚本的开发。

（3）实施测试。根据单元测试的日程计划，执行测试用例对被测软件的完整测试。若在测试过程中修改了缺陷，则应注意回归测试。

（4）生成测试报告。测试完成后，对文档和测试结果进行整理，形成相应的测试报告。

5.4　单元测试的主要技术

用于单元测试的主要技术有静态测试和动态测试。

静态测试可以采用代码检查法，包括代码走读、代码审查和代码评审。代码检查法是最常用的单元测试方法，通过该方法，主要检查代码是否符合编程规范；通过阅读代码了解程序是如何工作的，内部结构是怎样的，是否有错误存在。

在进行单元结构测试时，要关注代码内部的执行情况和代码执行的覆盖率，主要采用动态测试。功能性测试可以采用黑盒测试方法，内部结构测试可以采用白盒测试方法。在进行单元测试的过程中，如果所测试的功能不涉及大量数据，通常可以使用具有代表性的一小部分人工制作的测试数据，而不是真实的数据；若涉及大量数据，且涉及的单元模块较多，则可以使用真实数据的一个较小的、有代表性的样本。

5.5　单元测试工具

在结构化程序设计中，测试的对象主要是函数或者子程序；在面向对象 **单元测试** 程序设计中，如 Java/C++ 等语言，测试的对象可能是类，也可能是类的成员 **工具的使用** 函数，或者是被典型定义的一个菜单、屏幕显示界面或者对话框等。在测试过程中，可以通过借助工具来减少工作量，降低测试的盲目性，提高测试效率、覆盖率和准确度。对于不同的语言，有不同的工具可以选择，例如汇编语言可以使用 AsmTester 单元测试工具；C/C++ 语言可以使用 QA C++、C++ Test 等测试工具来满足测试要求；对于 Java 语言的单元测试，可以借助 JUnit 单元测试包来完成；对于 Python 语言的单元测试，则可以使用 UnitTest 来进行测试。

5.5.1　单元测试工具简介

自动化单元测试工具的工作原理是通过借助驱动模块与桩模块来工作，运行被测软件单元以检查输入的测试用例是否按软件详细设计规格说明的规定执行相关操作。

目前，单元测试工具类型较多，按照测试的范围和功能，可以分为下列一些种类。

（1）静态分析工具：Java 常用的静态分析工具有 FindBugs、Checkstyle 和 PMD。Coda-cy 官方支持的语言版本都支持静态分析、代码重复率、代码复杂性和测试覆盖率，并支持 Scala、Java、Python、Ruby、PHP 等语言。

（2）代码规范审查工具：CodeStriker 是一个免费的、开源的 Web 应用程序，可以帮助开发人员基于 Web 进行代码审查，它不但允许开发人员将问题、意见和决定记录在数据库中，还为实际执行代码审查提供一个舒适的工作区域。Codebrag 是一款简单轻巧、能提高进程的代码审查工具，它能解决如非阻塞代码审查、智能邮件通知、联机注释等问题。Barkeep 是"非常友好的代码审查系统"，可以使用一种快速且有趣的方式来检查代码，也可以使用它翻阅 Git 存储库的提交记录、查看 diff 文件、写注释，并且还可以将这些注释通过电子邮件发送给下一位提交者。

（3）内存和资源检查工具：BoundsChecker 是一个运行时代码检错工具，它主要定位程序在运行时期发生的各种错误。BoundsChecker 能检测的错误包含：指针操作和内存、资源泄露，对指针变量的错误操作，内存读/写溢出，使用了未初始化的内存，API 函数使用错误等。

（4）测试数据生成工具：DataFactory 是一个功能强大的数据产生器，拥有图形界面。开发人员和 QA（质量保证）人员能很容易产生百万行有意义的正确的测试数据库代码，该工具支持 DB2、Oracle、Sybase、SQL Server 等数据库，支持 ODBC 连接方式，无法直接使用 MySQL 数据库。DataFactory 首先读取一种数据库方案，用户随后点击鼠标产生一个数据库。JMeter 是 Apache 组织使用 Java 语言开发的一个性能测试工具，可以用来作为生成测试数据的工具，如 tcpcopy 可以将外网机器的用户请求复制到测试环境。Generatedata 是一个免费、开放源码的脚本，主要由 JavaScript、PHP 和 MySQL 构成，它可以迅速生成大量各种格式的客户数据，用于测试软件，将数据输入数据库等。

（5）测试文档生成和管理工具：TestCenter（简称 TC）是面向测试流程的测试生命周期管理工具，符合 TMMi（测试成熟度模型集成）标准的测试流程，可迅速建立完善的测试体系，规范测试流程，提高测试效率与质量，能实现对测试的过程管理，提高测试工程的生产力。TestLink 是一个基于 Web 的测试管理和执行系统，包括测试规范、计划编制、报表、需求、需求跟踪等功能。

5.5.2　UnitTest 介绍

UnitTest 是 Python 自带的测试框架，主要用于单元测试，可以对多个测试用例进行管理和封装，并通过执行输出测试结果。UnitTest 模块是 Python 标准库中的模块，提供了许多类和方法来处理各种测试工作。

UnitTest 由测试用例（test case）、测试固件（test fixture）、测试套件（test suite）和测试运行器（test runner）共同构建整个测试框架。

接口自动化和接口并发测试是时下非常流行及重要的测试方法，通过使用 Python 的 UnitTest 框架及 Jenkins 持续集成技术，可让自动化测试组成一套完整的测试体系。

UnitTest 属性如下：

['BaseTestSuite'，'FunctionTestCase'，'SkipTest'，'TestCase'，'TestLoader'，'TestProgram'，'TestResult'，'TestSuite'，'TextTestResult'，'TextTestRunner'，'_TextTestResult'，'__all__'，'__builtins__'，'__doc__'，'__file__'，'__name__'，'__package__'，'__path__'，'__unittest'，'case'，'defaultTestLoader'，'expectedFailure'，'findTestCases'，'getTestCaseNames'，'installHandler'，'loader'，'main'，'makeSuite'，'registerResult'，

′removeHandler′，′removeResult′，′result′，′runner′，′signals′，′skip′，′skipIf′，′skipUn-less′，′suite′，′util′]

5.5.3 UnitTest 的基本用法

1. 测试用例

测试就是由一个个测试用例组成的，对于测试框架来说，测试用例存在于最底层，是测试最基础的内容。测试用例可以是对同一个测试点的不同输入，也可以是对不同测试点的不同输入，还可以是多个测试点的组合测试。

在 UnitTest 模块中，需要通过继承 TestCase 类来构建单元测试用例。

```
class 测试类名(unittest.TestCase):
    测试用例
```

使用时，可以一个测试用例生成一个类，也可以多个测试用例生成一个类。通常，我们采用多个测试用例生成一个类的方式，这样执行效率较高。

```
class 测试类名(unittest.TestCase):
    测试用例 1
    测试用例 2
    测试用例 3
    ……
```

一个测试用例可以通过定义一个函数完成，将执行测试的代码封装到函数内，再通过 TestCase 类中的断言 assert * ()来判断测试得到的实际结果与预期结果是否一致，决定是否通过。

断言函数方法有以下几种。

assertEqual(a,b)：断言 a、b 是否相等，当两者相等时，测试通过。测试时，可以将 a 赋值为预期值，b 赋值为实际值。

assertNotEqual(a,b)：断言 a、b 是否相等，当两者不相等时，测试通过。测试时，可以将 a 赋值为预期值，b 赋值为实际值。

assertTrue(x)：断言 x 是否为 True，当表达式为 True 时，通过测试用例。

assertFalse(x)：断言 x 是否为 True，当表达式为 False 时，通过测试用例。

assertIsNone(x)：断言 x 是否为 None，当表达式为 None 时，通过测试用例。

assertIsNotNone(x)：断言 x 是否为 None，当表达式不为 None 时，通过测试用例。

assertIn(a,b)：断言 a 是否在 b 中，当 a 在 b 中时，通过测试用例。

assertNotIn(a,b)：断言 a 是否在 b 中，当 a 不在 b 中时，通过测试用例。

进行测试时，通过不同的输入来获取其结果，再使用断言判断预期值与实际值是否相等。例如，定义一个加法函数，代码如下：

```
def add(a, b):
    return a+b
```

该函数实现了加法功能。现针对这段代码进行测试，测试加法时，考虑到会有整数的加

法和浮点数的加法,因此设计两个测试用例来对该函数进行测试。测试代码如下:

```python
import unittest
def add(a, b):
    return a+b


class TestAddFunction(unittest.TestCase):
    def test_add_integers(self):
        self.assertEqual(add(1, 2), 3)

    def test_add_floats(self):
        self.assertEqual(add(0.1, 0.2), 0.3)


if __name__ == "__main__":
    unittest.main()
```

以上代码中,首先导入 unittest 模块,然后定义一个 TestAddFunction 的测试类。TestAddFunction 测试类继承了 unittest 的 TestCase 基类来完成测试实例。通过编写两个测试用例 test_add_integers 和 test_add_floats 来验证该函数对整数和浮点数的处理是否正确。使用 unittest. main()来运行测试。

(1) test_add_integers()函数通过验证整数的加法来测试是否可以得到正确的结果。使用 assertEqual 断言判断返回 add()函数计算结果是否为 3。如果为 3,则测试用例通过,如果不为 3,则该测试用例不通过。

(2) test_add_floats()函数通过设置浮点数来测试浮点数的处理结果是否正确。通过使用 assertEqual 断言来判断在该情况下返回值是否为 0.3。如果值为 0.3,则测试用例通过,如果不是,则测试用例不通过。

2. 测试固件

测试固件为固定的测试代码,即在写测试代码时,会有一些相同的部分,测试固件就是整合了代码的公共部分。

例如,定义一个名为 calculator 的 Python 类,它模拟一个简单的计算器,具有四个基本的数学运算功能:加法、减法、乘法和除法。该被测文件名为 Cal_error_deal. py,其代码如下:

```python
class calculator:
    a=10
    b=20
    def add(self):
        return self.a+self.b
    def sub(self):
        return self.a-self.b
    def multiply(self):
        return self.a*self.b
    def divide(self):
        return self.a/self.b
```

现针对 calculator 进行测试,新建一个测试文件,导入 unittest 类以及被测文件,测试代码如下:

```
import unittest
from Cal_error_deal import calculator  #确保正确导入 calculator 类
class TestCalculator(unittest.TestCase):
    def test_add(self):
        calc=Calculator()
        self.assertEqual(calc.add(), 30, "Addition method should return the sum of
            a and b")
    def test_sub(self):
        calc=Calculator()
        self.assertEqual(calc.sub(), -10, "Subtraction method should return the
            difference of a and b")
    def test_multiply(self):
        calc=Calculator()
        self.assertEqual(calc.multiply(), 200, "Multiplication method should
            return the product of a and b")
    def test_divide(self):
        calc=Calculator()
        self.assertEqual(calc.divide(), 0.5, "Division method should return the
            quotient of a and b")
    def test_divide_by_zero(self):
        calc=Calculator()
        # 假设 b 属性被修改为 0,用于测试除以零的情况
        calc.b=0
        result=calc.divide()
        self.assertTrue(result=="Error: Division by zero", "Division by zero
            should return an error message")
if __name__=="__main__":
    unittest.main()
```

在测试文件中,为每个测试方法创建一个新的 Calculator 实例。test_add、test_sub、test_multiply 和 test_divide 方法分别用来测试 calculator 类中的加法、减法、乘法和除法方法是否返回预期的结果。通过使用 assertEqual 断言方法来验证实际结果是否与预期相符,并提供了一个可选的错误消息作为断言的第三个参数。

在编写 test_divide_by_zero 测试方法时,需要检查当 b 属性为 0 时,除法方法是否返回正确的错误消息。这里可以手动将 b 设置为 0 来模拟除以零的情况,假设 divide 方法在被零除时返回特定的错误消息。

通过该简单计算器测试代码的例子可以看出,不同的测试用例都使用了 calc = Calculator(),这个相同的部分就可以通过 setUp() 进行初始化。

setUp() 方法用于测试用例执行前的初始化工作。例如,测试用例中需要访问数据库,可以在 setUp() 中建立数据库连接并进行初始化。如果测试用例需要登录 Web,则可以先

实例化浏览器。对接口进行测试时,相同的部分即为接口地址。对于这一部分相同的内容,也可以使用 setUp()进行初始化,各个测试用例通过调用初始化的接口地址来简化代码。通过使用 tearDown()来结束测试工作。

将简单计算器测试代码的例子进行修改,即使用 setUp()进行初始化后的代码如下所示:

```python
import unittest
from Cal_error_deal import calculator
class TestCalculator(unittest.TestCase):
    def setUp(self):
        """在每个测试方法执行前初始化 Calculator 实例"""
        self.calc=Calculator()
    def tearDown(self):
        """在每个测试方法执行后清理环境,这里可以执行一些清理工作"""
        pass
    def test_add(self):
        self.assertEqual(self.calc.add(), 30, "Addition method should return the
            sum of a and b")
    def test_sub(self):
        self.assertEqual(self.calc.sub(), -10, "Subtraction method should return
            the difference of a and b")
    def test_multiply(self):
        self.assertEqual (self.calc.multiply(), 200, "Multiplication method
            should return the product of a and b")
    def test_divide(self):
        self.assertEqual(self.calc.divide(), 0.5, "Division method should return
            the quotient of a and b")
    def test_divide_by_zero(self):
        #测试除以零的情况,需要确保 calculator 类中有处理除以零的逻辑
        with self.assertRaises(ZeroDivisionError):
            self.calc.b=0
            self.calc.divide()
if __name__=="__main__":
    unittest.main()
```

在本段代码的测试类 TestCalculator 中使用 setUp(self)进行了初始化。在每个测试方法执行之前,setUp 方法会被调用来创建 Calculator 实例,后续定义的每个测试方法都可以使用这个初始化好的实例。

在每个测试方法执行之后,tearDown 方法会被调用。该方法可以用来执行一些清理工作,比如关闭文件、释放资源等。在本段测试代码中使用了 tearDown(self),在其中使用的 pass 语句表示不执行任何操作。

test_add、test_sub、test_multiply 和 test_divide 方法分别用来测试 calculator 类中的加法、减法、乘法和除法方法,验证是否返回预期的结果。

test_divide_by_zero 测试方法用来检查当尝试除以零时是否会引发 ZeroDivisionError 异常。在这里使用 assertRaises 上下文管理器来检查这个异常。

对于复杂的超大系统来说，通过使用测试固件的方式，可以大大减少冗余代码，也便于后期的维护。

3. 测试套件

测试套件将多个测试用例集合到一起。在完成了测试用例准备部分之后，需要根据用例进行组合，这时需要采用测试套件。

TestSuite 类的属性如下：

['__call__', '__class__', '__delattr__', '__dict__', '__doc__', '__eq__', '__format__', '__getattribute__', '__hash__', '__init__', '__iter__', '__module__', '__ne__', '__new__', '__reduce__', '__reduce_ex__', '__repr__', '__setattr__', '__sizeof__', '__str__', '__subclasshook__', '__weakref__', '_addClassOrModuleLevelException', '_get_previous_module', '_handleClassSetUp', '_handleModuleFixture', '_handleModuleTearDown', '_tearDownPreviousClass', '_tests', 'addTest', 'addTests', 'countTestCases', 'debug', 'run']

addTest()方法是将测试用例添加到测试套件中。

将简单计算器测试代码的例子进行进一步改进，即使用测试套件后的代码如下：

```python
import unittest
from Cal_error_deal import Calculator
class TestCalculator(unittest.TestCase):
    def setUp(self):
        """在每个测试方法执行前初始化 Calculator 实例"""
        self.calc=Calculator()
    def tearDown(self):
        """在每个测试方法执行后清理环境"""
        pass
    def test_add(self):
        self.assertEqual(self.calc.add(), 30, "Addition method should return the
            sum of a and b")
    def test_sub(self):
        self.assertEqual(self.calc.sub(), -10, "Subtraction method should return
            the difference of a and b")
    def test_multiply(self):
        self.assertEqual(self.calc.multiply(), 200, "Multiplication method
            should return the product of a and b")
    def test_divide(self):
        self.assertEqual(self.calc.divide(), 0.5, "Division method should return
            the quotient of a and b")
    def test_divide_by_zero(self):
        with self.assertRaises(ZeroDivisionError):
```

```
            self.calc.b=0
            self.calc.divide()
# 创建测试套件
suite=unittest.TestSuite()
# 添加测试用例到测试套件
suite.addTest(TestCalculator('test_add'))
suite.addTest(TestCalculator('test_sub'))
suite.addTest(TestCalculator('test_multiply'))
suite.addTest(TestCalculator('test_divide'))
suite.addTest(TestCalculator('test_divide_by_zero'))
```

首先定义了一个 TestCalculator 类,该类继承了 unittest.TestCase 并包含了多个测试方法。然后,创建了测试套件 unittest.TestSuite,用于集中管理多个测试用例。使用 addT-est 方法将 TestCalculator 类中的每个测试方法作为一个测试用例添加到测试套件中。

使用以上方法进行测试时,会发现需要将测试用例一个一个地添加,若有很多个测试用例,则会很烦琐,因此,可以采用 makeSuite 方法将多个测试用例类聚合为测试套件,以便统一追踪所有测试用例的执行情况。在如下的代码示例中,使用 unittest.makeSuite (TestCalculator)来自动收集 TestCalculator 类中的所有测试方法,并创建一个测试套件。这种方法只需要一行代码就可以添加全部的测试用例到测试套件中,大大简化了代码量。但是一旦使用这种方法,就只能全部添加所有的测试用例,不能选择其中某些测试用例来添加。

```
suite=unittest.makeSuite(TestCalculator)
```

4. 测试运行器

测试运行器给测试用例提供运行环境。通过使用 TextTestRunner 类中的 run()方法来执行测试用例,并在执行完成后输出测试结果。

TextTestRunner 的属性如下:

['__class__', '__delattr__', '__dict__', '__doc__', '__format__', '__getattribute__', '__hash__', '__init__', '__module__', '__new__', '__reduce__', '__reduce_ex__', '__repr__', '__setattr__', '__sizeof__', '__str__', '__subclasshook__', '__weakref__', '_makeResult', 'buffer', 'descriptions', 'failfast', 'resultclass', 'run', 'stream', 'verbosity']

run()方法是运行测试套件的测试用例。这里使用 unittest.TextTestRunner()来运行整个测试套件,它会依次执行测试套件中的所有测试用例,并将结果输出到控制台。

```
unittest.TextTestRunner().run(suite)
```

将简单计算器测试代码的例子进行进一步改进,即使用测试运行器后的代码如下:

```
import unittest                    #导入 UnitTest 模块
from Cal_error_deal import Calculator
class TestCalculator(unittest.TestCase):
    def setUp(self):
        """在每个测试方法执行前初始化 Calculator 实例"""
```

```
        self.calc=Calculator()
    def tearDown(self):
        """在每个测试方法执行后清理环境"""
        pass
    def test_add(self):
        self.assertEqual(self.calc.add(), 30, "Addition method should return the
            sum of a and b")
    def test_sub(self):
        self.assertEqual(self.calc.sub(), -10, "Subtraction method should return
            the difference of a and b")
    def test_multiply(self):
        self.assertEqual(self.calc.multiply(), 200, "Multiplication method
            should return the product of a and b")
    def test_divide(self):
        self.assertEqual(self.calc.divide(), 0.5, "Division method should return
            the quotient of a and b")


if __name__=="__main__":
    #创建测试套件
    suite=unittest.TestLoader().loadTestsFromTestCase(TestCalculator)
    with open('res.html', 'w', encoding='utf-8') as f:
        runner=HTMLTestRunner(stream=f, title="简单计算器测试报告", description
            ="详情")
        runner.run(suite)
    print("测试报告已生成:res.html")
```

5. 生成测试报告

UnitTest 测试框架在执行测试用例后,可以看到运行结果。但是在实际工作中,我们需要通过测试报告来进一步分析问题,并且保存结果。因此需要导入 HTMLTestRunner 模块,这个模块需要自己安装,使用它执行测试用例就会生成一个 HTML 格式的测试报告,里面会有每个测试用例的执行结果。

在下载 HTMLTestRunner 模块后,需要将这个 py 文件放在 Python 安装目录下的 lib 文件夹下。HTMLTestRunner 模块是基于 Python 2 开发的,在使用 Python 3 时,需要进行相应的修改来解决语法不兼容的问题。

第 94 行	import StringIO	修改为	import io
第 539 行	StringIO.StringIO()	修改为	io.StringIO()
第 631 行	print>>>sys.stderr,"\nTime Elapsed:%s"% (self.stopTime-self.startTime)		
	修改为　print(sys.stderr,"\nTime Elapsed: %s"% (self.stopTime-self.startTime))		
第 642 行	if not rmap.has_key(cls):	修改为	if not cls in rmap:
第 766 行	uo=o.decode("latin-1")	修改为	uo=e
第 775 行	ue=e.decode("latin-1")	修改为	ue=e
第 778 行	output=saxutils.escape(uo+ue)	修改为	output=saxutils.escape (str(uo)+str(ue))

修改后就可以在 Python 3.6 上使用 HTMLTestRunner 这个模块了。首先新建一个名为 res. html 的文件,为 HTML,权限为独写。然后使用 HTMLTestRunner 模块中的 HTMLTestRunner 方法构建一个运行器对象,再将参数结果写入新建的 res. html 文件中。报告的标题为"简单计算器测试报告",描述为"详情",最后通过 run 方法完成测试用例的运行。

```python
if __name__ == "__main__":
    #创建测试套件
    suite=unittest.TestLoader().loadTestsFromTestCase(TestCalculator)
    with open('res.html', 'w', encoding='utf-8') as f:
        runner=HTMLTestRunner(stream=f, title="简单计算器测试报告", description
            ="详情")
        runner.run(suite)
    print("测试报告已生成:res.html")
```

将简单计算器测试代码的例子进行进一步改进,添加生成测试报告相应代码后如下:

```python
import unittest
from Cal_error_deal import Calculator
from htmltestrunner import HTMLTestRunner
class TestCalculator(unittest.TestCase):
    def setUp(self):
        """在每个测试方法执行前初始化 Calculator 实例"""
        self.calc=Calculator()
    def tearDown(self):
        """在每个测试方法执行后清理环境"""
        pass
    def test_add(self):
        self.assertEqual(self.calc.add(), 30, "Addition method should return the
            sum of a and b")
    def test_sub(self):
        self.assertEqual(self.calc.sub(), -10, "Subtraction method should return
            the difference of a and b")
    def test_multiply(self):
        self.assertEqual (self. calc. multiply (), 200, "Multiplication method
            should return the product of a and b")
    def test_divide(self):
        self.assertEqual(self.calc.divide(), 0.5, "Division method should return
            the quotient of a and b")

if __name__ =="__main__":
    #创建测试套件
    suite=unittest.TestLoader().loadTestsFromTestCase(TestCalculator)
    with open('res.html', 'w', encoding='utf-8') as f:
        runner=HTMLTestRunner(stream=f, title="简单计算器测试报告", description
```

```
        ="详情")
    runner.run(suite)
print("测试报告已生成:res.html")
```

运行之后就会生成一个 HTML 的报告文件,报告以表格形式列出测试项目和测试结果。

6. 使用 UnitTest 测试的基本思路

在使用 UnitTest 时,可以采用以下基本思路。

(1) 导入 UnitTest 模块,代码如下:

```
import unittest
```

(2) 定义测试类。

测试类的父类为 unittest. TestCase。测试类可以继承 unittest. TestCase 的方法,如 setUp 和 tearDown 方法;还可以继承 unittest. TestCase 的各种断言方法,通过 assert * () 来判断测试得到的实际结果与预期结果是否一致,决定是否通过。代码如下:

```
class 测试类名(unittest.TestCase):
```

(3) 定义 setUp() 方法用于测试用例执行前的初始化工作。当所有类中方法的参数为 self 时,定义方法的变量也需为"self. 变量"。当输入的值为字符型时,需要转为 int 型。

```
def setUp(self):
self.calc=Calculator()
```

(4) 定义测试用例,以"test_"开头来命名方法。方法的参数为 self,可使用 unittest. TestCase 类下面的各种断言方法来判断测试结果,可定义多个测试用例,代码如下:

```
def test_add(self):
    self.assertEqual(self.calc.add(),30,"Addition method should return the sum of a and b")
def test_sub(self):
    self.assertEqual(self.calc.sub(),-10,"Subtraction method should return the
        difference of a and b")
def test_multiply(self):
    self.assertEqual(self.calc.multiply(),200,"Multiplication method should re-
        turn the product of a and b")
def test_divide(self):
    self.assertEqual(self.calc.divide(),0.5,"Division method should return the
        quotient of a and b")
```

(5) 如果直接运行该文件(__name__ 值为"__main__"),则执行以下语句,常用于测试脚本是否能够正常运行。

```
if __name__ =="__main__"
```

(6) 执行测试用例。

执行测试用例有以下两种方法。

● unittest. main()方法。unittest. main()方法会搜索该模块下所有以 test 开头的测试用例方法,并自动执行它们。执行顺序是命名顺序,即先执行 test_add,再执行 test_sub。

```
unittest.main()
```

● 使用 run()方法运行测试套件。首先构造测试集、实例化测试套件,再将测试用例加载到测试套件当中,然后实例化 TextTestRunner 类,使用 run()方法运行测试套件。

```
unittest.TextTestRunner().run(suite)
```

5.5.4 覆盖率统计工具 Coverage

覆盖率是衡量单元测试对功能代码测试充分度的量化指标,通过统计测试用例覆盖的代码行、分支、类等模拟场景数量,反映测试的全面性。

代码覆盖率即为代码的覆盖程度,是一种度量方式。它的度量方式包括但不限于以下几种。

语句覆盖:度量被测代码中每条可执行语句是否都被测试到了。

判定覆盖:度量程序中每一个判定的分支是否都被测试到了。

条件覆盖:度量判定中的每个子表达式结果分别为 True 和 False 时,是否被测试到了。

路径覆盖:度量函数的每一个分支是否都被测试到了。

在对 Python 项目进行测试时,同 Java 的 JaCoCo、Cobertura 等一样,Python 也有自己的单元测试覆盖率统计工具 Coverage。Coverage 是一个用于统计 Python 代码覆盖率的工具,通过它可以检测测试代码对被测代码的覆盖率情况,还可以高亮显示代码中的哪些语句被执行了,哪些语句未被执行,方便进行单测。同时 Coverage 支持分支覆盖率统计,可以生成 HTML/XML 格式的报告。

Coverage 的获取地址:http://pypi. python. org/pypi/coverage。

Coverage 的安装指令:pip install coverage。

Coverage 的使用帮助:$ coverage help,通过使用 help 命令查看帮助。

Coverage 的使用比较简单,直接用 coverage run 命令去执行已经写好的单元测试用例即可。

执行单元测试的命令:coverage run test. py arg1 arg2。

其中,test. py 是已经完成的测试用例脚本,arg1、arg2 是 test. py 执行需要的参数。执行结束后,会自动生成一个覆盖率统计结果文件(data file):. coverage。当然,这个文件里的一大堆数字是不方便我们查看的。所以我们使用另外一条命令查看覆盖率统计结果:coverage report。

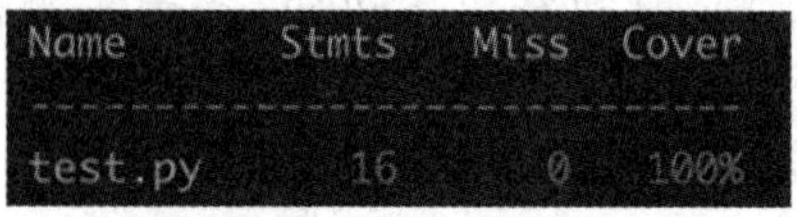

如图 5-2 所示,其中,Stmts 表示语句总数,Miss 表示未执行到的语句数,Cover＝(Stmts－Miss)/Stmts。

图 5-2　执行结果图

当然也可以生成更加清晰明了的 HTML 测试报告:coverage html -d report。

其中,-d 用于指定报告的输出目录。report 是目录名称,表示将 HTML 报告文件生成到当前工作目录下的 report 文件夹中。生成的报告直接关联代码,高亮显示覆盖和未覆盖的代码,支持排序。通过点击其中的各个 py 文件可以查看各自代码被执行的情况。

在命令行中,运行以下命令来执行测试并生成覆盖率报告:

```
#执行测试并生成覆盖率报告
coverage run -m unittest test_calculator.py

#显示覆盖率报告
coverage report

#生成 HTML 格式的覆盖率报告
coverage html
```

5.6　小结

单元测试是对软件设计的最小单元进行功能、性能、接口和设计约束等正确性检查的工作。单元测试包含制订测试计划、设计单元测试、实施测试、生成测试报告 4 个步骤。在进行单元测试时,需要开发相应的桩模块和驱动模块来辅助测试。

进行单元测试时,需要选择合适的单元测试工具。C/C++语言可以采用 QA C++、C++ Test 等测试工具来满足测试要求;对于 Java 语言的单元测试,可以借助 JUnit 单元测试包来完成;对于 Python 语言的单元测试,可以使用 UnitTest 来进行单元测试。

在使用 UnitTest 进行测试时,可以遵循以下步骤。

(1) 导入 UnitTest 模块。

(2) 定义测试类,父类为 unittest.TestCase。

(3) 定义 setUp()方法用于测试用例执行前的初始化工作。

(4) 定义测试用例,以"test_"开头命名方法。

(5) 运行文件,if__name__==\"__main__\"。

(6) 执行测试用例。

Python 也有自己的单元测试覆盖率统计工具 Coverage。可以通过单元测试覆盖率来对单元测试情况进行分析。

单元测试是软件质量控制的重要环节之一,无论是对软件质量还是对开发者来说,都具有极其重要的意义。

习题 5

一、选择题

1. 单元测试时,用于代替被调用模块的是(　　　)。

A. 桩模块　　　　B. 通信模块　　　　C. 驱动模块　　　　D. 代理模块

2. 以下关于单元测试的叙述,不正确的是(　　　)。

A. 单元测试是指对软件中的最小可测试单元进行的检查和验证

B. 单元测试是在软件开发过程中要进行的最低级别的测试活动

C. 结构化编程语言中的测试单元一般是函数或子过程

D. 单元测试不能由程序员自己完成

3. 单元测试按照测试技术可以划分为(　　　)。

A. 手动测试与自动化测试　　　　　B. 白盒测试与黑盒测试

C. 集成测试与系统测试　　　　　　D. 功能测试与性能测试

4. 在单元测试中,以下(　　　)方法通常用于在每个测试方法执行前进行初始化操作。

A. setUpClass()　　　　　　　　　B. setUp()

C. tearDown()　　　　　　　　　　D. tearDownClass()

5. 属于单元测试内容的是(　　　)。

A. 接口数据测试　　　　　　　　　B. 局部数据测试

C. 模块时序测试　　　　　　　　　D. 全局数据测试

二、综合题

1. 什么是桩模块? 什么是驱动模块? 在单元测试中是否要开发这两类模块?

2. 在单元测试中,主要采用什么技术方法?

3. 单元测试包含哪些内容? 有哪些需要检测的?

4. 单元测试有什么意义?

第 6 章　集　成　测　试

【学习目标】

在开发过程中,每个模块都能单独工作,但是将这些模块集成在一起后,却出现了很多 Bug,这在开发过程中很常见,其主要原因就是模块在相互调用时,接口会引入许多新问题,如数据经过接口时可能丢失了,几个子功能组合起来后没有实现主功能,全局数据结构出现了 Bug,等等。为了解决这些集成过程中出现的问题,在每个模块执行完单元测试后,按照设计阶段制作的结构图,将所有模块按照设计要求进行组装,同时进行集成测试。通过本章的学习,你将:

(1)掌握集成测试的概念、过程、原则。

(2)掌握集成测试的策略。

(3)掌握集成测试的技术。

6.1　集成测试概述

6.1.1　集成测试的概念

集成测试(integration testing),也叫组装测试或联合测试,是将已经测试过的模块组合成子系统,其目的在于检测单元之间的接口等相关问题,逐步集成为符合概要设计规格说明要求的整个系统。

在软件开发过程中,所有模块都要进行单元测试,并在通过了单元测试之后进行集成,即将模块组装起来组合成更大的单元。集成测试是介于单元测试和系统测试之间的过渡阶段,是单元测试的扩展和延伸。若不经过单元测试而直接进行集成测试,则集成测试的效果会受到很大影响,并且会增加测试成本,甚至可能导致整个集成测试工作无法进行。同样,若进行单元测试后不经过集成测试,直接把所有模块组装起来,则可能会出现有些模块虽然进行了单元测试,可以独立完成相应的功能,但是和其他模块连接起来后,并不能保证可以正常工作。若一次性将所有模块组装好,则可能出现很多错误,并且在这种情况下为每个错误进行定位和纠正是非常困难的,当改正错误时,很容易引入新的错误。因此,在集成过程中需要引入集成测试,用来测试程序在某些局部反映不出来而在子系统或者接口上很可能暴露出来的问题。

集成测试就是测试单元在集成过程中是否有缺陷,通过测试来识别组合单元时出现的问题。集成测试的目标包括验证接口的功能和非功能行为是否符合设计与规定,同时检查全局数据结构是否正确。集成测试主要关注的问题就是模块间的数据传递是否正确,模块之间的功能是否会产生错误影响,全局数据结构是否正确和会被异常修改,模块组合起来的功能是否满足需求,以及集成后各个模块的累积误差是否会扩大到不可接受的程度。最简单的集成测试就是将两个单元模块组合在一起,对它们之间的接口进行测试。当然,实际的集成测试远比这复杂,需要根据实际情况的不同采取不同的集成策略将多个模块组装成为子系统或者系统。

软件模块结构图如图 6-1 所示。

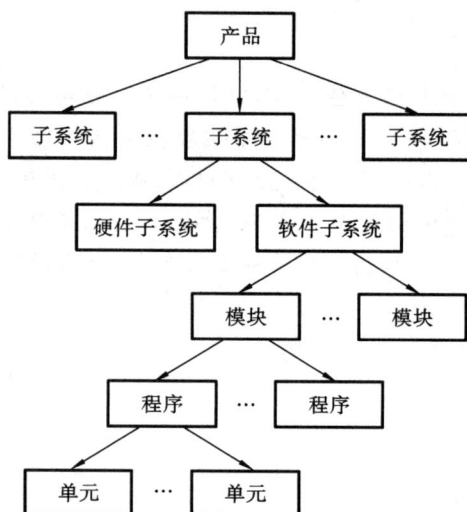

图 6-1 软件模块结构图

在集成测试过程中,主要考虑以下几个问题。

● 在将各个模块连接起来的时候,穿越模块接口的数据是否会丢失。

● 集成过程中,一个模块的功能是否会对另一个模块的功能产生不好的影响。

● 在将各个子功能组合起来时,是否能够达到预期要求。

● 全局数据结构是否正确。

● 单个模块的误差累积起来是否会增大,且是否会增大到不能接收的程度。

集成测试方法可以粗略地划分为非渐增式集成测试和渐增式集成测试。非渐增式集成测试就是先分别测试各个模块,再将所有软件模块按设计要求放在一起组合成所需要的程序,集成后进行整体测试。渐增式集成测试就是从一个模块开始测试,然后把需要测试的模块组合到已经测试好的模块中,直到所有的模块都组合在一起,完成测试。

集成测试可以分为以下几类。

(1) 基于功能分解的集成测试。在软件工程中,常常基于系统功能的分解来进行模块化程序设计,因此系统在进行集成测试时,也可以基于功能模块来进行组装。基于功能分解的集成测试根据概要设计规格说明中的功能分层,按照一定的集成策略来进行集成测试。通常有自顶向下集成、自底向上集成以及三明治集成。

(2) 基于调用图的集成测试。在实际应用中,并不是所有软件系统的功能层次关系都很明确,因此,需要结合软件程序的内部结构来缓解功能层次不明确的缺陷,这时,就需要用到基于调用图的集成测试。基于调用图的集成测试是一种根据调用关系来设计实施的集成测试,包含成对集成和相邻集成。

(3) 基于路径的集成测试。MM(message-method)路径可以用于描述单元之间的控制转移。

MM 路径是模块执行路径和消息的序列,是描述单元之间控制转移的模块执行路径序列。一条 MM 路径从一个消息开始,通过激活相应的方法和函数,到一个自身不产生任何消息的方法结束。在面向对象的系统中,MM 路径可以看成是一个由消息连接起来的方法执行序列。基于路径的集成测试就是基于这种 MM 路径而进行的集成测试。

6.1.2　集成测试的原则

集成测试的需求主要来源于概要设计规格说明。很多公司在进行软件测试的过程中往往忽略集成测试,将程序联调作为集成测试,而进行到系统测试时,发现错误太多,不得不回头重新进行测试。因此,需要针对概要设计规格说明尽早开始集成测试。在进行集成测试时,需要遵循以下原则。

(1) 所有公共接口必须被测试到,关键模块必须进行充分测试。

(2) 集成测试应当按照一定层次进行,集成测试策略的选择应当综合考虑质量、成本、进度三者之间的关系。

(3) 在模块和接口的划分上,测试人员应该和开发人员充分沟通。

(4) 当测试计划中的结束标准满足条件时,集成测试才能结束。

(5) 当接口修改时,涉及的相关接口都必须进行回归测试。

(6) 集成测试应根据集成测试计划和方案进行,不能随意测试,测试执行结果应当如实记录。

(7) 项目管理者应保证审核测试用例。

6.1.3　集成测试过程

在进行集成测试时,要经历制订集成测试计划、设计集成测试用例、实施集成测试、执行集成测试的过程,并在过程中穿插回归集成测试,最终评估集成测试。集成测试过程图如图6-2 所示。

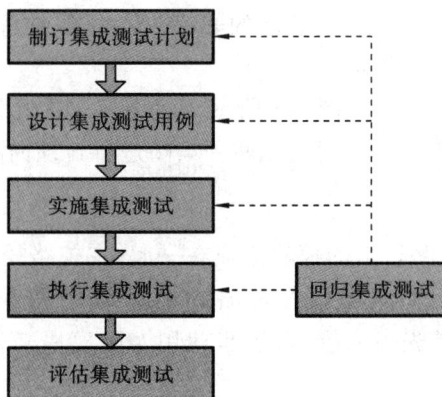

图 6-2　集成测试过程图

(1) 制订集成测试计划。测试人员根据项目组提供的设计模型和集成构建计划,制订出适合本项目的集成测试计划。测试计划的制订对集成测试的顺利实施起着至关重要的作用,测试计划的质量直接影响到后续测试工作的进行。根据 W 模型,一般在概要设计规格说明评审通过后约一周时间,根据需求规格说明书、概要设计规格说明文档、产品开发计划时间表来制订集成测试计划。集成测试计划包括确定被测试的对象和范围,评估测试的工作量等。

(2)设计集成测试用例。测试人员根据集成测试计划以及设计模型,设计集成测试用例和测试过程。

(3)实施集成测试。测试人员根据集成测试用例、测试过程以及工作版本,编制测试脚本(桩模块、驱动模块),更新测试过程。

(4)执行集成测试。测试人员根据测试脚本以及工作版本进行测试,并记录测试的结果。

(5)回归集成测试。测试人员针对集成测试过程中的修改进行回归集成测试。

(6)评估集成测试。测试人员根据集成测试计划以及测试结果,与程序员、设计工作人员等相关干系人评估此次测试,并形成测试评估摘要。

6.2 基于功能分解的集成测试

基于功能分解的集成测试是根据概要设计规格说明中的功能分层,按照一定的集成策略来进行集成测试,通常有自顶向下集成、自底向上集成以及三明治集成。

6.2.1 自顶向下集成

自顶向下集成是从主控模块开始,采用深度优先策略或广度优先策略从上到下组合模块。在测试过程中,需要设计桩模块来模拟下层模块。在进行自顶向下集成时,首先以主控模块作为测试驱动模块,把对主控模块进行单元测试时引入的所有桩模块用实际模块替代;然后依据所选的集成策略,每次只替代一个桩模块;最后每集成一个模块就测试一遍,直到所有模块集成完毕。为了避免引入新的 Bug,需要不断进行回归测试。

在组合的过程中,主要有深度优先和广度优先两种策略。

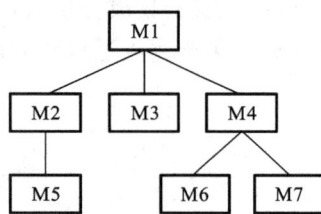

图 6-3 所示为程序模块化设计示意图,可根据深度优先和广度优先两种策略进行自顶向下集成测试。

图 6-3 程序模块化设计示意图

1. 深度优先策略

深度优先策略是把主控路径上的模块集成在一起,主控路径的选择是任意的,带有随意性,一般由问题的特性确定。深度优先策略的测试顺序是 M1—M2—M5—M3—M4—M6—M7。在测试过程中,首先引入桩,再逐步使用实际模块来替代桩模块,测试过程如图6-4 所示。

2. 广度优先策略

广度优先策略是沿着水平方向,把每一层中所有直接隶属于上一层的模块集成起来,直到底层。广度优先策略的测试顺序是 M1—M2—M3—M4—M5—M6—M7。在测试过程

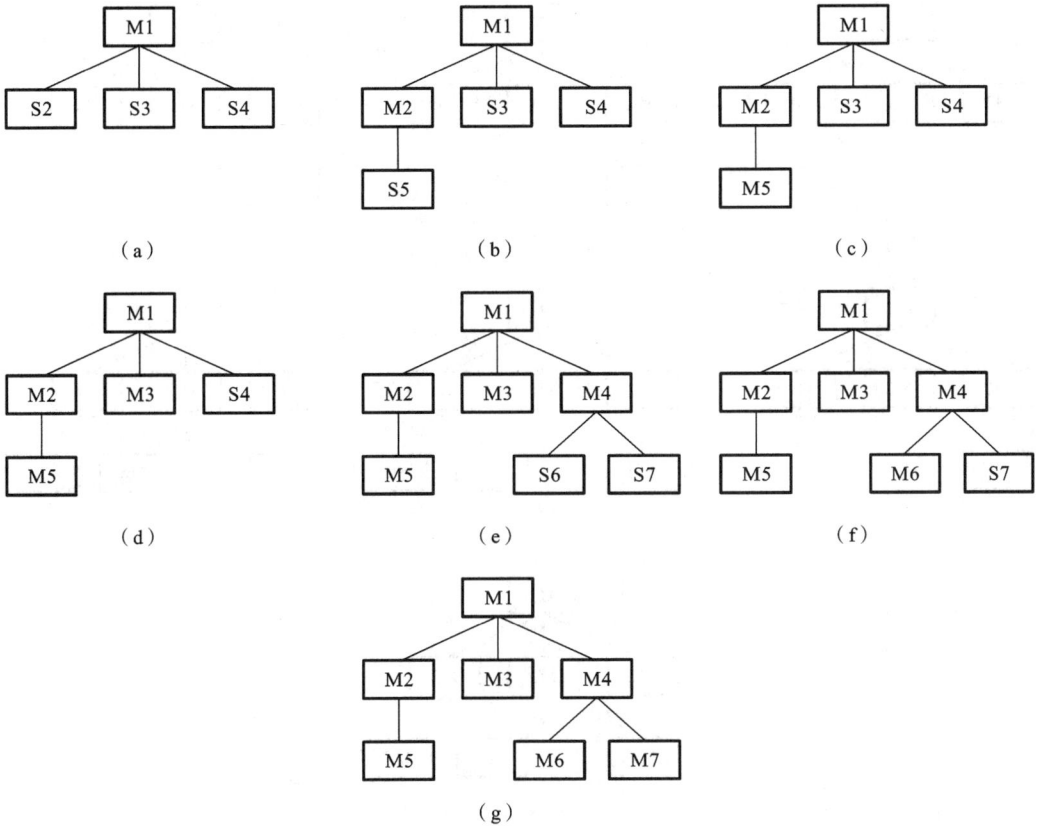

图 6-4　深度优先策略集成过程

中,首先引入桩,再逐步使用实际模块来替代桩模块,测试过程如图 6-5 所示。

自顶向下集成测试要求先测试控制模块,这样可以较早地验证控制点和判定点,也有助于降低对驱动模块的需求,但是需要编写桩模块。自顶向下集成测试的主要优点是可以自然地做到逐步求精,可以让测试人员较早地看到系统的主要功能;其缺点是需要编写桩模块。由于桩模块不能模拟数据,如果模块间的数据流不能构成有向的非环状圈,那么一些模块的测试数据难以生成,观察测试输出也很困难。在测试较高层的模块时,低层处理采用桩模块代替,不能反映真实情况,重要数据不能及时回送到上层模块,因此测试并不充分。

针对这些问题,可以采用把某些测试推迟到用真实模块替代桩模块之后进行;或者开发能够模拟真实模块的桩模块;或者采用自底向上的方式进行集成。

6.2.2　自底向上集成

自底向上集成是从程序的最底层功能模块开始组装测试逐步完成整个系统。这种集成方式可以较早地发现底层的错误,而且不需要编写桩模块,但是需要编写驱动模块。

在进行自底向上集成时,首先需要按照概要设计规格说明来明确哪些模块需要被测试。然后对被测模块进行分层,列出测试活动的先后关系,制订测试计划。其次按照先后顺序将模块逐步集成为实现某个子功能的模块群,并在集成过程中测试所出现的问题。按照这种

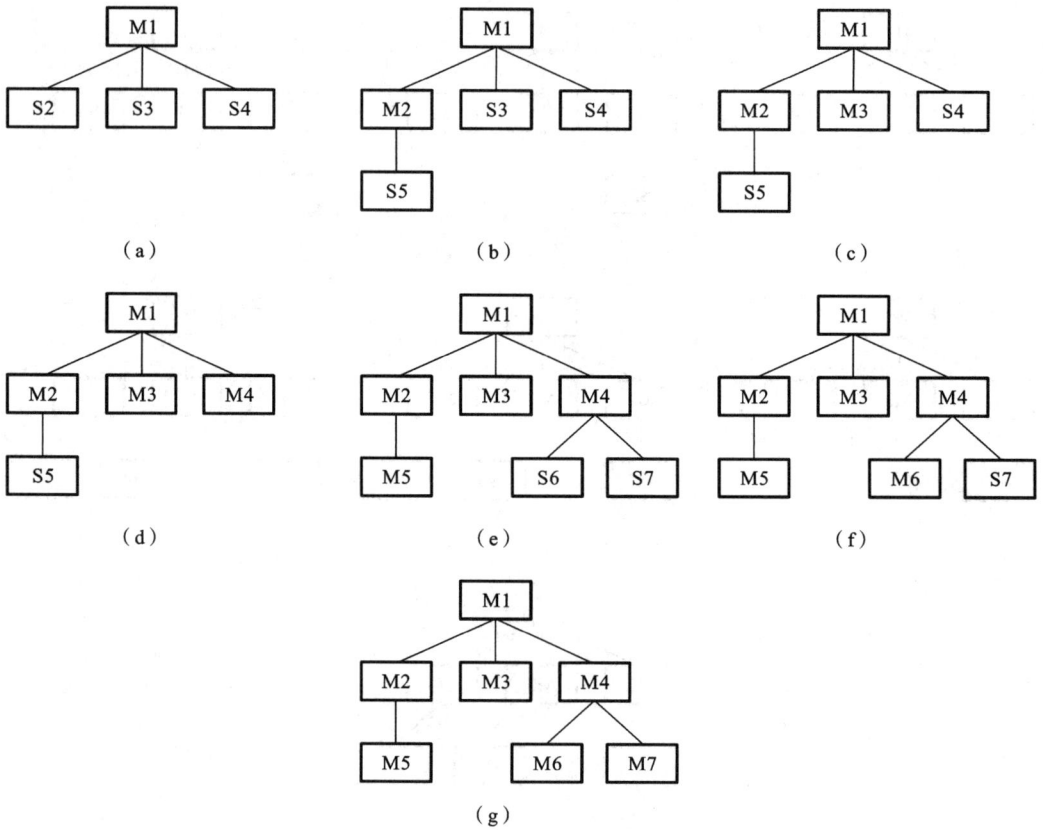

图 6-5　广度优先策略集成过程

方式,再将子模块集成为一个较大的模块,最终集成为完整的系统。

以图 6-3 为例,底层模块为 M5、M3、M6、M7,先将底层模块作为测试对象,分别建立好驱动模块 D1、D2、D3,并行地进行集成。自底向上集成过程如图 6-6 所示。

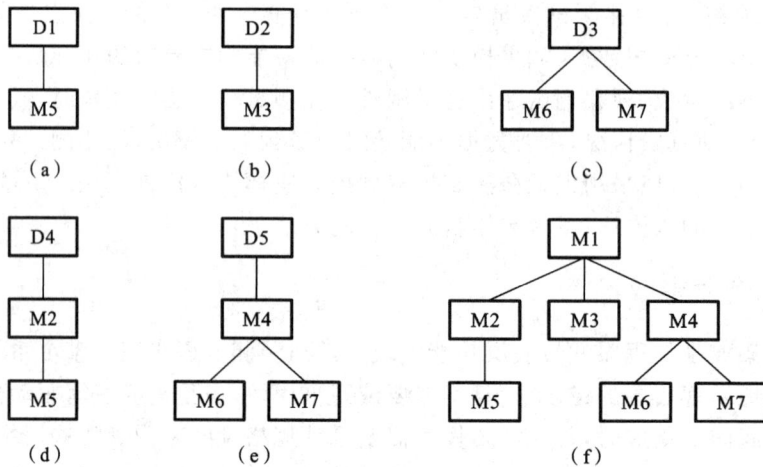

图 6-6　自底向上集成过程

自底向上集成的优点是先通过驱动模块模拟了所有调用参数,容易生成测试数据,如果关键的模块在结构图的底部,这种测试方式就有优势。然后,按照自底向上的顺序,直到最后一个模块被集成进来之前都无法看到整个程序/系统的框架。

6.2.3　三明治集成

三明治集成也称混合法,是将自顶向下和自底向上两种集成方式组合起来的集成测试。软件结构的居上层部分可以采用自顶向下集成方式完成测试,而软件结构的居下层部分可以采用自底向上集成方式完成测试。三明治集成兼有两种方式的优缺点,桩模块和驱动模块的开发工作量都比较小,适合关键模块较多的被测软件,但是这种方式在一定程度上增加了定位缺陷的难度。

使用三明治集成时,要尽量减少设计驱动模块和桩模块的数量。

同样以图 6-3 为例,在图 6-3 的 6 个模块中,总共有三层,中间层以上的部分采用自顶向下集成的方式完成测试,中间层以下的部分采用自底向上集成的方式完成测试,最后将上下两部分汇合进行集成测试。进行三明治集成时,先对模块 M5、M6、M7 进行单元测试,再对 M1 进行测试,并将模块 M5、M2 集成到一起进行测试,将 M6、M7、M4 集成到一起进行测试,最后将所有模块进行集成测试。三明治集成过程如图 6-7 所示。

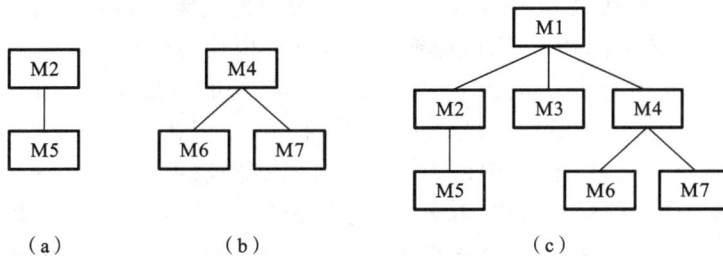

图 6-7　三明治集成过程

在测试软件系统时,应根据软件的特点和工程的进度选用适当的测试策略,有时混合使用两种策略更为有效。

在综合测试中,尤其要注意关键模块。关键模块一般具有以下几个特征:对应几个需求;高层控制功能;复杂、易出错;有特殊的性能要求等。关键模块应尽早测试,并反复进行回归测试。

6.3　集成测试技术

6.3.1　集成测试技术及内容

集成测试主要测试软件的结构问题,因为测试建立在模块的接口上,所以多采用黑盒测试,适当辅以白盒测试。

软件集成测试具体内容包括功能性测试、可靠性测试、易用性测试、性能测试和维护性测试。

集成测试一般覆盖的区域包括以下几个。

（1）从其他关联模块调用一个模块。

（2）在关联模块间正确传输数据。

（3）关联模块之间的相互影响，即检查引入一个模块会不会对其他模块的功能产生不利影响。

（4）模块间接口的可靠性。

集成测试时应按照下面的方法进行。

（1）确认组成一个完整系统模块之间的关系。

（2）评审模块之间的交互和通信需求，确认模块间的接口。

（3）使用上述信息产生一套测试用例。

（4）采用增量式测试，依次将模块加入（扩充）系统，并测试合并后的新系统，这个过程以一种逻辑/功能顺序重复进行，直至所有模块被功能集成进来形成完整的系统为止。

6.3.2　集成测试工具 Jenkins

持续集成是一种软件开发实践，由于团队开发成员需要经常集成他们的工作，通常每个成员的工作至少集成一次，也就意味着每天可能会发生多次集成。每次集成都通过自动化构建（包括编译、发布、自动化测试）来验证，从而尽快地发现集成错误。许多团队发现这个过程可以大大减少集成的问题，让团队能够更快地开发内聚的软件。

Jenkins 是一个基于 Java 的免费、开源的测试工具，是时下最流行的集成测试工具。它可以兼容 Windows、Linux 及 iOS 系统，可以避免因为系统问题而导致的持续集成功能无法使用的问题。Jenkins 可以用于监控持续重复的工作，可用于定时执行 Python 脚本。Jenkins 是开源 CI&CD 软件领导者，提供超过 1000 个插件来支持构建、部署、自动化，能满足任何项目的需要。Jenkins 的作用与它的图标（见图 6-8）表现出来的一样，就是为了在做工作的时候能够比较轻松，像一个绅士一样游刃有余。

图 6-8　Jenkins 图标

Jenkins 提供可视化管理，可以在浏览器中打开，其设计人性化，容易进行管理和配置。Jenkins 可以通过安装插件来实现具体的功能，除本身提供齐全的插件外，还可以自己编写插件并上传使用，有良好的可扩展性。Jenkins 还可以用来执行代码的静态扫描、自动化测试脚本、自动化部署代码等。

Jenkins 的下载地址为：http://updates.jenkins-ci.org/。

1. Jenkins 的安装

Jenkins 是基于 Java 语言的，所以需要先配置一个 Java 环境，下载一个 war 文件。在官网地址的最下面可以下载 war 文件，如图 6-9 所示。

将最新版本的 war 文件放到构建的文件目录下面，打开运行界面，输入 cmd 命令进入控制台。这里要注意文件所在目录的位置，例如文件放在 D 盘的根目录，则需要先进入 D 盘根目录，然后通过输入以下 Java 命令启动。

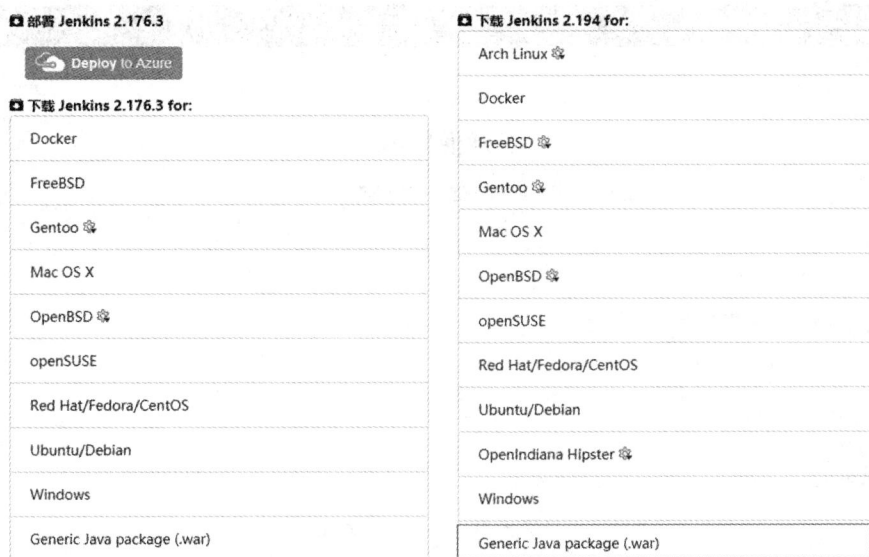

图 6-9　Jenkins 的 war 文件下载

```
java -jar jenkins.war
```

输入命令后会启动各种相关服务,最后会显示 Jenkins is fully up and running,表示启动完毕。此时默认端口为 8080。

在 Windows 系统下,可以采用批处理脚本来启动 Jenkins。新建一个 txt 文件,输入以下代码:

```
set JENKINS_HOME=c:\jenkins
cd /d % JENKINS_HOME%
java - jar % JENKINS_HOME% \jenkins.war
```

将 txt 文件保存为 . bat 文件以后,可以通过双击此文件来启动 Jenkins。

在浏览器上输入 localhost:8080 可看到 Jenkins 页面,如图 6-10 所示。

2. Jenkins 的配置

Jenkins 使用起来并不复杂,只需要配置好相关工具以及插件即可。

(1) 新建账户。

首先用 admin 账户登录,在系统管理→管理用户→新建用户中新建账户。

(2) 配置安全策略。

由于 Jenkins 默认为任何人都可以访问该系统,所以需要配置安全策略管理系统,进行全局安全配置,授权策略将其改为安全矩阵,添加需要的账户,给特定的人勾选所需的策略,这样就安全了。

(3) 添加节点(添加机器)。

Jenkins 和测试环境一般不会在同一台机器上,多个测试环境也有可能在多台机器上。先增加一台机器作为官网的测试环境。操作步骤为:系统管理→管理节点→新建节点名称。

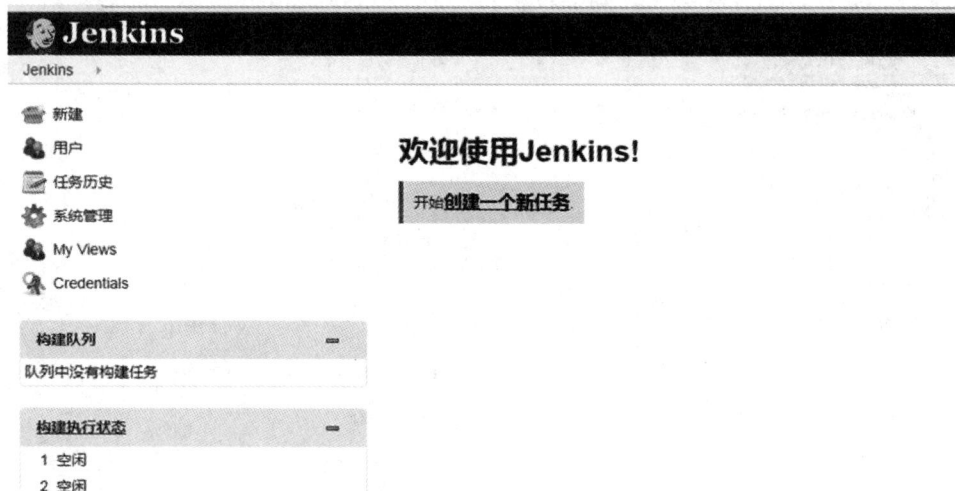

图 6-10 Jenkins 页面

（4）部署应用。

通过系统管理中的各项任务可以设置好全局的工具，如 JDK、Maven、Git 等，也可以安装各种插件，如 Python、ansible 等。在设置完成之后，可以新建一个任务，使用 ansible 或普通的 shell 或 bat 脚本部署应用。

6.3.3 构建基于 Python 的持续交付

构建基于 Python 的持续交付过程的第一步是编写代码，并进行代码扫描和单元测试以保证代码质量，此时需要使用的工具为 SonarQube、PyTest、UnitTest、Coverage，以及代码管理工具 Git&GitLab。

在高质量的代码提交以后，需要对各个阶段的代码进行测试，内容包括接口、性能、安全、自动化等，使用的工具及框架有 Selenium、JMeter、Locust 等。

在测试过程中，不断地发现 Bug，修改 Bug，再进行回归测试，直至通过测试为止。在这个持续的过程中，做到持续部署自动化，如可以使用 ansible 等进行自动化部署。

6.4 小结

集成测试就是测试单元在集成过程中是否有缺陷，通过测试来识别组合单元时出现的问题。集成测试方法可以粗略地划分为非渐增式集成测试和渐增式集成测试。

在实际测试过程中，一般会采用渐增式集成测试。从功能分解的角度进行集成，是在模块化的基础上开展的。基于功能分解的集成测试通常有自底向上集成、自顶向下集成和三明治集成三种。

集成测试过程一般包括制订集成测试计划、设计集成测试用例、实施集成测试、执行集成测试。

习题 6

一、选择题

1. 集成测试的方法主要有两个,一个是(　　　),另一个是(　　　)。

A. 白盒测试方法,黑盒测试方法

B. 等价类划分法,边界值分析法

C. 渐增式集成测试方法,非渐增式集成测试方法

D. 因果图法,场景法

2. 以下属于集成测试的是(　　　)。

A. 系统功能是否满足用户要求

B. 系统中一个模块的功能是否会对另一个模块的功能产生不利影响

C. 系统的实时性是否满足

D. 函数内部变量的值是否为预期值

3. 关于集成测试的描述中,正确的是(　　　)。

① 集成测试也叫组装测试或联合测试,通常是在单元测试的基础上,将所有模块按照概要设计规格说明和详细设计规格说明的要求进行组装和测试的过程

② 自顶向下的增值方式是集成测试的一种组装方式,它能较早地验证主要的控制和判断点,对于输入/输出模块、复杂算法模块中存在的错误能够较早发现

③ 自底向上的增值方式需要建立桩模块,并行地对多个模块实施测试,并逐步形成程序实体,完成所有模块的组装和集成测试

④ 在集成测试时,测试者应当确定关键模块,并对这些关键模块及早进行测试,比如高层控制模块、有明确性能要求和定义的模块等

A. ①②　　　　　　B. ②③　　　　　　C. ①④　　　　　　D. ②④

二、综合题

1. 集成测试主要测试哪些内容?

2. 简述基于功能分解的集成测试的特点,并分析其适用于哪些场景。

3. 集成测试的过程是怎样的? 每一步需要做什么工作?

4. 在集成测试过程中,可以采用哪些技术?

5. 根据图 6-11 所示的模块图,对其进行基于功能分解的集成测试,分别采用自顶向下集成、自底向上集成和三明治集成的方式。分析在使用不同的方式时,是否需要设计桩模块和驱动模块。

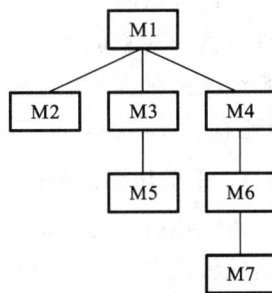

图 6-11　模块图

第7章 系统测试

【学习目标】

在软件开发过程中，经过集成测试之后，原本分散的功能模块已经被集成起来构成子系统。在这个阶段，各模块之间的接口问题已经基本解决，测试将进入系统测试阶段。系统测试是在集成测试的基础上，进一步将子系统组装成整个系统，并以整个系统为测试对象而进行的一系列测试活动。其目的是从用户的角度全面检查系统的功能特性与非功能特性是否满足用户的需求。同时，为了简化测试、提高测试效率，本章也介绍了自动化测试的相关内容。通过本章的学习，你将：

(1) 掌握系统测试的含义与过程。

(2) 掌握系统性能测试的相关概念、流程及 Locust 测试工具。

(3) 掌握安全性测试及易用性测试。

(4) 掌握自动化测试技术、分类、工具。

(5) 掌握 Selenium IDE 录制与回放脚本。

第7章课程资源

7.1 系统测试

系统测试是在集成测试的基础上，专注于验证一个完整的软件系统是否符合其预定的规范和要求。在这个阶段，软件作为一个整体被测试，以确保所有组件和模块协同工作，满足用户的需求和达到预期。系统测试通常包括功能测试、性能测试、安全性测试、可用性测试和兼容性测试等，目的是发现并修复可能影响系统整体性能和稳定性的问题。

系统测试的主要目的是评估软件系统是否满足用户的需求和规格说明书的要求。由于系统测试的对象是整个系统，包含的内容繁多，单一的测试不能全面覆盖，所以在测试时可将系统测试分成若干个不同的测试类别来测试。因此，在系统测试中，除了系统功能性测试，还有系统非功能性测试。

1. 系统功能性测试

系统功能性测试是确保软件系统满足其预定功能需求的关键步骤。功能性测试的目标是确保软件系统按照用户期望和业务需求执行其功能。通常，手动测试和自动化测试结合使用，以确保覆盖测试需求。

2. 系统非功能性测试

系统非功能性测试包含的种类较多，例如性能测试、安全性测试、用户界面测试、兼容性测试、可靠性测试、强度测试、容量测试、配置测试及文档测试等。通过系统测试，可以提高软件质量和用户满意度，节省后续维护和修复工作的成本。

7.2 性能测试

7.2.1 性能测试的概念

近年来,软件系统因性能问题导致的后果屡见不鲜。如果软件系统未经过彻底的性能测试,或者测试本身不够充分,就可能面临各种问题。因此,在系统测试阶段对软件系统进行全面的性能测试至关重要。

性能测试是一种系统性的方法,用于评估软件应用程序或系统在不同工作负载条件下的性能指标。它旨在量化软件的响应时间、吞吐量、资源消耗、并发处理能力、稳定性和可扩展性等关键性能特征。性能测试是通过自动化工具模拟正常、峰值及异常负载条件,对软件系统的各项性能指标进行测试,以验证系统的性能是否能够满足预定的性能标准和用户期望。

性能测试的主要目标包括以下几点。

(1)验证软件是否能够在预期的用户负载下正常运行。

(2)识别性能瓶颈和潜在的优化区域。

(3)确保软件在高负载或长时间运行下保持稳定性和可靠性。

(4)评估软件的可扩展性,即其处理更多用户或数据的能力。

(5)比较不同版本或配置下的性能,以评估性能的改进或退化。

(6)为系统调优和性能优化提供数据支持。

性能测试的测试流程一般包括分析性能测试需求、制订性能测试计划、设计性能测试用例、编写性能测试脚本、测试执行及监控、测试运行结果分析、提交性能测试报告。具体流程如图 7-1 所示。

(1)分析性能测试需求。在性能测试需求分析阶段,测试人员需要收集有关项目的各种资料,并与开发人员沟通,确定性能测试的目标和关键性能指标(KPIs)。

(2)制订性能测试计划。制订详细的性能测试计划,包括测试目标、测试范围、资源需求、时间线和风险评估。确定测试环境,包括测试所需的硬件、软件和网络环境。根据测试需求选择合适的性能测试工具,如 JMeter、LoadRunner 等。准备用于测试的数据集,确保数据的多样性和真实性。

(3)设计性能测试用例。根据设计的测试场景,设计性能测试用例又包括正常负载、峰值负载和异常情况设计测试用例。

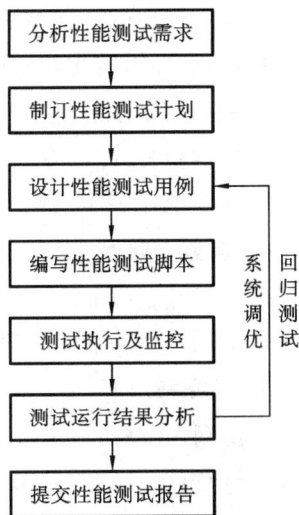

图 7-1 性能测试流程

(4)编写性能测试脚本。使用性能测试工具开发测试脚本,模拟用户行为和请求。

(5)测试执行及监控。执行性能测试用例及脚本,监控系统在不同测试场景下的表现。实时监控性能指标,如响应时间、吞吐量、资源利用率等。收集性能数据,为后续分析提供依据。

（6）测试运行结果分析。分析测试结果,识别性能瓶颈和潜在问题。与开发团队合作,诊断性能问题的根本原因。

（7）回归测试。在系统调优后执行回归测试,确保性能改进没有引入新的问题。

（8）系统调优。根据分析结果对系统进行调优,包括代码优化、数据库优化、硬件升级等。

（9）提交性能测试报告。编写测试报告,详细记录测试过程、结果、发现的问题和提出的改进措施。

性能测试是一个迭代的过程,可能需要多次执行和调优,以达到预期的性能目标。通过遵循这个流程,团队可以确保软件系统在发布前满足性能要求,并在部署后继续监控其性能。

7.2.2 性能测试的指标

影响性能的常用指标有响应时间、吞吐量、并发用户数、资源利用率等。下面分别介绍在性能测试中常用的一些指标。

1. 响应时间

响应时间(response time)是指从用户发起请求到系统返回响应所经历的时间。它通常用来衡量系统对单个请求的处理速度。系统的响应时间会随着访问量的增加、业务量的增长而变长。

2. 吞吐量

吞吐量(throughput)是指系统在单位时间内能够处理的事务数或请求数。高吞吐量通常意味着系统能够处理更多的工作负载。吞吐量是软件系统衡量自身负载能力的一个很重要的指标,吞吐量越大,系统在单位时间内能够处理的数据就越多,系统的负载能力就越强。

3. 并发用户数

并发用户数(concurrent users)是指系统能够同时支持的在线用户数量。这个指标有助于了解系统在多用户环境下的表现。

4. 事务吞吐量

事务吞吐量(transaction throughput)是指在一定时间内系统能够完成的事务数量。事务可以是任何形式的工作单元,如数据库事务或用户会话。

5. 资源利用率

资源利用率(resource utilization)是指系统在运行时对资源(如 CPU、内存、磁盘和网络)的使用情况。资源利用率可以反映系统的性能瓶颈。

6. 系统稳定性

系统稳定性(system stability)是指系统在长时间运行或高负载条件下保持性能不变的能力。稳定性测试通常用于评估系统在持续压力下的表现。

7. 可扩展性

可扩展性(scalability)是指系统在增加资源或用户数量时,性能提升的比例。良好的可扩展性意味着系统能够适应增长的需求。

7.2.3 性能测试的类型

一般情况下,性能测试是一个统称,包含负载测试、压力测试、并发测试、可靠性测试等,每种类型的测试重点都有所不同。

1. 负载测试

负载测试专注于评估软件系统在预期的最大用户负载或数据量下的行为和性能。其目的是确定系统在高压条件下的稳定性、可靠性和性能。

负载测试的目的是确定系统在高用户负载下的行为、识别性能瓶颈和潜在的系统限制、验证系统是否能够处理预期的最大用户数或事务量、评估系统在长时间高负载下的稳定性。

例如,一个航空公司希望确保其在线预订系统能够处理旅游高峰期的正常用户访问量,比如每天 10000 个预订请求,响应时间要求不超过 2 s。使用性能测试工具对该系统不断增加用户访问量,模拟 10000 个用户在一天内进行预订操作,监控系统在整个测试周期内的性能表现。测试结果显示,系统在处理 8000 个用户时表现良好,但当用户数量达到 9000 时,响应时间开始变慢,吞吐量下降,系统响应时间超过 2 s,这表示系统响应时间不超过 2 s 的最大负载量是 9000 人。

2. 压力测试

压力测试旨在确定软件系统在极端条件下的行为和性能,特别是当系统资源接近或达到其极限时。压力测试有助于评估系统的稳定性、可靠性和容错能力。

压力测试的目的是确定系统在极端或异常负载下的表现、识别系统在高压条件下的性能瓶颈、评估系统在资源耗尽或接近耗尽时的行为、确保系统在高负载下仍能保持关键功能。

压力测试与负载测试是有区别的,压力测试是使系统性能达到极限状态,而负载测试是指在保持性能指标要求的前提下测试系统能够承受的最大负载。压力测试可能模拟远超实际用户数量的情况,而负载测试通常模拟的是预期的最大用户数量。压力测试可能迫使系统资源达到极限或耗尽,而负载测试则关注在正常资源使用情况下的性能。压力测试的结果可能揭示系统崩溃或性能严重下降的情况,负载测试的结果则更多关注系统是否能够保持在可接受的性能水平。

例如,一个在线零售商想要知道其网站在黑色星期五这样的购物高峰期间的表现。使用自动化工具模拟 10000 个虚拟用户同时请求首页,以查看服务器的响应时间和系统资源的使用情况。测试结果显示,当用户数量达到 50000 时,响应时间开始显著变慢,服务器的CPU 使用率达到 95%,内存接近耗尽。因此,系统能够承受的最大压力是 50000 人。

3. 并发测试

并发测试专注于评估软件系统在多用户同时访问和操作时的行为和性能。其目的是确保系统在实际使用中能够处理多个用户的请求,同时保持响应速度和数据的准确性。

在进行并发测试时,通常会考虑测试系统在多个用户同时进行操作时的表现;评估系统如何处理多个用户对共享资源的请求,例如数据库记录或文件;测试数据的完整性,确保在并发操作中数据的一致性和准确性没有受到影响;测试系统在处理多个并发事务时的能力和效率;测试锁和同步机制,评估系统如何使用锁或其他同步机制来管理并发访问。测试性能影响,分析多用户并发访问对系统性能的影响,包括响应时间和吞吐量。

并发测试一般没有标准,几乎所有的性能测试都会涉及一些并发测试。

4. 可靠性测试

可靠性测试是一种评估软件系统在特定条件下长时间运行时的稳定性和可靠性的测试类型。其目的是确保软件能够在规定的时间内正常运行,即使在面对意外情况或极端条件时也能保持预期的性能水平。

在进行可靠性测试时,通常会测试软件系统在长时间内连续运行,以评估其稳定性;进行故障检测,识别系统在长时间运行过程中可能出现的故障或错误;测试系统的恢复能力,评估系统在发生故障后的自我恢复能力或从备份中恢复的能力;确保系统在长时间运行过程中数据的准确性和一致性没有受到影响;监控系统资源(如 CPU、内存、磁盘和网络)的使用情况,确保资源消耗在可接受范围内;测试系统的冗余机制和容错能力,确保关键功能在部分系统出现故障时仍可继续运行。

7.2.4 性能测试工具

性能测试工具可以提高人们的性能测试效率,目前市面上的性能测试工具很多。本节主要介绍几款常用的性能测试工具以及设计一个性能测试实例。

性能测试
工具使用

1. 性能测试工具

1)Apache JMeter

Apache JMeter 是一款由 Apache 软件基金会开发的免费的、开源的负载生成工具。它被广泛用于性能测试和测量应用程序的响应时间。

该工具支持多种协议和技术,如 HTTP、HTTPS、SOAP、REST、JMS;提供图形用户界面(GUI)和命令行界面;支持分布式测试,允许在多台机器上运行测试;可以模拟复杂的用户场景和高级的测试脚本。

Apache JMeter 适用于 Web 应用和各种服务的性能测试,特别是那些使用 Java 技术栈的应用。

由于 Apache JMeter 开源免费,因此,社区活跃,插件丰富,易于学习和使用,有大量的文档和社区支持。

2)LoadRunner

LoadRunner 是一款由 Micro Focus 开发的性能测试工具,它模拟成千上万的用户并发访问系统,以验证系统的稳定性、可靠性和性能。

它支持广泛的协议和技术,包括 Web、数据库、ERP 系统等;提供真实用户模拟和脚本录制功能;有强大的分析器,可以深入分析测试结果;支持云测试和移动应用测试。

LoadRunner 适用于企业级应用,特别是那些需要模拟大量并发用户的场景。

LoadRunner 提供高度可定制的测试脚本;提供强大的数据分析能力,以及详细的性能瓶颈分析;支持多种应用类型和协议。

3)Locust

Locust 是一款用 Python 语言编写的开源性能测试工具,它能够模拟成千上万的用户并发访问系统，从而评估系统的性能和可扩展性。Locust 使用 requests 库来发送 HTTP 请求，并且采用协程来处理并发。Locust 有一个 Web 界面，可以实时显示测试的统计信息和图表，支持分布式测试，并且可以进行二次开发来满足特定的测试需求，特别适合需要定制化测试方案的场景，并且易于上手。Locust 的并发机制摒弃了进程和线程，采用协程(gevent)的机制，避免了系统级资源调度，由此可以大幅提高单机的并发能力。

官方网址：https://docs.locust.io/en/2.31.6/what-is-locust.html。

2. 性能测试实例

使用 Locust 对百度首页进行性能测试，模拟 50 个用户同时打开百度首页，并发送 HTTP请求。按照以下步骤进行。

1）安装 Locust

安装 Locust 需要 Python 3.6 或更高版本，可以通过 Python 的包管理工具 pip 来安装，安装语句如下：

```
pip install locust
```

若在安装过程中报错，则可以选择本地安装的方式，即在官网下载 locust-master 压缩包。官方下载地址为 https://github.com/locustio/locust。

如果想要查看 locust 是否安装成功，则可以在控制台中输入以下命令：

```
locust -h
```

即可获得 locust 的相关操作信息，如图 7-2 所示，表明安装成功。

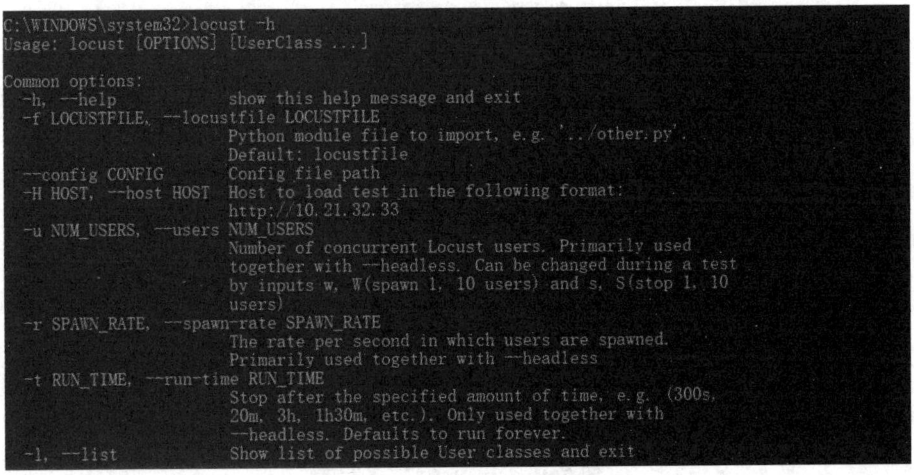

```
C:\WINDOWS\system32>locust -h
Usage: locust [OPTIONS] [UserClass ...]

Common options:
  -h, --help            show this help message and exit
  -f LOCUSTFILE, --locustfile LOCUSTFILE
                        Python module file to import, e.g. '../other.py'.
                        Default: locustfile
  --config CONFIG       Config file path
  -H HOST, --host HOST  Host to load test in the following format:
                        http://10.21.32.33
  -u NUM_USERS, --users NUM_USERS
                        Number of concurrent Locust users. Primarily used
                        together with --headless. Can be changed during a test
                        by inputs w, W(spawn 1, 10 users) and s, S(stop 1, 10
                        users)
  -r SPAWN_RATE, --spawn-rate SPAWN_RATE
                        The rate per second in which users are spawned.
                        Primarily used together with --headless
  -t RUN_TIME, --run-time RUN_TIME
                        Stop after the specified amount of time, e.g. (300s,
                        20m, 3h, 1h30m, etc.). Only used together with
                        --headless. Defaults to run forever.
  -l, --list            Show list of possible User classes and exit
```

图 7-2　Locust 部分显示信息

2）编写 Locust 脚本

编写 Locust 脚本时，首先需要 import 三个类，分别是 HttpLocust、TaskSet、task。其中，HttpLocust 是用来模拟发送请求的类，TaskSet 是任务集，task 是任务类。

创建一个新的 Python 文件，这里命名为 my_locust_file.py，保存在 D 盘根目录下。其代码如下：

```
from locust import HttpUser, task, between
class BaiduUser(HttpUser):
wait_time=between(1, 5)  #用户行为之间的等待时间为 1～5 秒
@task
def index(self):
#定义用户行为:访问首页
self.client.get("/")
```

3）运行 Locust 测试

在 cmd 命令行中,导航包含 my_locust_file.py 的目录,这里导航到 D 盘根目录下,并启动 Locust 服务器:

```
locust -f my_locust_file.py
```

此时,会给出启动相应的一些信息,如图 7-3 所示。

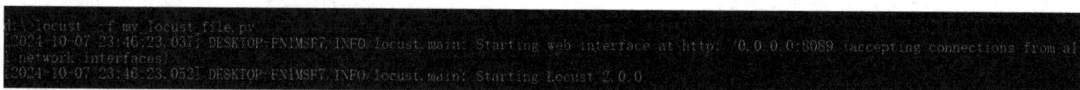

图 7-3　在命令行中启动 Locust 服务器

此时,Locust 将启动一个 Web 界面,通常是在 http://localhost:8089。

然后打开浏览器并访问 http://localhost:8089,可以看到 Locust 的 Web 界面,如图 7-4 所示。

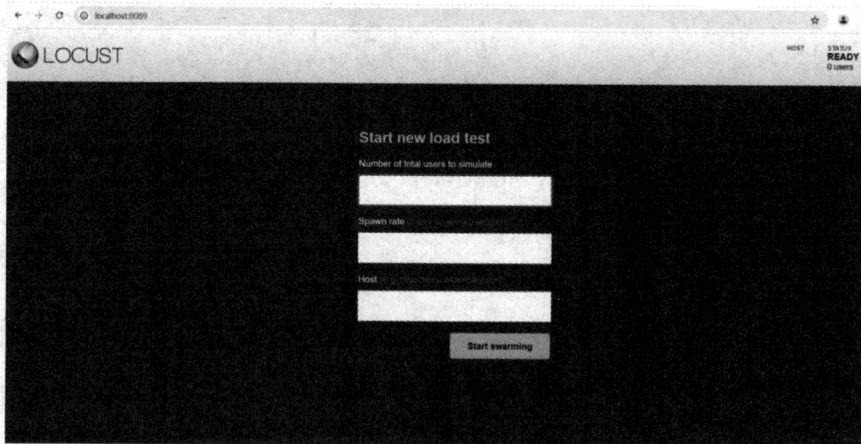

图 7-4　Locust 的 Web 界面

通过 Locust 的 Web 界面设置测试参数。在 Locust 的 Web 界面中,可以设置模拟的用户数量和用户到达速率。由于我们要模拟 50 个用户同时打开首页,可以设置如下:

Number of users to simulate(模拟用户数):50

Spawn rate(每秒新增用户数):50(如果设置为 50,则所有用户将立即启动;如果希望逐渐增加用户数,则可以设置一个较小的值,如 1)

4）启动测试

点击"Start swarming"按钮来开始性能测试。

（1）监控结果。

在 Locust 的 Web 界面上，可以实时监控测试结果如下。

Statistics：统计信息，如请求总数、失败请求数、响应时间的平均值和百分位数等。

Charts：图表，展示请求数、响应时间等指标随时间的变化而变化。

Failures：失败的请求列表。

Exceptions：异常信息。

Locust 的 Statistics 统计信息如图 7-5 所示。

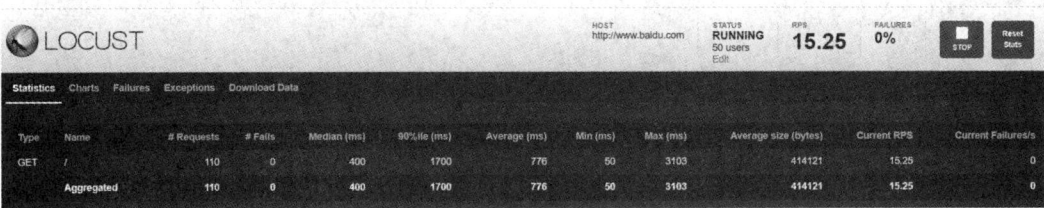

图 7-5　Locust 的 Statistics 统计信息

选择 Charts 图表标签页，可以看到如图 7-6 所示的图表信息。

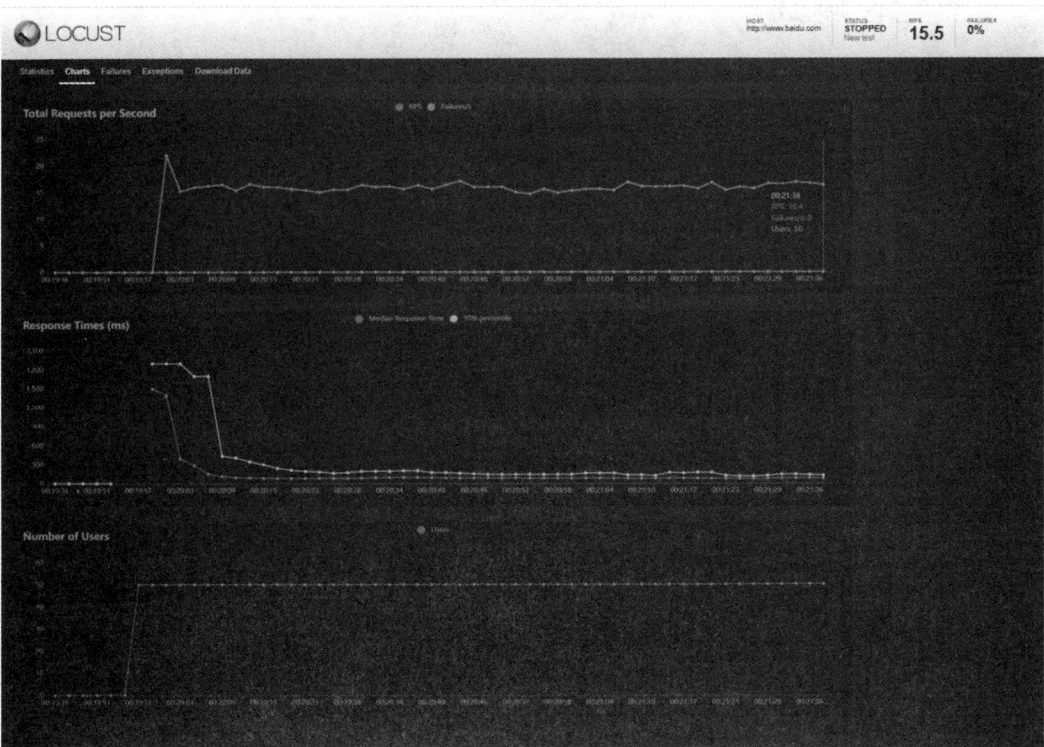

图 7-6　Locust 的 Charts 图表显示测试结果

其中,Total Request per Second 显示随着用户数的增加 TPS 的变化数;Response Times(ms)表示接口从开始压力测试到稳定实时的响应时间,随着压力的增加而增加。这里由于用户数只有 50,因此没有显著的上升曲线;Number of Users 表示从 0 开始人数的增加,这里在脚本中设置了用户行为之间的等待时间为 1~5 秒 的随机数,因此从某刻开始才显著增加,总数达到 50 人后不再增加。

(2)测试结束后的分析。

测试完成后,可以在 Web 界面的 Download Data 上下载测试数据,如图 7-7 所示,通常包括 CSV 格式的统计数据,便于进一步的分析和报告。

图 7-7 Locust 的下载界面

这个简单的 Locust 脚本和测试设置将帮助你模拟 50 个用户同时访问百度首页的场景,并提供性能测试的基本数据。根据测试结果,你可以进一步分析百度首页的性能表现,识别可能的瓶颈或问题。

7.3 安全性测试

安全性测试是确保软件系统、网络和应用程序免受恶意攻击和未授权访问的关键过程。安全性测试主要用于识别和修复安全漏洞,以保护数据的机密性、完整性和可用性。

安全性测试覆盖了一系列关键领域,每个领域都有其特定的测试方法和关注点。认证测试关注用户身份验证的安全性,包括密码策略和多因素认证机制。授权测试确保用户只能访问他们被授权的资源。数据加密测试用于评估数据在传输和存储时的保护措施。网络安全测试用于检查系统对 DDoS 攻击、SQL 注入等网络攻击的防护能力。应用安全测试用于评估应用程序层面的安全,包括输入验证和错误处理。配置和变更管理测试用于确保安全配置能够抵御配置错误和变更带来的风险。漏洞扫描和渗透测试使用自动化工具和手动技术来发现安全漏洞。

安全性测试是保护软件系统免受攻击的重要手段。通过实施有效的安全性测试,组织可以降低安全风险,保护关键资产免受威胁,并维护用户的信任。

7.4 易用性测试

易用性测试的主要目的是确保软件产品能够提供积极的用户体验。这种测试能帮助确定用户界面是否符合目标用户的期望和使用习惯,以及软件是否能够让用户高效、愉快地完成任务。易用性测试对于提高用户满意度、减少用户错误、降低支持成本以及提升产品的整体市场竞争力至关重要。

1. 易学性

易学性是衡量用户能够多快学会使用软件产品的一个重要指标。它涉及用户在第一次接触软件时,理解其功能、操作方式和界面布局的能力。易学性对于任何软件产品都至关重要,因为它直接影响用户的初次体验。如果一个软件产品易于学习,用户可以迅速上手并完成任务,这将增加用户的满意度和软件的采用率。反之,如果学习曲线陡峭,用户可能会感到沮丧,甚至放弃使用产品。

在进行易学性测试时,需要关注以下几点。

(1)考虑帮助系统和文档的完整性。提供易于访问的帮助文档和用户手册,帮助用户解决使用中的问题。

(2)考虑到软件是否提供清晰的指示和提示,帮助用户理解如何进行操作以及通过引导式教程或向导帮助用户了解关键功能和操作步骤。

(3)测试系统是否进行了直观的界面设计,界面元素是否直观易懂,使用行业标准的图标和布局,节省用户的学习成本。

2. 易操作性

易操作性指的是软件产品在实际使用中的便捷程度,即用户在使用软件执行任务时的效率和效果。易操作性直接影响用户的日常工作流程。如果软件易于操作,用户可以快速、准确地完成任务,减少错误和节省时间。这不仅提升了用户效率,也极大增强了用户满意度和忠诚度。反之,如果软件操作复杂,用户可能需要花费额外的时间和精力去理解如何使用,这可能导致用户流失。

在进行易操作性测试时,应关注以下几点。

(1)操作的一致性。软件应在整个应用中保持操作的一致性,使用户能够将一个操作的经验应用到其他部分。

(2)简化的工作流程及有效的导航。工作流程应简洁,避免不必要的步骤,减轻用户的操作负担。用户应能够轻松地在软件的不同部分之间切换。

(3)灵活的交互及清晰的反馈。软件应支持多种交互方式,适应不同用户的操作习惯。用户的操作应得到及时且明确的反馈,以确认操作结果。

3. 用户差错防御性

用户差错防御性指的是在软件设计和测试过程中采取的措施,以预防用户在使用软件时可能犯的错误,或者在错误发生时提供有效的错误恢复机制。良好的用户差错防御性可以提高用户满意度和信任度,降低用户因错误操作导致的挫败感,降低因用户错误导致的系统故障风险,减少客户支持成本和错误修复成本。

在进行用户差错防御性测试时,应关注以下几点。

(1)软件限制非法操作。软件应限制或禁止用户执行可能导致错误的操作。

(2)软件提供默认安全选项。提供安全的默认设置,降低用户选择不当选项的风险。

(3)软件具有错误提示。在用户犯错时提供明确、友好的错误提示信息,并指导用户如何纠正。

(4)软件提供撤销和重做操作功能。提供撤销和重做操作的功能,使用户可以轻松地纠正错误。

4. 用户界面舒适性

用户界面舒适性涉及软件界面的视觉吸引力和感官体验,它影响用户对软件的整体印象和使用愉悦度。用户界面舒适性不仅关乎美学,还影响用户的情绪和使用体验。一个具有良好视觉效果和设计感的用户界面可以提升用户的第一印象,吸引用户使用软件;增加用户的使用愉悦感,提高用户满意度;通过视觉元素加强品牌识别度;通过清晰的布局和组织提高用户界面的可读性和易导航性。

在进行用户界面舒适性测试时,应关注以下几点。

(1) 软件视觉的一致性。界面元素的样式、颜色和布局应保持一致。

(2) 软件颜色、字体协调。使用和谐的颜色搭配,避免颜色对比过于强烈或过于单调。选择易于阅读的字体和合适的字号。

(3) 软件布局平衡。界面布局应平衡,避免过度拥挤或过于稀疏。使用高质量的图像和直观的图标来增强界面表达。

7.5 自动化测试软件

7.5.1 自动化测试的概念

自动化测试是软件测试的一个重要组成部分。它使用专门的自动化测试工具或框架来执行测试用例,模拟用户与应用程序的交互,以及验证应用程序的行为和性能是否符合预期。

在自动化测试这个概念下,有自动化测试执行技术和自动化测试设计技术两个概念。自动化测试执行技术是指执行测试用例或脚本,自动操作被测对象及测试环境中的周边设备来完成测试步骤和结果检查,并自动判断出测试用例执行结果的相关技术。自动化测试设计技术是指通过某些信息(如系统的模型、设计模型、源代码等)由生成算法自动地生成测试用例或测试脚本的相关技术。

7.5.2 自动化测试的分类

1. 按照测试目的分类

从测试的目的来看,自动化测试可以分为功能自动化测试与非功能自动化测试。非功能自动化测试主要分为性能自动化测试和信息安全自动化测试。

功能自动化测试的目标是自动化进行软件功能验证,以提高测试效率。一般提到的自动化测试往往指的是功能自动化测试。

性能自动化测试的主要目标是能够进行软件性能的验证以及完成人工无法完成的测试任务。性能自动化测试工具可以模拟多种正常峰值及异常负载等情况,对系统各项性能指标进行监控及测试。

信息安全自动化测试则是使用安全测试技术、工具在软件发布前找到可能存在的安全漏洞,避免系统被非法入侵、破坏。

2. 按照软件开发周期分类

从软件开发周期角度,自动化测试可以分为单元自动化测试、集成自动化测试和系统自动化测试。

1) 单元自动化测试

单元自动化测试是对每个功能模块进行的测试,通常由开发人员完成。单元自动化测试通常采用白盒测试的方法,使用单元测试框架,如 JUnit、NUnit、pytest 等编写测试代码,简化测试过程。

2) 集成自动化测试

集成自动化测试在单元测试之后进行,当多个模块或组件组合在一起时,就需要集成测试。在集成测试阶段,需要测试模块间的接口和交互是否按预期工作。可以使用集成测试框架,如 TestNG 的集成测试功能。

针对接口进行自动化测试,可以专注于验证软件系统之间接口交互的自动化测试类型。这种测试主要用于确保不同系统组件或服务之间的接口按照预期工作,包括数据格式、数据传输和业务逻辑的正确性。

接口自动化测试是软件测试中用来验证 API 接口功能和性能的重要环节。在第 8 章会详细介绍这一部分。

3) 系统自动化测试

在系统测试阶段,自动化测试软件可以分为功能自动化测试、性能自动化测试、安全自动化测试等。

功能自动化测试针对软件的功能需求进行测试,确保软件实现了预期的功能。使用的测试工具如 Selenium、Appium 等。

性能自动化测试主要用于评估软件在不同负载下的性能,如响应时间、吞吐量等。使用的测试工具如 JMeter、LoadRunner 等。

安全自动化测试主要用于设计自动化安全测试用例,评估软件对安全威胁的防护能力。使用安全扫描工具和自定义自动化脚本。

3. 按照项目运行环境分类

从项目运行环境的角度,根据测试执行的不同环境和条件,自动化测试可分为移动设备环境自动化测试、跨浏览器环境自动化测试、模拟环境自动化测试。

1) 移动设备环境自动化测试

移动设备环境自动化测试是在真实或模拟器上的移动设备中执行的自动化测试。其用于测试移动设备的功能和性能,确保在不同设备和操作系统版本上表现良好。

2) 跨浏览器环境自动化测试

跨浏览器环境自动化测试是在不同的浏览器和版本上执行的自动化测试。其用于确保 Web 应用在不同的浏览器环境中具有兼容性。

3) 模拟环境自动化测试

模拟环境自动化测试是在模拟生产环境的专用测试服务器上执行的自动化测试。其用于更全面地进行集成测试和系统测试,确保应用在类似的生产环境中表现正常。

7.5.3　自动化测试工具

自动化测试工具的正确选择对提高测试效率、发现潜在缺陷和提升软件质量至关重要。前面已经介绍了单元自动化测试工具 UnitTest 以及性能自动化测试工具 JMeter、LoadRunner 和 Locust,下面将介绍一些其他常用的自动化测试工具。

自动化测试工具-
录制与回放

1. Selenium

Selenium 是一个广泛使用的开源自动化测试工具,主要用于 Web 应用程序的测试,包括桌面和移动端浏览器。它支持所有主流的浏览器,并允许测试人员编写脚本来模拟用户与浏览器的交互。

Selenium 支持多种编程语言,如 Java、C♯、Python、JavaScript 等。提供 Selenium WebDriver API,直接用于与浏览器交互。支持分布式测试,可以在多台机器上并行运行测试。拥有 Selenium Grid,支持跨浏览器和跨平台的测试。

Selenium 开源免费,拥有庞大的社区支持,支持多种浏览器和操作系统,提供丰富的 API 和工具集,易于集成到现有的测试框架中。

2. Postman

Postman 是一个流行的 API 开发和测试工具,包括功能测试和性能测试。它提供了一个用户友好的界面来构建、测试和修改 API 请求,支持 REST、SOAP 和 GraphQL API。

Postman 提供直观的图形界面,易于使用。支持环境变量和全局变量,方便测试不同的环境。允许创建和运行测试脚本,支持断言。

3. Robot Framework

Robot Framework 是一个通过关键字驱动的自动化测试框架,它允许使用 Python 或其他支持的语言进行测试脚本的编写。它有易于学习的语法,非常适合自动化验收测试和回归测试。Robot Framework 可以与多种库一起使用,如 SeleniumLibrary 用于 Web 测试,或者用于数据库操作。它支持数据驱动测试,允许从外部文件(如 Excel 或 CSV)读取测试数据。

4. pytest

pytest 是一个功能强大且灵活的 Python 测试框架,它支持简单的单元测试以及复杂的功能测试。由于其具有简洁的语法和自动化的测试发现机制,因此 pytest 迅速获得了开发者的青睐。它具有丰富的插件生态系统,支持扩展和定制,使得测试用例的编写、组织和执行变得简单高效。pytest 的主要特点包括:简洁的语法、强大的断言、自动测试发现以及插件系统,支持参数化测试、fixtures,适用于各种规模的项目。

7.5.4　自动化测试常见技术

自动化测试技术有很多种,以下介绍几种常见的技术。

1. 录制与回放测试

录制与回放是一种较为简单的自动化测试技术。在测试过程中,通过录制工具记录测试人员的操作步骤,如鼠标点击、键盘输入等。然后在需要的时候可以回放这些录制的操作,以检查系统的响应是否正确。

这种技术的优点:操作简单,不需要编程知识,测试人员可以快速上手,可以快速创建一些基本的测试用例。这种技术的缺点:灵活性较差,只能回放录制的固定操作,对于系统的变化适应性不强,维护成本较高,如果系统界面或业务流程发生变化,需要大量修改录制的脚本。

2. 脚本测试

脚本测试是通过编写脚本语言来实现自动化测试的。常见的脚本语言有 Python、Java、JavaScript 等。测试人员可以根据测试需求编写脚本,实现对系统的各种操作和检查。

脚本测试的优点:灵活性高,可以根据不同的测试需求进行定制化开发;可以实现复杂的测试场景,如并发测试、性能测试等;易于维护,当系统发生变化时,可以通过修改脚本快速适应变化。脚本测试的缺点:需要一定的编程知识,对于非技术人员来说学习成本较高,并且编写脚本需要花费一定的时间和精力。

3. 数据驱动测试

数据驱动测试是将测试数据与测试脚本分离,通过读取外部数据文件或数据库中的数据来驱动测试用例的执行。这样可以使用相同的测试脚本对不同的数据集进行测试,提高了测试的效率和覆盖率。

数据驱动测试的优点:能提高测试用例的可维护性,当测试数据发生变化时,只需要修改数据文件,而不需要修改测试脚本;可以快速生成大量的测试用例,提高测试的覆盖率;便于进行回归测试,只需要更新测试数据即可。数据驱动测试的缺点:需要一定的技术实现,包括数据文件的格式设计、数据读取和处理等,对于复杂的数据关系和业务逻辑,可能需要编写复杂的脚本进行数据处理。

4. 模型驱动测试

模型驱动测试是基于系统的模型来生成测试用例和测试脚本。模型可以是状态机模型、流程图模型等。通过对模型的分析和遍历,可以自动生成测试用例,并根据模型中的状态转换和操作步骤生成测试脚本。

模型驱动测试的优点:可以实现高度的自动化,减少人工编写测试用例和脚本的工作量;通过提高测试的覆盖率和质量来发现更多的潜在问题;便于进行回归测试,当系统发生变化时,只需要更新模型即可重新生成测试用例和脚本。模型驱动测试的缺点:需要建立系统的准确模型,这对于复杂系统来说可能是一项艰巨的任务;模型的建立和维护需要一定的技术和经验,且对于一些特殊的测试场景,可能需要人工干预来补充测试用例。

7.6 脚本录制与回放实例

本实例通过 Selenium 进行脚本的录制与回放来访问百度首页并搜索"软件测试"。

1. 环境的准备

下载火狐浏览器(Firefox),按照指引安装完毕后,在火狐浏览器中添加 Selenium 插件。

点击右上角的"更多"选择菜单中的"更多工具"选项。然后在"更多工具"中选择"面向开发者的扩展"。再在提供的众多附加组件中选择 Selenium IDE。在弹出的要求获取权限界面点击"添加"按钮,再点击"确定"按钮,Selenium IDE 被添加到火狐浏览器中;在浏览器的右上角菜单栏中可以看到 Selenium IDE 已经安装成功,过程如图 7-8 所示。

（a）　　　　　　　　　　　（b）

（c）　　　　　　　　　　　（d）

图 7-8　环境准备操作

2. 创建一个新的项目

点击"Selenium IDE"按钮,进入 IDE 编辑器中,选择"创建一个新的项目（Create a new project）",如图 7-9 所示。这里设置项目名称为 test01。

3. 使用 Selenium IDE 录制脚本

在创建好新项目后,可以使用 Firefox 浏览器打开必应的网址 https://cn.bing.com,点击浏览器插件"Selenium"图标,弹出 Selenium IDE 录入界面,点击右上角的开始录制"REC"按钮即可开始录制。主界面功能介绍如图 7-10 所示。

在点击"REC"按钮后,弹出如图 7-11 所示的对话框,将 BASE URL 设置为 https://cn.bing.com/（默认为录制状态）,点击"START RECORDING"按钮。

在此前打开的必应页面中进行操作,选中搜索框,直接输入"软件测试"关键字,按回车键进行搜索。完成操作后,在 Selenium IDE 录入界面点击"停止录制"红点,输入此次测试的名字。这里命名为 record01,如图 7-12 所示。

在图 7-13 所示的 table 中记录了刚才的操作,录制工作就完成了。在录制命令显示区可以清晰地看到刚刚录制的操作过程,此次录制了 4 行。在该区域,可以将 Command 视为在浏览器元素上执行的实际操作。例如,如果要打开一个新 URL,则该命令是"open";如果

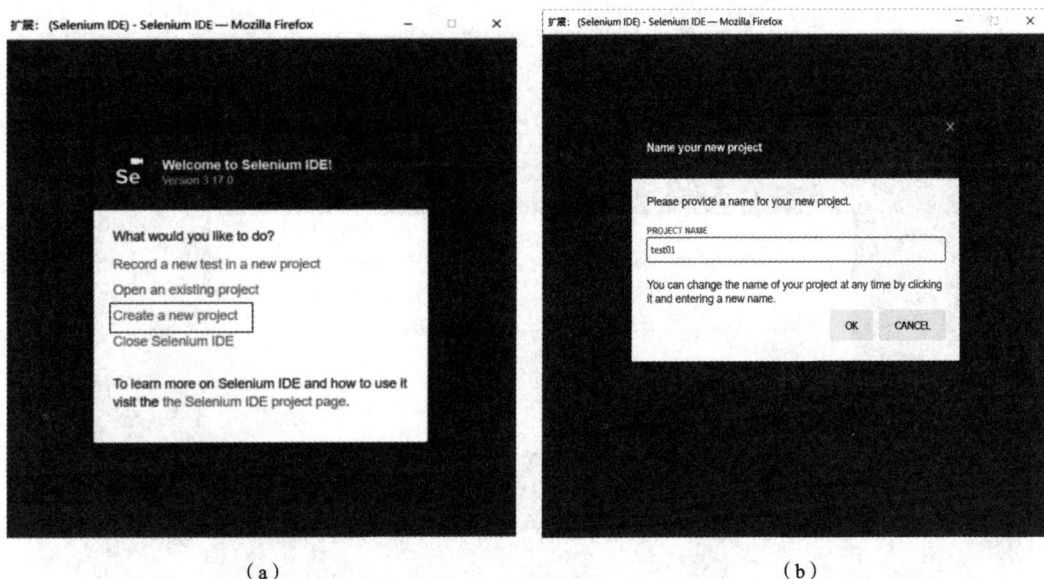

（a）　　　　　　　　　　　　　　　　　（b）

图 7-9　创建新项目

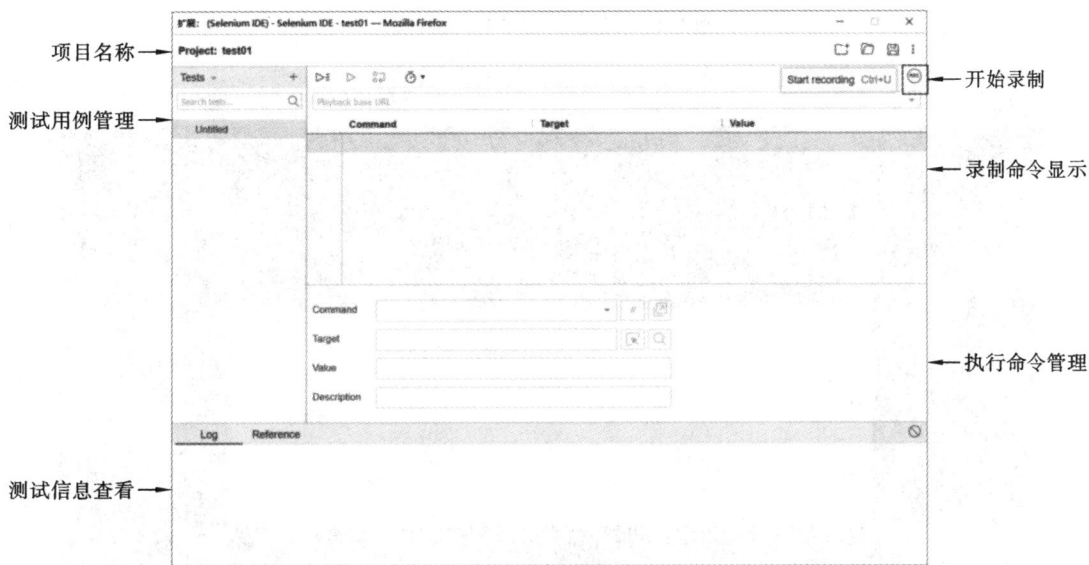

图 7-10　主界面功能介绍

单击网页上的链接或按钮,则该命令为"click"。Target 必须指定在其上执行操作的 Web 元素以及 locator 属性,例如这里录制的搜索框的 id 是 sb_form_q,则 Target 显示为 id＝sb_form_q。第 3 行所记录的操作为在该搜索框输入"软件测试",则该条记录中,Command 的值为 type 表示输入操作,Target 的值为 id＝sb_form_q 表示操作对象是搜索框,Value 的值为"软件测试"表示 Selenium 记录了输入的内容是"软件测试"。

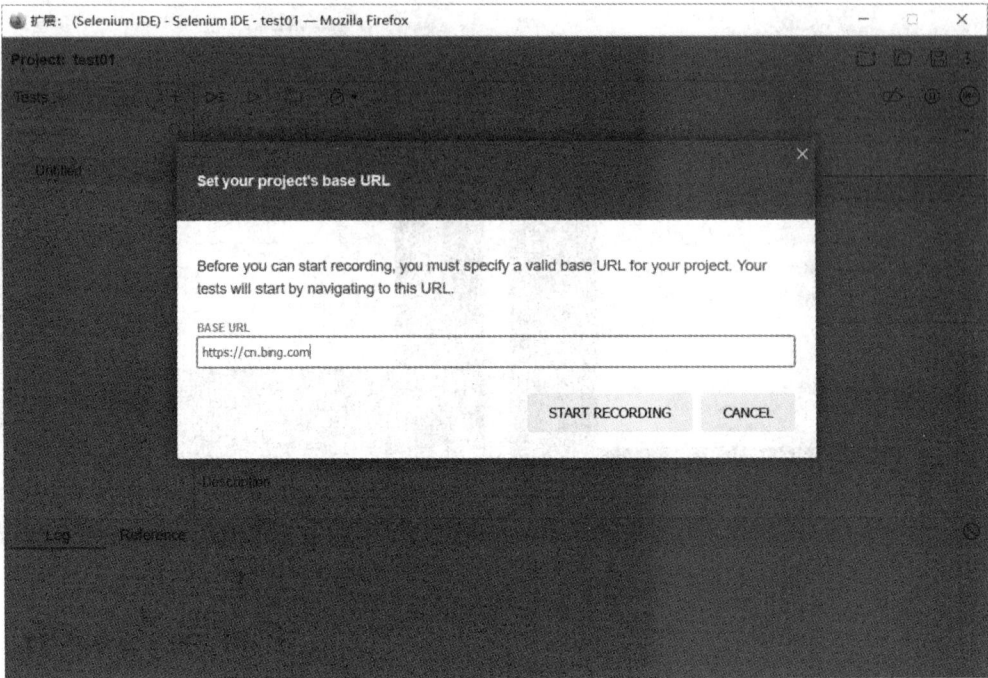

图 7-11 设置 BASE URL 界面

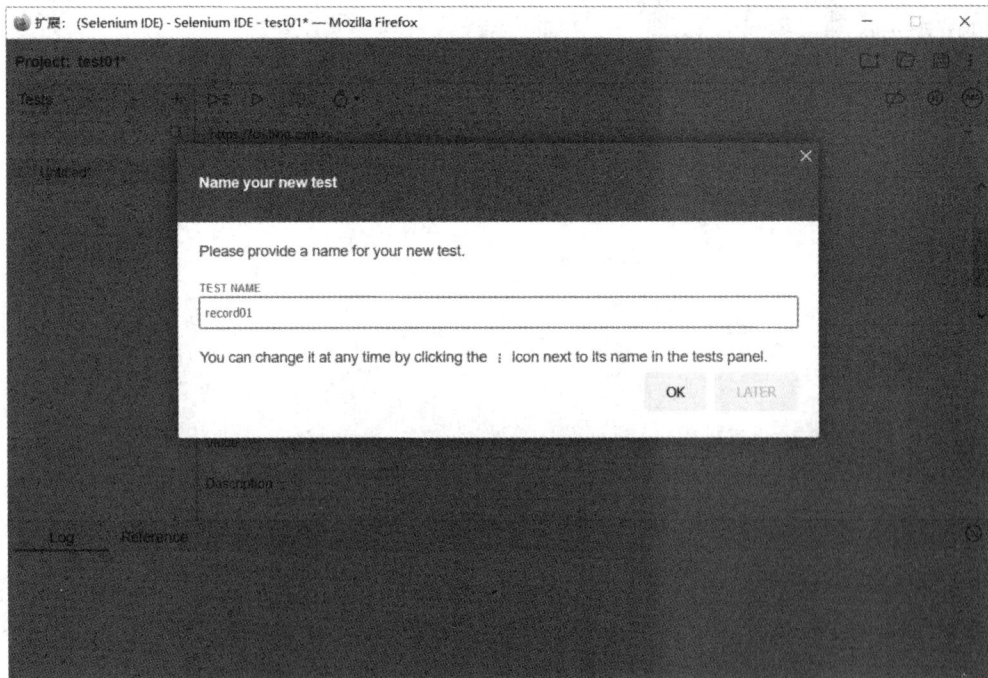

图 7-12 脚本命名

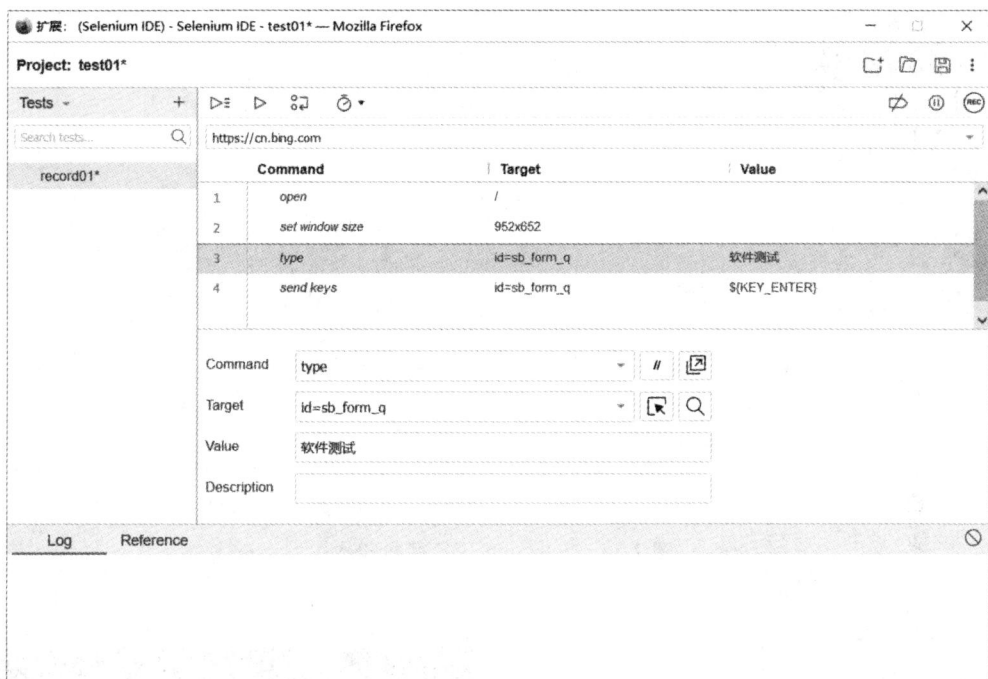

图 7-13 Selenium IDE 录制

4. Selenium IDE 回放脚本

在 Selenium IDE 中点击"run current test"按钮,此时,可以看到刚刚录制脚本的回放。"运行全部测试"按钮用于在加载具有多个测试用例的测试套件时运行整个测试套件。"运行当前测试"按钮用于运行当前选定的测试,只加载一个测试。"运行当前步骤"按钮用于进入步骤,通过测试用例一次运行一个命令,用于调试测试用例。回放后,可以看到该用例变为绿色,Log 中为运行日志,可以查看运行情况,如图 7-14 所示。

5. 查看录制脚本

在该脚本名处点击右键,选择 Export 导出。Selenium IDE 支持多种语言导出,这里选择以 Python 语言导出,如图 7-15 所示,此时即可在指定路径下看到导出脚本 test_record01。

导出脚本 test_record01 的代码如下:

```
# Generated by Selenium IDE
import pytest
import time
import json
from selenium import webdriver
from selenium.webdriver.common.by import By
from selenium.webdriver.common.action_chains import ActionChains
from selenium.webdriver.support import expected_conditions
```

运行 运行 运行 控制
全部 当前 当前 回放
测试 测试 步骤 速度

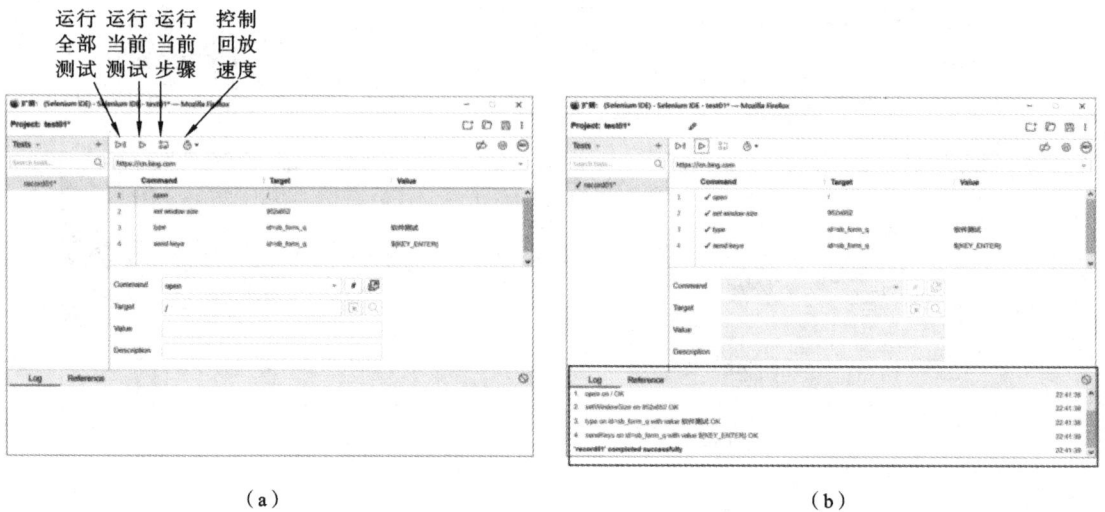

(a)

(b)

图 7-14 Selenium IDE 回放脚本

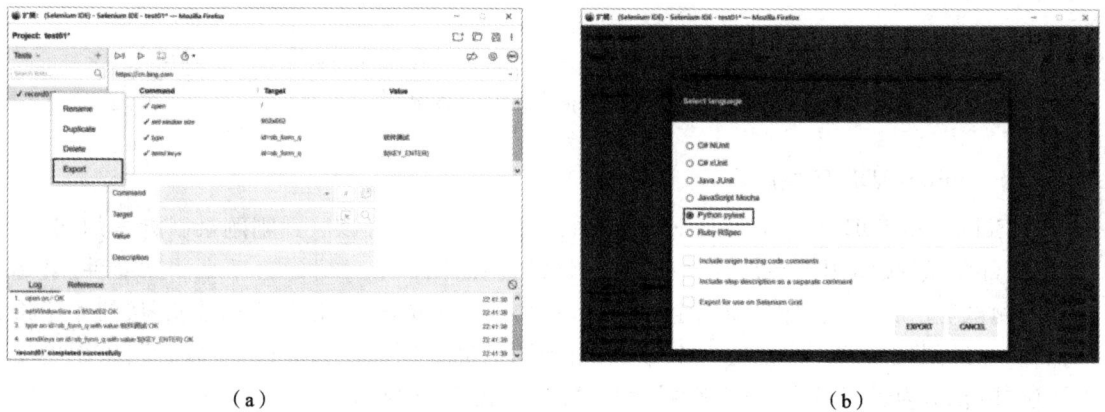

(a)

(b)

图 7-15 导出录制脚本

```python
from selenium.webdriver.support.wait import WebDriverWait
from selenium.webdriver.common.keys import Keys
from selenium.webdriver.common.desired_capabilities import DesiredCapabilities

class TestRecord01():
  def setup_method(self, method):
    self.driver=webdriver.Firefox()
    self.vars={}

  def teardown_method(self, method):
    self.driver.quit()

  def test_record01(self):
```

```
self.driver.get("https://cn.bing.com/")
self.driver.set_window_size(952, 652)
self.driver.find_element(By.ID, "sb_form_q").send_keys("软件测试")
self.driver.find_element(By.ID, "sb_form_q").send_keys(Keys.ENTER)
```

在完成以上工作以后,可以增加一个断言。在第 5 行新增 assert text 文本类型断言,同时点击"Select target in page"按钮,如图 7-16(a)所示。此时,会跳转到必应搜索结果的页面,选择文字,此时选中的文字部分底纹变成蓝色,如图 7-16(b)所示。

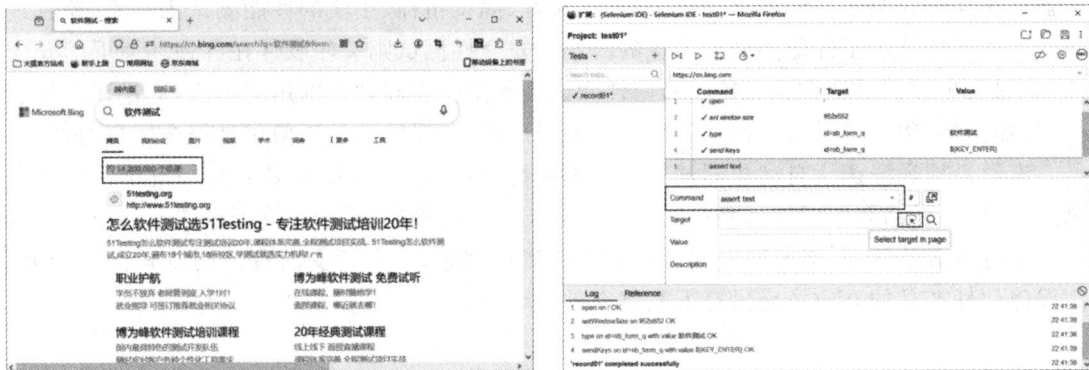

（a）

（b）

（c）

图 7-16　增加断言

回到 Selenium,可以看到 Target 中已捕获到值 css＝.sb_count,在 Value 中写入文字"约 14,200,000 个结果",如图 7-16(c)所示。完成后再次回放,可以发现全部运行通过。此时再次导出脚本,可以看到在脚本的最后多了一行代码,如下:

```
assert self.driver.find_element(By.CSS_SELECTOR, ".sb_count").text==
"约 14,200,000 个结果"
```

使用 Selenium 进行录制,可以方便捕获测试人员在浏览器中的操作流程,无须手动编写大量复杂的测试脚本代码,大大提高了测试效率。通过回放功能,可以快速重复执行之前录制的操作,确保软件在不同环境和多次迭代后仍能正常运行,有效地检测出潜在的功能缺陷和错误。同时,Selenium 支持多种浏览器,具有良好的兼容性,可以对不同浏览器下的应用进行全面测试。但使用 Selenium 录制与回放也存在缺乏灵活性、维护成本高、可靠性有限等问题。

7.7 小结

本章首先探讨了系统测试的核心概念,涵盖了功能测试与非功能测试两大方面。功能测试着重于验证软件是否按照预期的功能需求运行;而非功能测试则重点关注了软件的性能、安全性和易用性等方面的表现。

其次详细介绍了性能测试的相关概念、流程、测试指标、主流的性能测试工具等,还通过一个具体实例展示了性能测试所关注的内容。安全性测试则关注软件在各种环境下的安全性,确保用户数据得到妥善保护。易用性测试则侧重于提高软件的用户体验,通过评估易学性、易操作性、用户差错防御性以及用户界面舒适性,确保软件易于使用且符合用户习惯。

本章最后还强调了自动化测试技术的重要性,特别是 Selenium IDE 这一流行的自动化测试工具,并详细介绍了如何利用它来进行录制与回放测试,从而提高测试效率。

通过本章的学习,能够建立起全面的系统测试理念,并具备实施具体测试案例的能力,为保障软件产品的高质量交付打下坚实基础。

习题 7

一、选择题

1. 下列测试中不属于系统测试的是(　　)。

A. 性能测试　　　　　B. 验收测试　　　　　C. 安全性测试　　　　D. 易用性测试

2. 以下关于性能测试的叙述中,不正确的是(　　)。

A. 性能测试是为了验证软件系统是否能够达到用户提出的性能指标

B. 性能测试不用于发现软件系统中存在的性能瓶颈

C. 性能测试类型包括负载测试、压力测试等

D. 性能测试常通过工具来模拟大量用户操作,增加系统负载

3. 以下关于安全性测试的说法中,不正确的是(　　)。

A. 文档测试需要确保大部分示例经过测试

B. 检查文档的编写是否满足文档编写的目的

C. 内容是否齐全、正确、完善

D. 标记是否正确

4. 下列说法中不是自动化测试缺点的是(　　)。

A. 自动化测试对测试团队有更高的要求

B. 自动化测试对于迭代较快的产品来说时间成本更高

C. 自动化测试具有一致性和重复性的特点

D. 自动化测试脚本需要进行开发,并且自动化测试中错误的测试用例会浪费资源

5. 下列选项中适合进行自动化测试的是(　　)。

A. 需求不确定且编号频繁的项目　　　　　B. 产品设计完成后测试过程不够准确

C. 项目开发周期长且重复测试部分较多　　D. 项目开发周期短,测试比较单一

二、思考题

1. 简述系统测试的主要内容。

2. 某公司开发了一个供学生使用的在线课程平台,该平台中包含学生管理、视频观看两大功能。针对该系统,请对其设计性能测试场景。

3. 请简述自动化测试使用的技术。

4. 请使用 Selenium IDE 完成一个脚本的录制与回放,并导出录制的脚本。

第8章　接口测试

【学习目标】

接口测试是软件测试的一个重要分支,它专注于验证软件组件间的交互是否符合设计要求和业务逻辑。在现代软件开发中,随着前后端的分离和微服务架构的流行,接口测试变得越来越重要。接口测试的目的是确保数据在不同的系统或模块间传递时的准确性、完整性和安全性。接口测试可以帮助我们发现和修复隐藏在代码深处的缺陷,提高系统的稳定性和可靠性。通过本章的学习,你将:

(1)掌握接口测试的相关概念原理与实现方式。

(2)了解 HTTP 协议的特点与结构。

(3)掌握接口测试工具 Postman 的安装方式,可以独立安装 Postman 工具。

第8章课程资源

(4)掌握 Postman 的基本使用方法,能够使用 Postman 发送一个简单的请求,能够灵活运用 Postman 的断言、关联和参数化完成具有特定需求的接口测试。

8.1　接口测试概述

8.1.1　接口的基本概念

1. 接口的定义

接口泛指实体把自己提供给外界的一种抽象化物(可以为另一实体),用以由内部操作分离出外部沟通方法,使其能被内部修改而不影响外界其他实体与其交互的方式。比如常见的 USB 接口,它是系统向外界提供的一种用于物理数据传输的一个接口。

对于软件的接口通常指的是 API(application programming interface,应用程序接口),即一些预先定义的接口(如函数、HTTP 接口),或者软件系统不同组成部分衔接的约定。

2. 接口的分类

接口按照内部和外部可分为程序内部接口和系统对外接口。

程序内部接口:当我们在本地开发软件时,为了实现某个功能,我们可以把这段实现功能的程序写在一个方法里,这个方法可以被其他方法调用。在本地的方法与方法、模块与模块之间的交互就是通过程序内部调用实现的。

系统对外接口:从别人的网站或服务器上获取资源或信息,或者把自己本地的接口提供给外部系统使用。这时,就需要将接口通过网络进行交互。接口以什么样的格式、方法等形式进行通信,就形成了协议。

3. get 接口与 post 接口

HTTP 协议中的 get 接口与 post 接口都属于外部接口,因为它们定义了客户端如何与服务器上的资源进行交互。在实际接口测试中,测试的接口也是 get 接口和 post 接口,get 的提交方式是明文提交,是把提交的参数跟在 url 后面发送给服务器,不安全,且 get 提交的参数是有字符限制的,可以被当成书签保存起来。而 post 的提交方式跟 get 的完全不一样,post 提交的参数是放在表单里的,所以不会有字符限制,且因为参数是放在表单里,不容易被看到,所以比 get 更安全。

8.1.2　什么是接口测试

接口测试(interface testing)专注于验证系统组件间接口的正确性,涉及外部系统与内部各子系统之间的交互点检查,确保数据的交换、传递和控制管理过程准确无误,同时检查和容错机制,以确保接口的功能的正确性与稳定性。

在实际应用中,比较常见的接口测试为 HTTP 接口测试。接口测试的本质是模拟客户端向服务器发送请求,服务器接收请求后进行相应的业务处理,并向客户端返回响应数据,检查响应数据是否符合预期。接口测试的核心原理有以下 3 条。

1. 数据交互验证

接口测试主要关注不同系统或子系统之间通过特定协议进行的数据交互,确保接口按照预期要求传输和处理数据。测试人员会构造不同的请求数据,包括正常情况和异常情况,观察服务器的响应是否符合预期。

2. 客户端-服务器模拟

测试过程中,测试人员模拟客户端的行为,向服务器发送请求,并接收服务器的响应。通过这种方式,可以验证接口在不同场景下的表现,包括正常请求处理、异常处理、边界条件等,如图 8-1 所示。

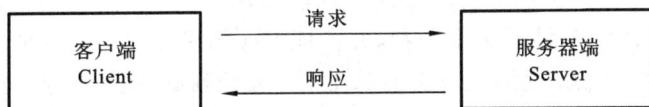

图 8-1　接口测试的原理

3. 功能性与稳定性测试

接口测试不仅关注接口的功能性,即接口是否按照设计文档的要求正确地实现了各个功能,还关注接口的稳定性。通过大量的测试数据和模拟用户请求,可以评估接口的负载能力和稳定性,确保系统在高并发或异常情况下仍能保持正常运行。

8.1.3　接口测试的原因

在开发过程中,因为前端和后端的工作进度不一样,所以我们要针对最开始的接口,以及调用其他公司的(银行、支付宝、微信 QQ 等)一些接口进行接口测试及验证数据。从安全层面来说,只依赖前端进行限制已经不能满足系统的安全要求(绕过前面实在太容易),还需要后端进行控制,这种情况下就需要从接口层面进行验证。前后端传输、日志打印等信息是否加密,也需要验证,特别当涉及用户的隐私信息时,如身份证、银行卡等。

接口测试的主要目的包括以下几点。

（1）验证接口功能：确保接口按照设计文档的要求正确地实现了各个功能。

（2）检查数据传递：验证接口在数据传递过程中的正确性和完整性。

（3）评估性能表现：测试接口在不同负载下的性能表现，包括响应时间、吞吐量、并发用户数等指标。

（4）保障安全性：测试接口的安全性，防止数据泄露、未授权访问等安全隐患。

（5）提升系统稳定性：通过接口测试，可以提早发现系统中的潜在问题，从而提升系统的稳定性和可靠性。

8.1.4 接口测试方法与流程

1. 接口测试的方法

实现接口测试的方法有两种，分别是通过接口测试工具实现和通过接口测试代码实现。

通过接口测试工具实现接口测试常用的接口测试工具有 Postman、JMeter 等。Postman 是一个用户界面友好的 API 开发工具，主要用于测试 RESTful API。它支持创建、测试和调试 HTTP 请求，能够发送各种类型的请求（如 GET、POST、PUT、DELETE 等），并且可以查看服务器的响应。Postman 还具备环境变量管理、集合运行、数据集合测试等功能，适合进行 API 的探索性测试和手动测试。

JMeter 是一个免费的、开源的负载测试工具，它不仅可用于测试静态和动态资源的负载能力，还能进行接口测试。JMeter 能够模拟多种请求，如 HTTP(S)、FTP、SMTP 等，支持分布式测试，可以模拟成千上万的用户请求，适用于性能测试和压力测试，帮助开发和测试团队了解应用在高负载下的表现。本书将着重对 Postman 进行介绍。

通过代码实现接口测试通常指的是使用自动化测试框架来编写测试脚本，这些脚本可以模拟客户端发送 HTTP 请求到服务器，并验证响应结果是否符合预期。这种自动化测试方法允许测试人员定义测试逻辑、设置测试数据、执行测试用例，并自动验证接口的响应。常见的自动化测试框架包括 Python 的 requests 库配合 unittest 或 pytest 框架，Java 的 JUnit 配合 RestAssured 库，或者使用 Robot Framework 等工具。自动化接口测试可以大幅提高测试效率，实现持续集成/持续部署(CI/CD)流程中的快速反馈，同时减少人为错误，确保接口的稳定性和可靠性。但是这种方法要求测试人员具备一定的编程能力，对于编程能力较弱的测试人员难度较大。

2. 接口测试的流程

接口测试是软件开发过程中的一个重要环节，它主要关注软件系统不同组件之间的交互是否按预期工作。以下是一个详细的接口测试流程和要点。

1）接口测试准备

了解接口文档：仔细阅读接口文档，包括接口的 URL、请求方法（如 GET、POST、PUT、DELETE 等）、请求参数、响应格式等详细信息。确保接口文档是最新的，并与开发团队保持沟通，以获取更新或变更。

准备测试环境：搭建或配置好测试环境，确保测试环境与生产环境尽可能一致，以模拟真实的运行场景。准备必要的测试数据,包括正常数据和异常数据,以便进行全面的测试。

2)编写测试用例

覆盖所有接口:确保测试用例覆盖了所有需要测试的接口。根据接口的重要性和使用频率,优先测试关键接口。

设计测试用例:针对每个接口,设计详细的测试用例,包括正常情况下的请求和预期响应,以及各种异常情况的测试。使用等价类划分、边界值分析等方法来设计测试用例,可提高测试的全面性和有效性。

3)执行测试

发起请求:使用测试工具(如 Postman、RestAssured、JMeter 等)或编写测试脚本来发起接口请求。确保请求的参数、头部信息等与接口文档一致。

验证响应:验证接口的响应是否符合预期,包括状态码、响应头、响应体等。检查响应数据是否完整、准确并符合业务逻辑。

记录测试结果:记录每个接口的测试结果,包括成功的和失败的测试用例。对于失败的测试用例,记录失败的原因和复现步骤,以便后续分析和修复。

4)分析测试结果

问题定位:分析失败的测试用例,确定问题所在。与开发团队沟通,确认问题是属于接口实现的问题还是属于测试环境或测试数据的问题。

撰写测试报告:撰写详细的测试报告,分析测试结果和发现的问题。提出改进建议,包括修复问题、优化接口设计等。

5)持续集成与自动化

实现自动化测试:对于需要频繁测试的接口,考虑使用自动化测试脚本来加速测试过程。将自动化测试集成到持续集成流程中,以确保每次代码提交后都能自动执行接口测试。

监控与日志:监控接口的运行状态和性能指标,如响应时间、吞吐量等。记录接口的调用日志和错误日志,以便快速定位问题并进行修复。

8.2　HTTP

在实际应用中,由于接口测试通常测试的是服务器的接口,模拟用户从客户端向服务器发送请求并观察服务器的响应。而 HTTP(hypertext transfer protocol,超文本传输协议)是互联网上应用最广泛的协议之一,用于客户端和服务器之间的通信。大多数 Web 服务和 API 都是基于 HTTP 协议构建的。所以在学习接口测试相关内容时,我们也需要了解 HTTP 相关的知识。本节主要讲解 HTTP 协议,包括统一资源定位符、HTTP 请求和 HTTP 响应。

8.2.1　HTTP 协议概述

HTTP 协议是互联网上应用层的一种协议,它建立在 TCP/IP 协议之上,用于定义客户端和服务器之间交换数据的过程。HTTP 协议的主要作用是传输超文本(如 HTML 文档),但也可以传输图片、音频、视频等其他类型的数据。HTTP 协议具有如下几个特点。

（1）基于请求/响应模型：HTTP协议采用请求/响应模型进行通信。客户端向服务器发送请求，服务器接收并处理请求后，向客户端返回响应。

（2）无状态性：HTTP协议是无状态的，即服务器不会保存任何两次请求之间的状态信息。这意味着如果后续请求需要用到前面的信息，则必须在请求中重新发送。

（3）无连接：HTTP/1.0及之前的版本默认是无连接的，即每次请求/响应完成后，连接就会被关闭。虽然这种方式简化了协议的实现，但会增加网络负担。为了解决这个问题，HTTP/1.1引入了持久连接（keep-alive）和管线化（pipelining）技术。

（4）简单快速：HTTP协议简单快速，客户端向服务器发送请求时，只需传送请求方法和路径，这使得HTTP服务程序规模小且通信速度快。

（5）灵活：HTTP协议允许传输任意类型的数据对象，这些类型由Content-Type加以标记，从而支持了多媒体数据的传输。

8.2.2 统一资源定位符

统一资源定位符（uniform resource locator，URL）也称网页地址，是一个用于在互联网上定位和访问资源的字符串。它作为互联网上标准资源的地址，使用户或程序能够通过这个地址访问到特定的网页、文件、图像、视频或其他网络资源。URL是HTTP（超文本传输协议）的一个关键组成部分。例如，用户想要使用浏览器访问某个网站时，就需要输入该网站的URL，当服务器成功接收到浏览器发出的请求后，服务器将会把该网站的内容通过浏览器向用户呈现出来。

URL的具体语法格式如下：

protocol://hostname:port/path?parameters?query&fragment

由上面的语法格式可以发现一个典型的URL包含以下几个基本部分。

（1）协议（protocol）：用于指定访问资源使用的协议，如http、https、ftp等。

HTTP：表示超文本传输协议，不加密。

HTTPS：表示安全的超文本传输协议，使用SSL/TLS加密。

FTP：表示文件传输协议。

（2）域名（hostname）：用于指定资源所在的服务器的域名或IP地址。

例如：www.baidu.com。

（3）端口（port）（可省略）：用于指定服务器上的端口号，每一种传输协议都有默认的端口号。如果未指定，将使用这些协议的默认端口号，如HTTP的默认端口号为80、HTTPS的默认端口号为443以及FTP的默认端口号为21。

（4）路径（path）：用于指定服务器上资源的路径。路径可以包含多级目录和文件名。

例如：/index.html。

（5）查询字符串（query）（可省略）：用于提供附加参数，跟在路径后面，用?开始，参数之间用&分隔。

例如：?key1＝value1&key2＝value2。

（6）片段标识符（fragment）（可省略）：用于指向资源内部的特定部分，如网页中的一个章节。

例如：♯section1。

将这些部分组合起来，就形成一个完整的 URL，例如：

```
http://www.weather.com.cn:80/data/sk/101010100.html
```

在这个例子中，http 是协议，www.weather.com.cn 是域名，80 是端口号，/data/sk/101010100.html 是资源路径，查询字符串和片段标识符省略。

8.2.3　HTTP 请求

HTTP 请求是客户端（如浏览器、移动应用或服务器）向服务器发送信息的信号，以获取或发送数据。它是 HTTP 协议的核心组成部分，用于在 Web 上进行通信。HTTP 请求报文由请求行、请求头（请求头字段）和请求正文（请求体）三个部分组成，HTTP 请求格式如图 8-2 所示。

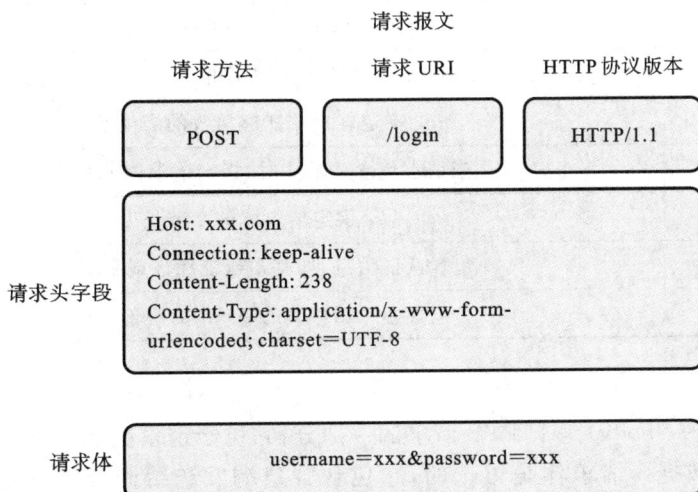

图 8-2　HTTP 请求格式

1. 请求行

请求行（request line）是 HTTP 请求的第一行，它是每个 HTTP 请求开始的部分，用于说明请求的基本信息。请求行包括请求方法、请求 URI 和 HTTP 协议版本三个字段，它们之间用空格分隔。在接口测试中，常用的请求方法和说明如表 8-1 所示。

表 8-1　常用的请求方法和说明

请 求 方 法	说　　明
GET	用于请求服务器获取指定的资源
POST	用于请求服务器提交指定的资源
PUT	用于请求服务器更新指定的资源
DELETE	用于请求服务器删除指定的资源

例如,一个典型的 GET 请求的请求行可能如下所示:

```
GET/index.html HTTP/1.1
```

在这个例子中:GET 是使用的 HTTP 方法;/index.html 是请求的资源路径;HTTP/1.1 指明了使用的 HTTP 协议版本。

请求行是 HTTP 请求的重要组成部分,它为服务器提供了处理请求所需的基本信息。

2. 请求头

请求头(request headers)是 HTTP 请求的一部分,位于请求行之后,请求体之前。请求头由一系列的键值对组成,用于提供关于请求的附加信息,以及客户端希望如何被服务器处理的信息。请求头由键值对组成,格式为"字段名:字段值",字段名不区分大小写,字段值前必须有一个空格。常见的请求头字段和说明如表 8-2 所示。

表 8-2 常见的请求头字段和说明

请求头字段	说　　明
Host	指定请求的服务器的域名和端口号
User-Agent	提供发出请求的客户端应用程序的信息,如浏览器类型和版本
Accept	指定客户端能够接收的媒体类型
Content-Type	当请求包含请求体时,指定请求体的媒体类型
Content-Length	指定请求体的字节长度
Authorization	包含认证信息,如基本认证凭证或 Bearer 令牌
Cookie	包含客户端存储的 cookies,用于会话管理

3. 请求体

请求体(request body)是 HTTP 请求的一部分,它位于请求头之后,用于传递从客户端向服务器发送的数据。请求体是可选的,它包含客户端发送给服务器的数据。对于 GET 请求,由于请求数据通常包含在 URL 中,因此请求正文一般为空。而对于 POST、PUT 等请求,请求正文则包含要发送给服务器的数据。

请求体的媒体类型由 Content-Type 请求头指定,常见类型有 application/json、application/x-www-form-urlencoded 或 multipart/form-data 等。

为了加深读者对 HTTP 请求的理解,下面展示一段用谷歌浏览器自带的开发者工具抓取的 HTTP 请求数据,如图 8-3 所示。

8.2.4 HTTP 响应

HTTP 响应是服务器对客户端 HTTP 请求的答复。它包含有关请求处理结果的信息。HTTP 响应主要由状态行、响应头和响应体三个部分组成,HTTP 响应的格式如图 8-4 所示。

1. 状态行

HTTP 响应状态行是服务器响应的第一部分,位于响应头之前,提供关于请求处理结

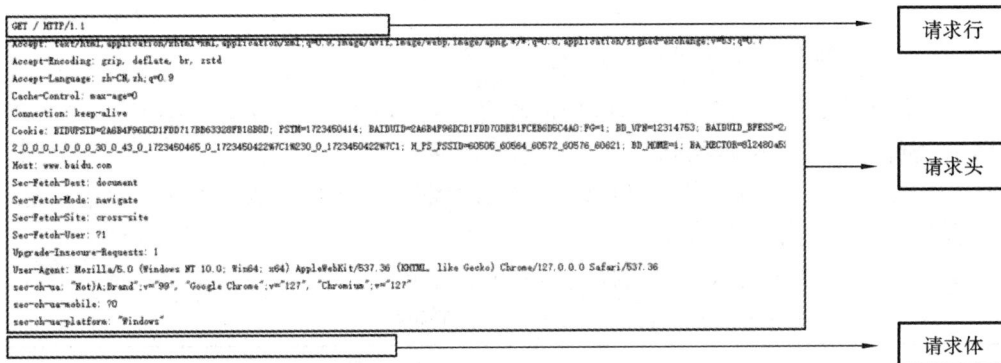

图 8-3 HTTP 请求

响应报文

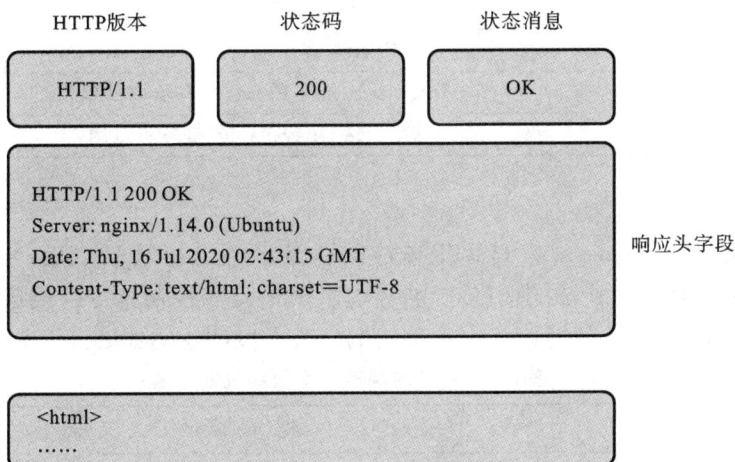

图 8-4 HTTP 响应的格式

果的关键信息。状态行包括以下三个基本部分。

(1) HTTP 版本:指明服务器使用的 HTTP 协议的版本,如 HTTP/1.1 或 HTTP/2。

(2) 状态码:一个三位数字,用来表示请求的处理结果。状态码分为以下五类:

1xx:信息性状态码,表示请求已接收,继续处理。

2xx:成功状态码,表示请求已被成功处理。

3xx:重定向状态码,表示需要进行额外操作以完成请求。

4xx:客户端错误状态码,表示请求包含错误,无法得到处理。

5xx:服务器错误状态码,表示服务器在处理请求时发生了错误。

(3) 状态消息:状态码的简短描述,例如 OK、Created、Not Found 或 Internal Server Error。

状态行的基本格式如下:

HTTP-Version Status-Code Status-Message

例如:

```
HTTP/1.1 200 OK
```

在这个例子中:HTTP/1.1 表示服务器使用的是 HTTP 1.1 协议版本;200 是状态码,表示请求已成功处理;OK 是状态消息,进一步说明状态码的含义。

状态行快速地提供了关于 HTTP 请求结果的概览,让客户端能够立即了解请求是否成功以及是否需要采取的后续行动。

在接口测试中,常见的状态码和描述如表 8-3 所示。

表 8-3　常见的状态码和描述

状　态　码	描　　　述
200	OK,请求成功,服务器正常响应
400	Bad Request,客户端请求有语法错误
401	Unauthorized,客户端请求未授权
403	Forbidden,服务器禁止访问
404	Not Found,客户端请求的资源不存在
500	Internal Server Error,服务器内部错误
503	Service Unavailable,服务不可用

2. 响应头

响应头(response headers)是 HTTP 响应的一部分,位于状态行之后,响应体之前。响应头由一系列的键值对组成,提供了关于响应的附加信息和控制指令。响应头字段的格式与请求头字段相同,都由键值对组成。常见的响应头字段和说明如表 8-4 所示。

表 8-4　常见的响应头字段和说明

响应头字段	说　　　明
Server	包含服务器用来处理请求的软件信息
Content-Type	指定响应体的媒体类型(MIME 类型)
Connection	服务器与客户端的连接类型
Content-Length	响应体的字节长度
Set-Cookie	用于设置客户端的 cookie,用于会话管理或跟踪
Location	通常用于重定向的情况,指示资源的新位置

一个简单的 HTTP 响应头示例如下:

```
HTTP/1.1 200 OK
Content-Type: text/html; charset=UTF-8
Content-Length: 1853
Cache-Control: no-cache
Set-Cookie: session_id=abc123; Expires=Wed, 09 Jun 2024 10:18:14 GMT; Path=/
Server: Apache/2.4.8 (Unix)
```

```
Location:http://www.example.com/newpage
```

在这个示例中,服务器返回了 HTML 内容,指定了内容类型、内容长度、缓存控制指令,设置了一个 cookie,提供了服务器信息,并指示了资源的新位置。

3. 响应体

响应体(response body)是 HTTP 响应的一部分,位于响应头之后。它包含服务器返回给客户端的实际数据,这些数据可以是文本、HTML 页面、图片、视频、JSON 或 XML 等格式,具体取决于请求的资源和 Content-Type 响应头的指定。

以下是响应体的一些关键特点。

(1)数据内容:响应体是服务器响应的主要内容,可以包含任意类型的数据。

(2)媒体类型:响应体的媒体类型由 Content-Type 响应头指定,决定了客户端如何解析和呈现这些数据。

(3)长度:响应体的长度由 Content-Length 响应头指定,表示响应体的字节数。

(4)编码:响应体可能使用特定的编码方式,如 gzip 压缩,这由响应头如 Content-Encoding 指示。

(5)语言:对于文本内容,响应体的语言可以由 Content-Language 响应头指定。

(6)可选项:并非所有的 HTTP 响应都包含响应体。例如,某些状态码如 204 No Content 和 304 Not Modified 通常不包含响应体。

(7)交互性:客户端应用程序根据响应体的内容执行操作,如显示网页、存储数据或更新应用程序状态。

一个包含状态行、响应头和响应体的 HTTP 响应示例的代码如下:

```
HTTP/1.1 200 OK
Content-Type: text/plain
Content-Length: 14
Hello, World!
```

在这个示例中,服务器返回了一个包含文本"Hello,World!"的响应体,响应头 Content-Type 指定了媒体类型为纯文本,Content-Length 指定了响应体的长度为 14 个字节。

8.3　接口测试工具——Postman

Postman 是一款由谷歌公司开发的用于网页调试和接口测试的工具,它允许开发者设计、测试、调试和文档化接口。通过 Postman,用户可以发送各种 HTTP 请求至服务器,同时能够接收服务器返回的 HTTP 响应。测试人员可以通过验证接收到的响应数据是否与预期数据一致来判断接口是否存在缺陷。

Postman 作为一款广受欢迎的 API 接口测试工具,如今用户数已经达到了 3000 万(数据来自官网),其具有如下的几个优点。

(1)门槛低、上手快:Postman 提供了直观的用户界面和丰富的功能特性,使得用户可以快速上手并进行 API 开发和测试。

（2）支持用例管理：用户可以通过收藏夹和集合来管理 API 请求用例，方便重用和分享。

（3）支持多种 HTTP 请求类型和协议：Postman 支持 HTTP 协议的所有请求方式，并提供了丰富的功能来帮助用户构建和发送请求。

（4）强大的测试功能：用户可以通过测试脚本来验证 API 响应是否符合预期，并生成测试结果。

（5）支持团队协作和团队管理：Postman 支持多人协作和团队管理功能，方便团队成员共同开发和测试 API 接口。

因此，本节的内容将围绕 Postman 的安装与使用进行详细讲解。

8.3.1 安装 Postman

Postman 支持 Windows、Mac OS X 和 Linux 操作系统，读者可以根据自己使用的操作系统，从 Postman 官网上下载对应系统的软件安装包。笔者以 Windows 11(64 位)系统为例，演示下载与安装 Postman 的过程，具体操作步骤如下。

1. Postman 的下载

在浏览器中访问 Postman 的官方网站 https://www.postman.com/downloads/，下载所需版本进行安装即可，如图 8-5 所示。

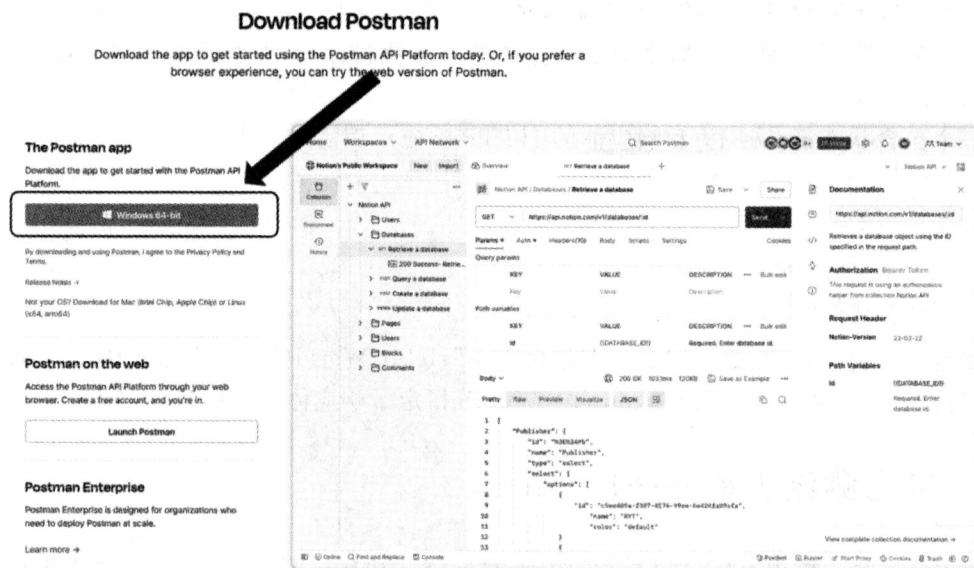

图 8-5　Postman 官方下载页面

在图 8-5 所示的页面中，单击箭头指向的按钮即可下载 Postman 安装包。

2. Postman 的安装

当 Postman 的安装包下载成功后，会得到一个以.exe 为扩展名的文件，双击该文件进行安装。安装后将进入"Create a free Postman account"页面，如图 8-6 所示。

在图 8-6 所示的页面中单击"Create Free Account"按钮进行注册。如果已经拥有

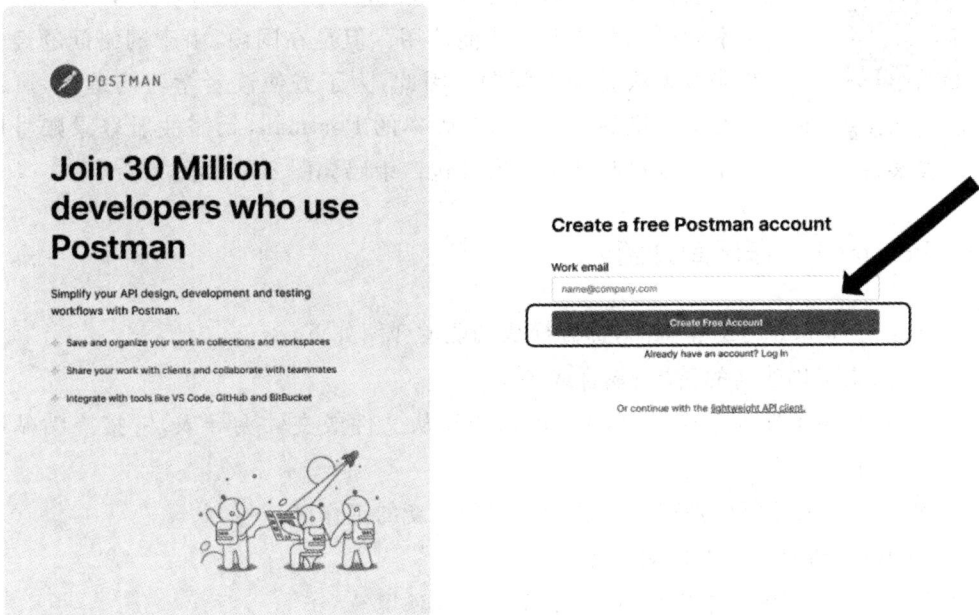

图 8-6　"Create a free Postman account"页面

Postman 账户,则直接单击"Log In"登录即可。注册完成并登录后即可进入 Postman 的主窗口,如图 8-7 所示。

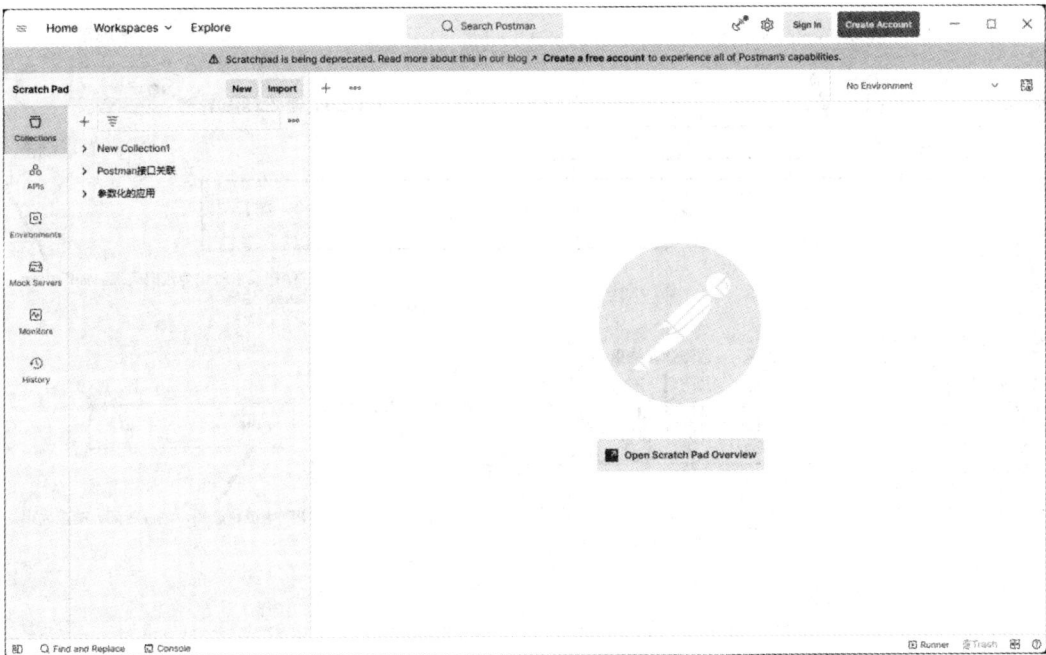

图 8-7　Postman 主窗口

**图 8-8 接口测试工具
安装包**

在该过程中需要注意,Postman 的 Windows 版本在 V10.13.6
版本后必须登录账号才能使用。但是在国内,由于网络问题经常存
在账号无法登录的问题。因此,为了方便读者学习与练习,可以下
载本书提供的 V10.13.6 版本的 Postman,无需注册登录账号即可
使用。接口测试工具安装包二维码如图 8-8 所示。

8.3.2 Postman 工作区间介绍

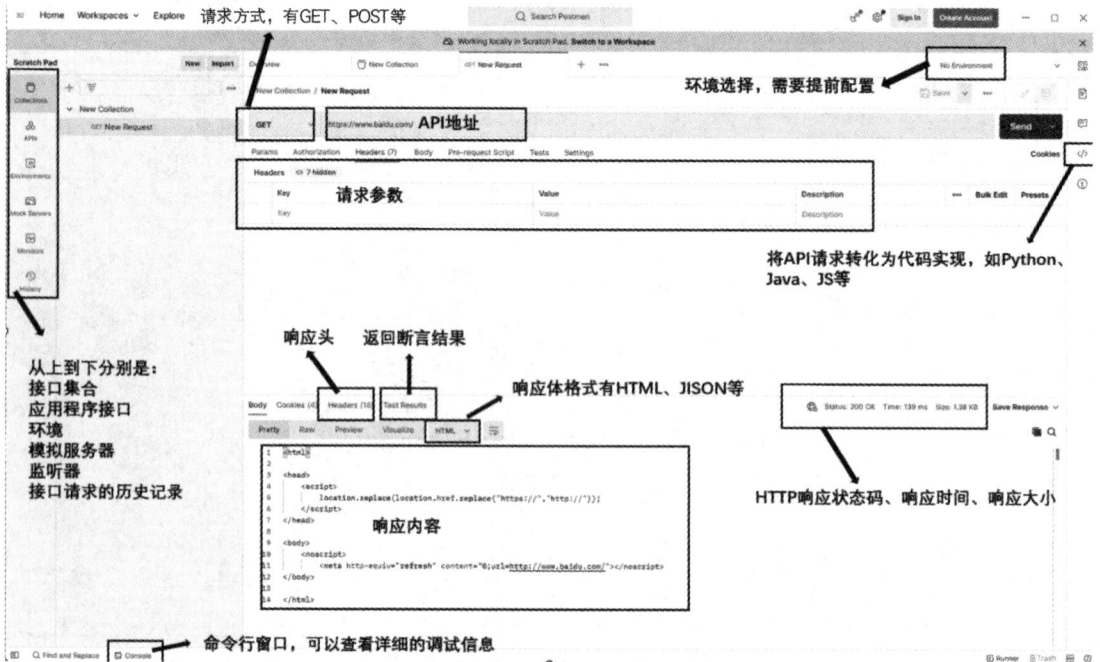

图 8-9 是 Postman 的工作区间,部分模块功能的介绍如下。

(1) New:用于创建新的请求、集合或环境。

(2) Import:用于导入集合或环境。可以选择从文件或文件夹导入,链接或粘贴原始
文本。

(3) Workspace:可以单独或以团队的形式创建新的工作区。

(4) History:所有请求的历史记录。

(5) APIs:表示应用程序接口,用于定义集合和环境。

(6) Environments:表示环境,可以定义全局变量和环境变量。

(7) Mock Servers:表示模拟服务器。

(8) Monitors:表示监听器,能够定期运行集合中的请求。

(9) Save:如果对请求进行了更改,则必须单击 Save,这样的新更改才不会丢失。

图 8-9 Postman 的工作区间

（10）Params：在此编写请求所需的参数，比如 Key-Value。

（11）Headers：请求头信息。

（12）Body：请求体信息，一般在 POST 中才会用到。

【例 8.1】　用 Postman 发送一个 HTTP 请求。

（1）创建集合：在 Postman 的工作区间内，单击左侧的"Collections"，然后单击该选项右侧的"＋"，即可创建集合 New Collection。集合的名字默认为 New Collection（可以根据具体需求去修改该名称）。

（2）添加 HTTP 请求：将鼠标悬停在 New Collection 条目上方，此时在条目右侧会显示"..."，点击这三个句号，则会出现下拉列表，在下拉列表中选择"Add request"，即可添加一个 HTTP 请求。HTTP 请求的默认名字为 New Request（可以根据具体情况去修改该名称）。

（3）选择 HTTP 请求方式为 GET。

（4）在 URL 区域输入链接：本例中我们以百度的链接 https://www.baidu.com/ 为例。

（5）点击"Save"按钮。

用 Postman 发送一个 HTTP 请求的具体操作流程如图 8-10 所示。

图 8-10　用 Postman 发送一个 HTTP 请求

当你看到右下方返回 200 状态码，且在下方展示了具体的响应结果时，说明服务器已经接收到客户端的请求信息，并且成功将响应结果返回给客户端，如图 8-11 所示。

注意：在某些情况下，Get 请求失败可能是 URL 无效或需要身份验证。

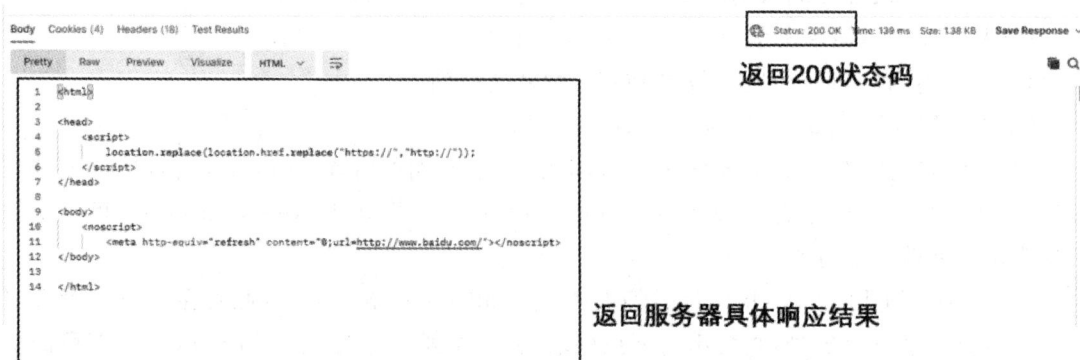

返回200状态码

返回服务器具体响应结果

图 8-11 HTTP 请求响应成功

8.4 Postman 的基本使用方法

在使用 Postman 进行接口测试的过程中,为了提高测试的自动化程度、准确性和效率,下面我们着重学习和掌握 Postman 的断言、关联与参数化。

断言可帮助我们验证 API 响应是否符合预期,确保数据的准确性和 API 的正确行为;关联允许我们在测试过程中传递和使用关键数据,确保测试的连贯性和上下文的一致性;参数化则让我们能够创建可重用的测试脚本,通过替换参数来适应不同的测试场景,从而减少重复工作,提高测试的灵活性和可维护性。这三个概念是构建有效、可扩展和可靠的接口测试框架的基础。

8.4.1 Postman 断言

断言是 Postman 中的一个功能,目的是用于验证 API 接口的响应是否符合预期。它能确保 API 按预期工作,并且返回正确的数据。在接口测试时,Postman 提供的断言代码可以替代人工自动判断 HTTP 响应的实际结果与预期结果是否一致。若与预期结果一致,则程序继续往下执行,否则程序将终止执行。Postman 中的断言代码使用 JavaScript 语言编写。

1. 断言的类型

在 Postman 中,断言主要包含以下 5 种类型。

(1)响应体断言:检查响应体(JSON 或 XML)中的数据是否符合预期。

(2)响应头断言:检查响应头是否包含特定的值。

(3)响应码断言:验证 HTTP 响应状态码是否符合预期。

(4)响应时间断言:检查 API 响应所需的时间是否在可接受的范围内。

(5)自定义断言:使用 JavaScript 语言编写自定义逻辑来检查特定的响应特征。

2. 断言的使用场景

在接口测试的过程中,断言主要应用于以下 4 个具体场景。

（1）验证数据完整性：确保响应体包含了所有必要的数据字段，并且数据格式正确。

（2）检查状态码：确认 API 返回了正确的 HTTP 状态码，例如 200 表示成功，404 表示未找到等。

（3）性能测试：评估 API 的响应时间是否满足性能要求。

（4）安全性检查：验证响应头中是否包含了安全相关的字段，如 Content-Security-Policy。

3. 如何编写断言

在 Postman 中，可以在 HTTP 请求中单击"Tests"标签，然后在下方的空白区域中手动编写断言代码。也可以通过单击 Postman 工作区间右侧的"Status code：Code is 200""Response body：Contains string"或者"Response body：JSON value check"等，自动生成检查状态码，检查响应体中的特定字段以及检查响应体中特定值的断言代码模板。具体的断言编写方式如图 8-12 所示。

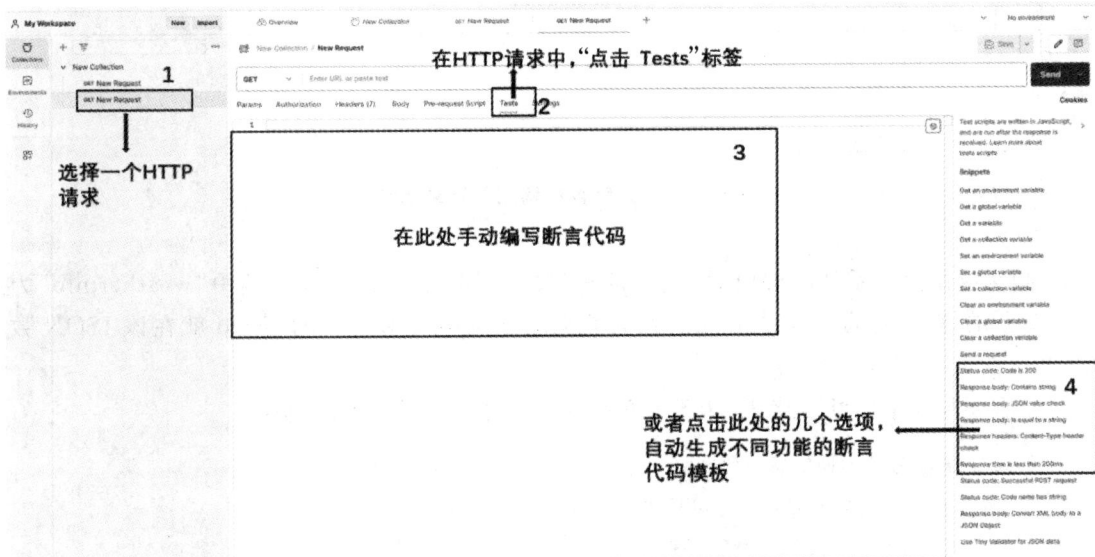

图 8-12　在 Postman 中编写断言

【例 8.2】　用 Postman 发送一个 HTTP 请求，请求地址设置为 https://www.weather.com.cn/data/sk/101010100.html。该地址用于查询北京的天气信息。请求成功后编写 4 个不同功能的断言来实现如下几个功能。

（1）检查服务器返回的状态码；

（2）检查响应体中是否含有"北京"字段；

（3）检查响应体中的 JSON 数据中的 cityid 是否等于"101010100"；

（4）检查响应时间是否小于 200 ms。

为了实现该例中要求的功能，首先要发送一个要求地址的 HTTP 请求，具体的请求信息如图 8-13 所示。

注意：发送了 HTTP 请求后，在下方选择"JSON"即可看到服务器返回的 JSON 数据信

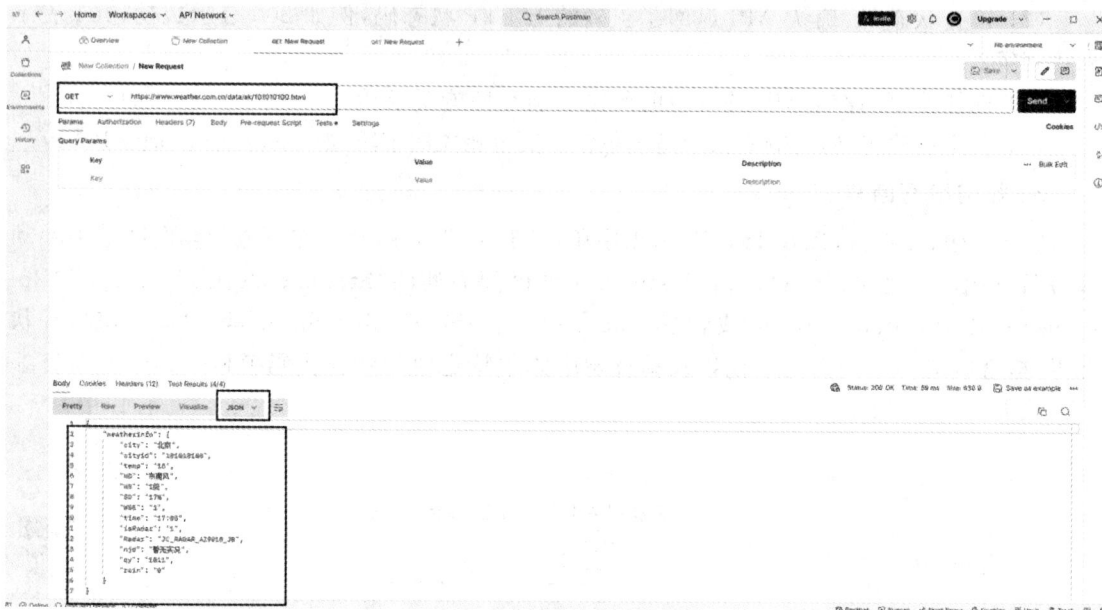

图 8-13　天气查询网站的请求信息

息,JSON 数据由一系列的键值对组成,键和值之间用冒号(:)分隔。其中"weatherinfo"为外层对象的键,它包含了整个天气信息的数据。该例中要求检查的 cityid 就在该 JSON 数据中。

然后编写如下的断言代码,用于实现该例中要求的 4 个测试功能:

```
//检查服务器返回的状态码
pm.test("Status code is 200",function () {
    pm.response.to.have.status(200);
});
//检查响应体中是否含有"北京"字段
pm.test("Body matches string", function () {
    pm.expect(pm.response.text()).to.include("北京");
});
//检查响应体中 JSON 数据中的 cityid 是否等于"101010100"
pm.test("Your test name",function () {
var jsonData=pm.response.json();
pm.expect(jsonData.weatherinfo.cityid).to.eql("101010100");
});
//检查响应时间是否小于 200 ms
pm.test("Response time is less than 200ms",function () {
    pm.expect(pm.response.responseTime).to.be.below(200);
});
```

代码编写完成后，点击"Send"按钮执行测试，然后点击"Test Results"标签查看测试结果，如图 8-14 所示。

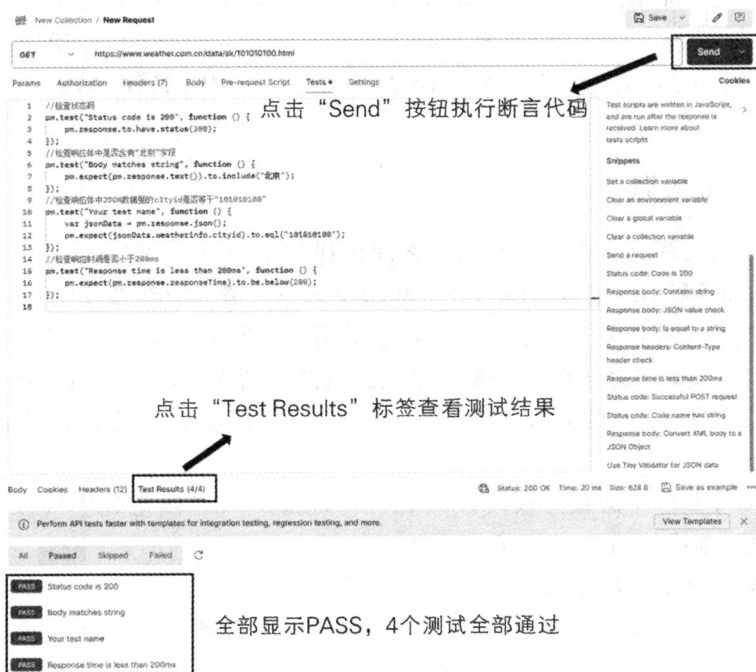

图 8-14　测试结果

回到该例的测试代码中，对于这段代码的具体解释如下。

（1）pm：代码中的 pm 是一个对象，表示 Postman。pm 对象中包含了许多方法，在本例中出现的有：

- pm. response. to. have. status()：用于检查响应的状态码。
- pm. response. text()：获取响应的原始文本。

在 text()方法中有两个参数，分别是用双引号括起来的字符串和 function(){}。其中第一个参数字符串用于显示断言结果的提示文字，可以根据实际测试需求自定义，不会影响断言结果。

- pm. response. json()：解析响应体为 JSON 格式。
- pm. test()：用于定义一个测试用例，并提供一个名称和测试逻辑。
- pm. expect()：用于断言响应或数据满足特定条件。
- pm. response. responseTime：获取响应时间。

（2）pm. response. to. have. status(200);：用于检查响应的状态码是否为 200。若状态码为 200，则表示 HTTP 请求已成功。

（3）pm. expect(pm. response. text()). to. include("北京");：用于检查响应体文本中是否包含字符串"北京"。

（4）var jsonData＝pm. response. json();：用于获取服务器的返回数据并将其转换为

JSON 格式,然后保存到变量 jsonData 中。

(5) pm. expect(jsonData. weatherinfo. cityid). to. eql("101010100");:用于检查解析后的 JSON 中 weatherinfo 对象的 cityid 字段是否等于字符串"101010100"。

(6) pm. expect(pm. response. responseTime). to. be. below(200);:用于检查 API 的响应时间是否小于 200 ms。这可以作为性能测试的一部分,确保 API 的响应速度符合预期。

8.4.2　Postman 关联

Postman 中的关联是指在一系列请求之间传递数据的过程,它允许你从一个请求的响应中提取数据(如令牌、ID 或其他值),并将其用作下一个请求的参数或变量,从而实现请求之间的数据依赖和流程连贯性。这种功能特别适用于需要多个步骤的 API 调用序列,例如 OAuth 认证流程,或需要基于前一个响应结果进行条件请求的场景。当使用 Postman 进行接口测试时,实现接口关联的方式是在 Postman 中设置环境变量或全局变量,具体实现步骤如下。

(1) 假定接口 B 产生的数据被接口 A 依赖。即接口 A 请求地址中的参数是接口 B 响应结果中的数据,则接口 A 与接口 B 存在关联关系。

(2) 获取接口 B 的响应结果。

(3) 提取接口 B 的响应结果中的某个字段,将其保存到 Postman 环境变量或全局变量中。

(4) 接口 A 从环境变量或全局变量中提取数据,发送请求。

Postman 关联的实现过程如图 8-15 所示。

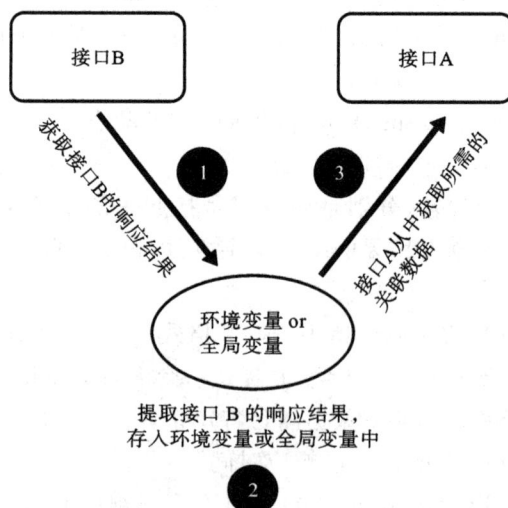

图 8-15　Postman 关联的实现过程

接口关联技术允许你在多个请求之间共享数据,而不必在每个请求中重复相同的数据输入。接口关联在以下场景中非常有用。

（1）多步骤流程：例如 OAuth 认证，你可能需要先获取一个令牌，然后在后续请求中使用这个令牌来访问受保护的资源。

（2）依赖性数据：某些请求可能依赖于前一个请求的输出，例如，在一个请求中获取到的用户 ID 可能需要在另一个请求中使用。

（3）动态数据：在测试过程中，你可能需要根据实时数据动态修改请求参数。

下面简单说明如何在 Postman 中使用接口关联。

第一步：在第一个请求的测试脚本中提取数据并保存到环境变量，代码如下：

```
pm.test("Extracting Data", function () {
//获取返回数据并将其转换为 JSON 格式保存到变量 jsonData 中
var jsonData =  pm.response.json();
//使用环境变量作为容器，把.userId 存入环境变量中
    pm.environment.set("userId", jsonData.userId);
});
```

第二步：在第二个请求中使用这个环境变量，代码如下：

```
// 请求 URL
https://api.example.com/users/{{userId}}/profile
```

在这个例子中，第一个请求的测试脚本从响应中提取 userId 并将其保存到环境变量中。第二个请求在 URL 中使用这个环境变量来构造请求路径，从而实现了接口之间的数据关联。

【例 8.3】 使用 postman 关联，实现下面案例：

（1）获取天气接口，网址为 http://www.weather.com.cn/data/sk/101010100.html。

（2）获取返回结果中的城市名称。

（3）添加百度搜索接口，网址为 http://www.baidu.com/S? wd＝北京，把获取到的城市名如北京作为请求参数。

【思路分析】

（1）发送天气请求，获取响应结果。

（2）从响应结果中提取城市名，并存入全局变量。

（3）添加百度搜索接口，从全局变量中获取城市名，发送搜索请求。

具体操作流程如下：

第一步：添加查询天气的接口。

按照例 8.1 中的方式，先创建一个集合并命名为 Postman 接口关联，然后在该集合中添加一个 HTTP 请求，并将该接口命名为查询天气接口。查询天气接口的请求信息如图 8-16 所示。

第二步：编写接口关联的核心代码。

在 Postman 工作区间的 Tests 标签下编写如下代码：

```
//获取响应结果并将其转换为 JSON 格式保存到变量 jsonData 中
var jsonData=pm.response.json();
```

图 8-16　查询天气接口的请求信息

```
//从响应结果中提取城市名,并存入变量 city 中
var city=jsonData.weatherinfo.city;
//将城市名称 city 保存到全局变量中
pm.globals.set("glb_city",city);
```

该代码的功能是从响应结果中提取城市名再把城市名存入全局变量。编写完接口关联的核心代码后,先点击"Save"按钮保存请求信息,然后单击"Send"按钮运行编写的代码。待请求发送成功以后,单击 Postman 工作区间左侧的"Environments",再单击"Globals",弹出 Globals 界面,显示全局变量的具体信息。代码执行效果如图 8-17 所示。

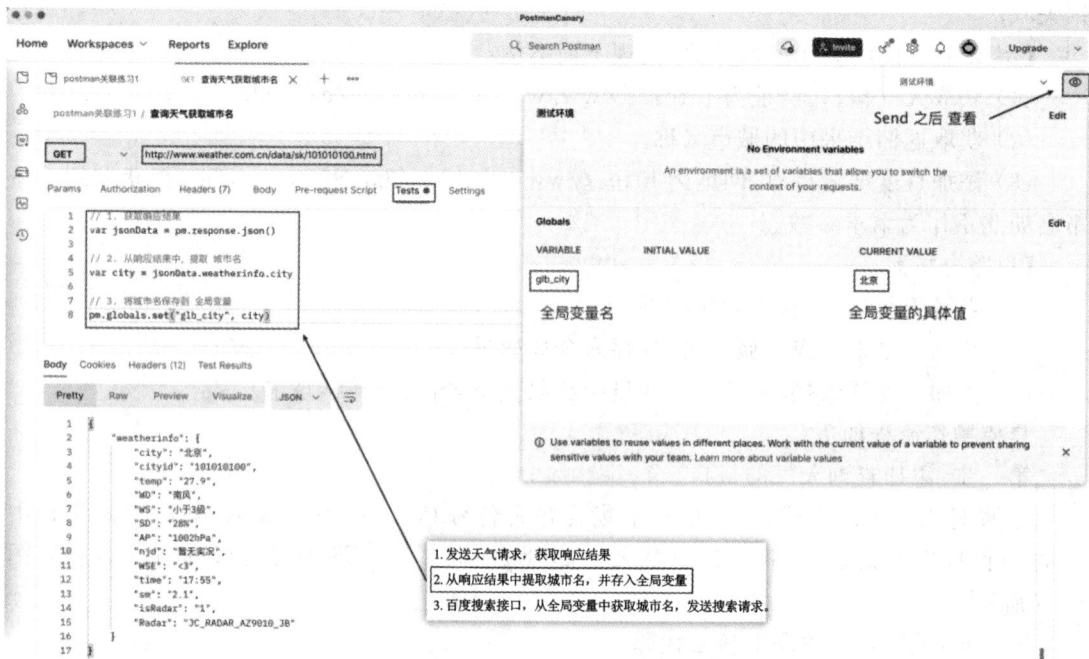

图 8-17　代码执行效果

第三步：添加百度搜索接口。

在第一步创建的 Postman 接口关联集合中再添加一个接口，命名为百度搜索接口。然后将请求地址设置为 https://www.baidu.com/?wd={{glb_city}}。该接口的请求与响应结果如图 8-18 所示。

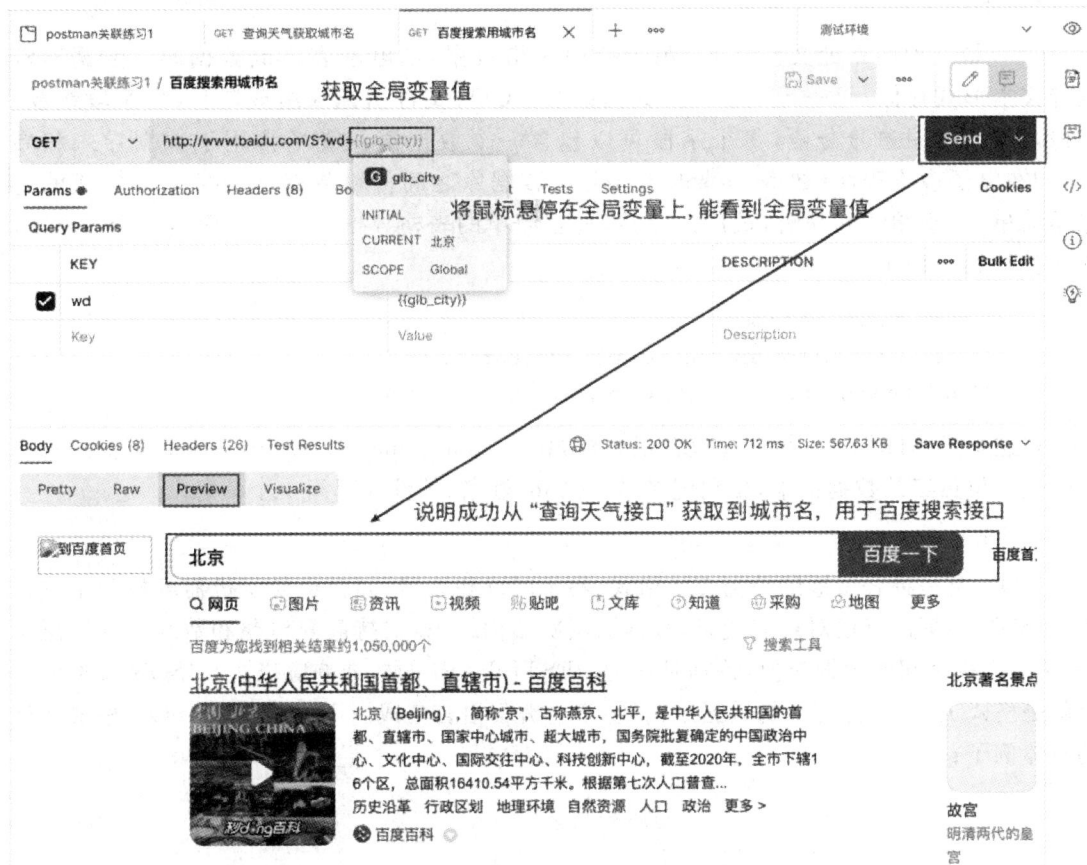

图 8-18　百度搜索接口的请求与响应结果

8.4.3　Postman 参数化

Postman 参数化是一种强大的功能，它允许你创建可重复使用的请求模板，通过定义动态变量来替换请求中的静态值，从而实现对不同测试场景的快速适应。通过参数化，你可以使用单一请求来模拟多种情况，无需为每个场景手动更改请求细节，这大大提高了测试的效率和灵活性，尤其在进行数据驱动测试或需要大量不同输入值进行测试时。

举一个具体的例子，Postman 参数化就像是你给请求做了一个"填空题"，而不是每次都写一模一样的内容。想象一下，你要给不同的人发送相同的邮件模板，但是邮件里要填上各自的名字。在 Postman 里，你可以设置一些"占位符"，比如{{username}}，然后根据需要替换成不同的用户名。这样，你就不需要为每个人创建一个全新的请求，只需要一个模板，然后根据不同的情况填入不同的值。

在学习 Postman 参数化之前,我们需要知道的是,Postman 中常用的数据文件格式有 CSV 和 JSON。其中 JSON 类型的数据前面已经有了初步介绍,接下来将详细介绍这两种文件格式的具体内容。

1. CSV

CSV 是一种简单的文件格式,用于存储表格数据,如电子表格或数据库。数据通常以纯文本形式存储,每一行代表一个数据记录。CSV 文件由记录组成,记录由字段组成,字段之间通常用逗号分隔,每个字段可以包含一个数据值。CSV 常用于数据导入和导出,如在电子表格程序(如 Microsoft Excel)和数据库之间传输数据。CSV 文件格式的优点是简单、易于阅读和编辑,被广泛支持,适合简单的表格数据交换。下面是一个 CSV 格式文件的具体例子:

```
id,name,email,department
1,Alice Smith,alice.smith@ example.com,Marketing
2,Bob Johnson,bob.johnson@ example.com,Sales
```

在这个 CSV 例子中,第 1 行包含了列标题(id、name、email 和 department),下面的每一行代表一位员工的数据记录,分别记录员工的 id、姓名、邮件和部门 4 个信息。

2. JSON

JSON 是一种轻量级的数据交换格式,易于阅读和编辑,同时也易于机器解析和生成代码。JSON 数据由键值对组成代码,数据以层次结构组织,支持嵌套对象和数组。其广泛用于 Web 应用之间的数据交换,特别是作为 RESTful API 的标准响应格式。JSON 文件的优点就是格式灵活,支持复杂的数据结构,易于与编程语言集成。下面是一个 JSON 格式文件的具体例子:

```
{
    "employees": [
        {
            "id": 1,
            "name": "Alice Smith",
            "email": "alice.smith@ example.com",
            "department": "Marketing"
        },
        {
            "id": 2,
            "name": "Bob Johnson",
            "email": "bob.johnson@ example.com",
            "department": "Sales"
        }
    ]
}
```

在这个 JSON 例子中有一个对象,它包含一个名为 employees 的数组。该数组中的每个元素都是一个对象,代表一个员工,包含 id、name、email 和 department 属性。

3. CSV 与 JSON 的对比

通过上面两个 CSV 和 JSON 文件的例子,我们可以初步了解两者的区别。接下来将从数据结构、可读性、数据类型、解析和生成、用途、文件大小这 6 个方面对两者做一个详细的对比。

1) 数据结构

CSV:表格格式,适合二维数据集。

JSON:层次结构,适合更复杂的嵌套数据。

2) 可读性

CSV:适合阅读和编辑,特别是当数据集较小或较简单时。

JSON:易于阅读,但对于复杂的嵌套结构,CSV 可能更难以阅读。

3) 数据类型

CSV:通常只包含文本和数字,数据类型不明确。

JSON:可以包含多种数据类型,如字符串、数字、布尔值、数组、对象等。

4) 解析和生成

CSV:解析和生成通常需要特定的库或工具,因为 CSV 本身不包含数据类型信息。

JSON:大多数编程语言都有内置的 JSON 支持,可以轻松解析和生成 JSON 数据。

5) 用途

CSV:更适合简单的数据交换,如配置文件或简单的数据集。

JSON:更适合复杂的数据交换,尤其是在 Web 应用和 API 中。

6) 文件大小

CSV:通常较小,因为没有额外的标记或结构。

JSON:可能较大,因为它包含键名和层次结构信息。

为了让读者更好地掌握参数化的应用,下面将通过一个案例来讲解 Postman 参数化的具体实现。

【例 8.4】　使用 Postman 参数化的相关知识实现下面的案例。

(1) 获取手机号运营商查询接口,http://cx.shouji.360.cn/phonearea.php。设置请求体参数 number(该参数的值为 11 位手机号,如 17364069112)并查询该号码的运营商信息。

(2) 创建 PhoneNumber.csv 文件,该 CSV 文件中保存着多个手机号以及这些号码的运营商信息。然后编写断言代码,用于验证 CSV 文件中存储的运营商信息与接口查询到的运营商信息是否一致。

第一步:通过电话号码运营商查询接口,查询手机号的运营商信息。

按照例 8.1 中的方式,先创建一个集合并命名;然后在该集合中添加一个 HTTP 请求,并将该接口命名为手机号运营商查询接口;最后将请求地址设置为 http://cx.shouji.360.cn/phonearea.php? number=17364069112。观察手机号运营商查询接口的响应结果,如图 8-19 所示。

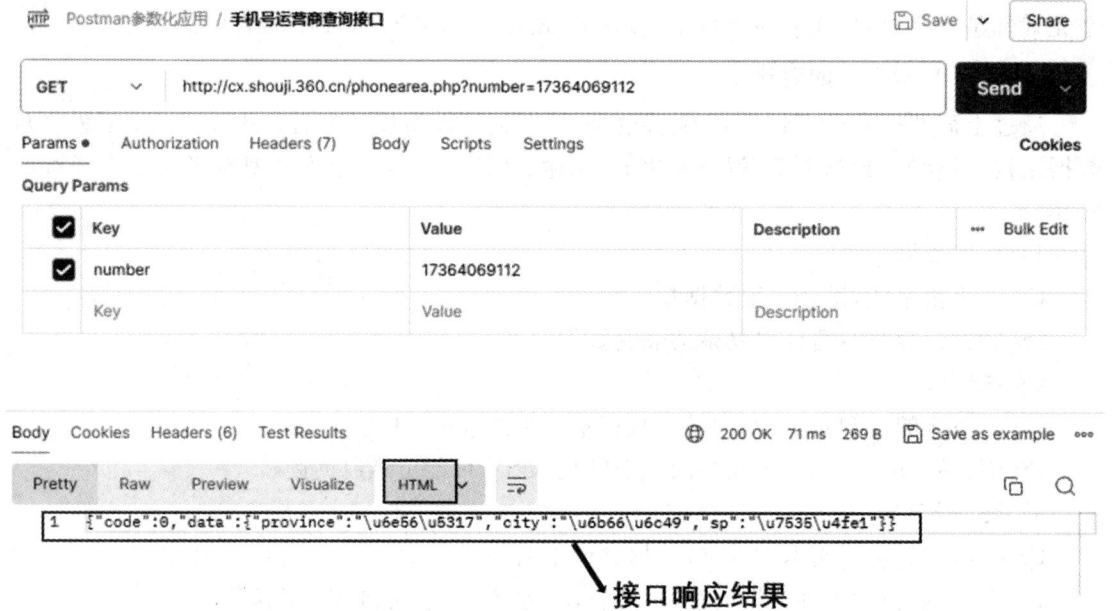

图 8-19　手机号运营商查询接口的响应结果

在图 8-19 中，接口响应的默认格式为 HTML，在该格式下我们并不能清楚地看出手机号的运营商信息，此时点击 HTML 标签，选择下拉列表中的"JSON"，JSON 格式的响应结果如图 8-20 所示。

图 8-20　JSON 格式文件响应结果

如图 8-21 所示，手机号 17364069112 的运营商是电信。

第二步：创建 PhoneNumber.csv 文件，并在该文件中记录多条手机号与运营商的信息。

首先在桌面上新建一个文本，命名为 PhoneNumber，并在该文件中写入手机号与运营商信息，如图 8-22 所示。

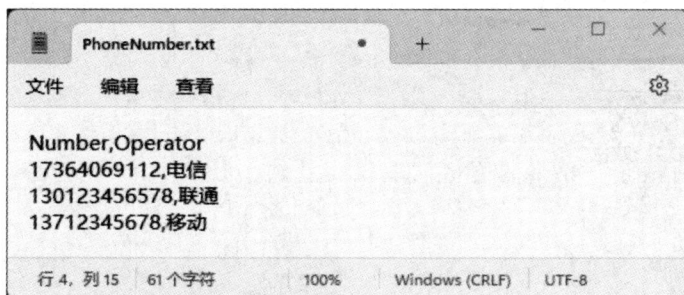

图 8-21　文本文档 PhoneNumber. txt

　　然后选择"文件"标签，点击"另存为"按钮，把文件名"PhoneNumber. txt"改为"Pho-neNumber. csv"。为了避免转化的 CSV 文件中出现乱码，还要将编码设置为 UTF-8。

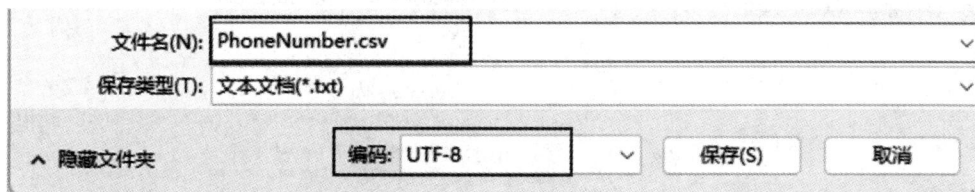

图 8-22　将文本文档转换为 CSV

　　第三步：修改请求地址，编写断言代码。

　　由于需要使用 PhoneNumber. csv 文件中的电话号码进行测试，所以需要将原请求地址 http://cx. shouji. 360. cn/phonearea. php? number＝17364069112 修改为 http://cx. shou-ji. 360. cn/phonearea. php? number＝{{Number}}。通过观察可以看到将原地址的参数值"17364069112"改为了"{{Number}}"。该参数值对应着 PhoneNumber. csv 文件中变量 Number 下的内容。然后单击"Tests"标签，编写断言代码如下：

```
pm.test("文件中运营商信息与查询结果一致",function () {
    var jsonData=pm.response.json();
    pm.expect(jsonData.data.sp).to.equal(data.Operator);
});
```

　　该断言代码用于判断通过手机号运营商查询接口查询到的运营商信息是否与 Pho-neNumber. csv 文件中的运营商信息一致。其中代码中的"sp"字段代表通过接口查询到的运营商信息，代码中的"Operator"字段代表 PhoneNumber. csv 文件中记录的运营商信息。

　　第四步：上传 CSV 文件，进行批量化测试。

　　双击"Postman 参数化应用"，进入参数化应用页面，如图 8-23 所示。

　　在图 8-23 所示的页面中单击"Run"标签，进入 Runner 页面，如图 8-24 所示。

　　Runner 页面的部分参数介绍如下。

图 8-23　参数化应用页面

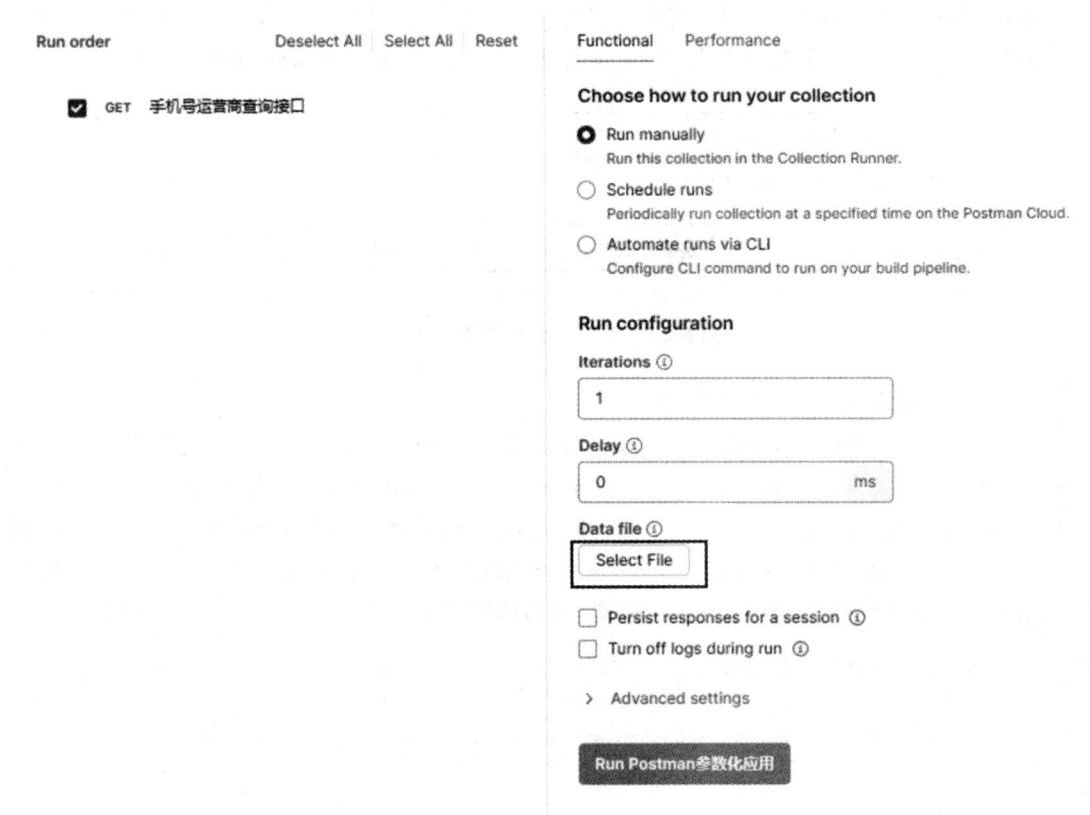

图 8-24　Runner 页面

（1）Iterations：表示迭代次数，如果将该值设置为 10，则请求会发送 10 次。

（2）Delay：表示每次迭代的延迟时间，单位是毫秒。

在图 8-24 所示的页面中点击"Select File"按钮，选择第二步中创建的 PhoneNumber.csv 文件，最后点击"Run Postman 参数化应用"按钮，发送请求。测试结果如图 8-25 所示。

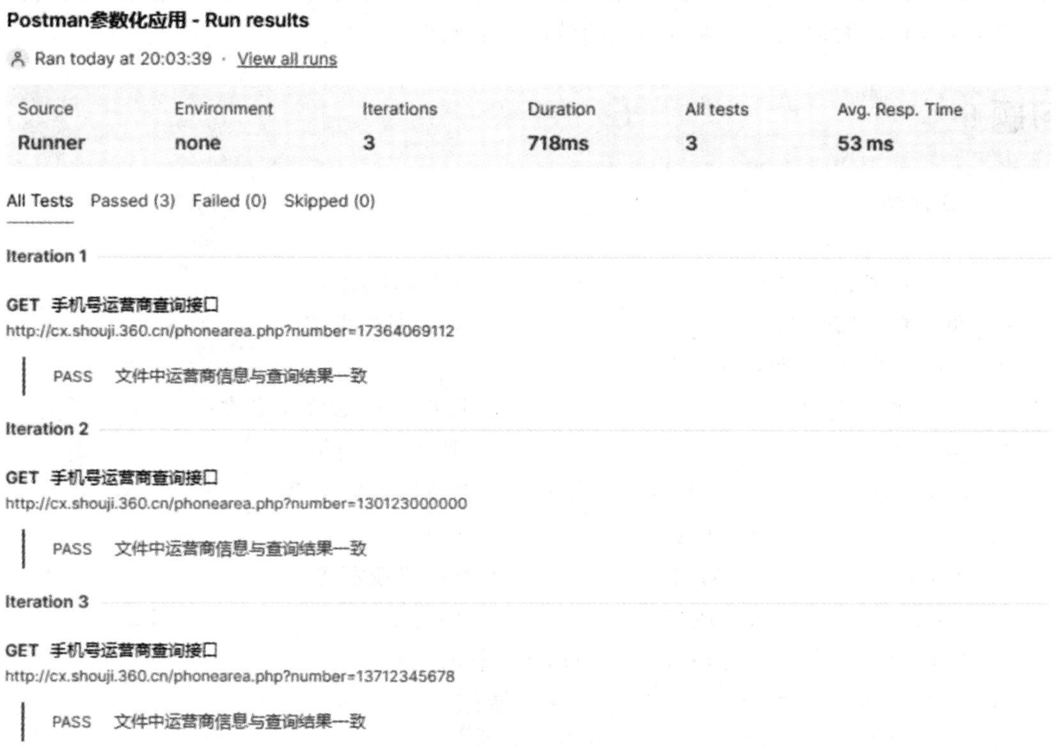

Postman参数化应用 - Run results

👤 Ran today at 20:03:39 · View all runs

Source	Environment	Iterations	Duration	All tests	Avg. Resp. Time
Runner	**none**	**3**	**718ms**	**3**	**53 ms**

All Tests　Passed (3)　Failed (0)　Skipped (0)

Iteration 1

GET　手机号运营商查询接口
http://cx.shouji.360.cn/phonearea.php?number=17364069112

| PASS　文件中运营商信息与查询结果一致

Iteration 2

GET　手机号运营商查询接口
http://cx.shouji.360.cn/phonearea.php?number=130123000000

| PASS　文件中运营商信息与查询结果一致

Iteration 3

GET　手机号运营商查询接口
http://cx.shouji.360.cn/phonearea.php?number=13712345678

| PASS　文件中运营商信息与查询结果一致

图 8-25　测试结果

8.5　小结

接口测试是软件测试中的关键环节,它专注于验证软件组件间的交互是否符合预期。随着前后端分离和微服务架构的普及,接口测试的重要性日益凸显。本章内容涵盖了接口与接口测试的基本概念、HTTP 协议的特点以及使用 Postman 进行接口测试的方法。

接口测试的主要目的是确保数据在不同系统或模块间传递的准确性、完整性和安全性。接口测试通过模拟客户端与服务器的交互,检查数据交换、传递和控制管理过程,以及系统间的逻辑依赖关系。接口测试不仅关注功能性,还涉及性能和安全性,以提升系统的整体稳定性和可靠性。

HTTP 协议作为互联网上应用最广泛的协议之一,其请求/响应模型是接口测试的基础。了解 HTTP 协议,其包括统一资源定位符(URL)、HTTP 请求和 HTTP 响应等,这对进行有效的接口测试至关重要。

Postman 作为一款流行的接口测试工具,提供了发送 HTTP 请求、管理测试用例、编写测试脚本等功能。通过掌握 Postman 的基本使用方法,测试人员可以高效地进行接口测试,包括断言、关联和参数化等高级功能,以实现自动化和数据驱动的测试策略。这些工具和方法的运用,极大地提高了接口测试的效率和准确性。

习题 8

一、选择题

1. 接口测试的主要目的是(　　　)。

A. 测试前端用户界面 　　　　　　　　B. 测试后端逻辑

C. 测试数据库性能 　　　　　　　　　D. 测试网络带宽

2. 在接口测试中,通常不关注(　　　)。

A. 接口的响应时间 　　　　　　　　　B. 接口的返回数据格式

C. 接口的安全性 　　　　　　　　　　D. 用户的界面布局

3. 在接口测试中,(　　　)HTTP 状态码表示服务器内部错误。

A. 200 　　　　　B. 404 　　　　　C. 500 　　　　　D. 403

4. 在接口测试中,(　　　)HTTP 方法通常用于创建新资源。

A. GET 　　　　　B. POST 　　　　　C. PUT 　　　　　D. DELETE

5. 在 Postman 中,(　　　)发送一个 HTTP 请求。

A. 选择 POST 方法,然后在 Body 中输入数据

B. 选择 GET 方法,然后在 URL 中输入参数

C. 选择 PUT 方法,然后在 Headers 中输入数据

D. 选择 DELETE 方法,然后在 Body 中输入数据

6. 在 Postman 中,(　　　)使用脚本编写测试用例。

A. 在"Pre-request Script"选项卡中 　　B. 在"Tests"选项卡中

C. 在"Headers"选项卡中 　　　　　　D. 在"Body"选项卡中

7. 在 Postman 中,(　　　)环境变量。

A. 使用{{variable_name}} 　　　　　　B. 使用{{variable_name}}()

C. 使用{{variable_name}}{} 　　　　　D. 使用{{variable_name}}[]

二、简答题

1. 在 HTTP 请求中,GET 方法和 POST 方法有什么区别?

2. 简述接口测试的方式。

3. 简述接口测试的流程。

第9章 实用软件测试技术

【学习目标】

随着软件行业的迅猛发展,软件测试也面临着各种挑战。Web应用系统测试、嵌入式测试、手机测试和大数据测试等技术也进入了人们的视野,并迅速发展着。通过本章的学习,你将:

(1)掌握Web应用系统测试。

(2)理解嵌入式测试。

(3)理解手机测试。

(4)理解大数据测试。

(5)理解车载测试。

第9章课程资源

9.1 Web应用系统测试

9.1.1 Web应用系统测试基础

随着Web应用的增多,新模式的解决方案中以Web为核心的应用也越来越多,很多公司开发的应用构架都以B/S(browser/server)结构即Web应用为主。B/S结构是目前互联网环境下应用比较广泛的系统结构,如图9-1所示。通常情况下,客户机上仅需安装一个浏览器终端即可访问若干不同类型的Web服务。用户通过浏览器访问软件系统的Web展示信息,并通过Web服务器与服务器端进行信息交互,业务逻辑处理信息在服务器端完成。一般来说,用户通过本地的浏览器访问网站系统,主要使用的是HTTP协议。

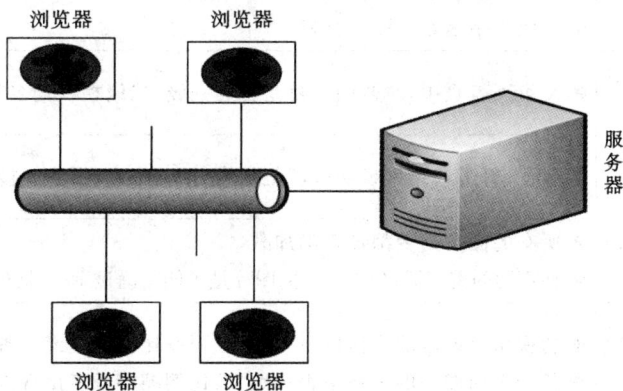

图9-1 B/S结构示意图

基于Web应用系统测试的特点是,用户通过计算机中的浏览器来访问指定的URL网页并进行测试。B/S结构软件在开发过程中一般使用.NET、J2EE、LAMP等开发平台进行设计。不同的业务应用场景,可采用不同的开发平台。软件测试工程师需对不同架构下的 Web 应用系统开展有效的测试。因此,要求软件测试工程师的知识面广,理解能力强。

软件测试工程师在进行 Web 应用软件测试时,需要准确地找到所使用的测试环境,包括操作系统、浏览器、Flash 播放器版本号等。对于 Web 测试涉及的内容有用户界面测试、功能测试、性能测试、安全性测试等。

9.1.2 用户界面测试

用户界面测试(user interface testing)是指软件中的可见外观及其底层与用户交互的部分,包括菜单、对话框、窗口和其他控件;也是指测试用户界面的风格是否满足用户的要求,文字是否正确,页面是否美观,文字、图片的组合是否完美以及操作是否友好等,例如,文字是否有重叠、文字显示是否完整、对应的菜单是否一致、不同浏览器的显示是否有问题、文字是否对齐、图片显示是否正确等。用户界面测试的目标是确保用户界面符合公司或行业标准,操作简单等。在进行用户界面测试时,要分析软件用户界面的设计是否符合用户的期望及要求。

界面测试需要关注的问题如表 9-1 所示。

表 9-1　界面测试需要关注的问题

序号	内　容	描　　述
1	各个页面的样式风格是否统一	● 各个页面的大小是否一致。 ● 同样的 LOGO 图片在不同页面中显示的大小是否一致。 ● 图片是否居中显示。 ● 页面颜色是否统一。 ● 前景色与背景色搭配是否合理,少用深色或刺眼的颜色
2	各个页面的标题是否正确	● 标题名称、文章内容等是否正确,有无错别字或乱码。 ● 同一级别标题的字体、大小、颜色是否统一
3	导航显示是否正确	● 导航处是否按照相应的栏目级别显示。 ● 导航文字是否在同一行显示
4	文章列表显示是否正确	● 文章列表页中,左侧的栏目是否与一级、二级栏目的名称、顺序一致
5	提示、警告是否正确	● 提示、警告或错误说明应清楚易懂、用词准确,摒弃模棱两可的字眼
6	图片显示是否正确	● 所有的图片是否都被正确加载。 ● 在不同的浏览器、分辨率下的图片是否能正确显示(包括位置、大小)
7	页面缩小、切换是否正确	● 切换窗口或者缩小窗口后,页面是否按比例缩小或出现滚动条。 ● 各个页面缩小的风格是否一致(按比例缩小或者出现滚动条)
8	Tab 键是否正确使用	● 在一个窗口中按 Tab 键,移动聚焦应按顺序移动:先从左至右,再从上到下

续表

序号	内　容	描　述
9	按钮是否正确	● 按钮大小基本相近,忌用太长的名称,以免占用过多的界面位置。 ● 避免空旷的界面上放置很大的按钮;按钮的样式、风格要统一;按钮之间的间距要一致。 ● 重要的命令按钮与使用频繁的按钮放在界面醒目的位置
10	菜单是否正确	● 菜单项的措辞准确,能够表达所要进行设置的功能。 ● 菜单项的顺序合理,具有逻辑关联的项目集中放置
11	鼠标设置是否正确	● 在整个交互过程中,识别鼠标操作,多次单击鼠标后,仍能够正确识别。 ● 对鼠标进行无规则单击时不会产生不良后果,单击鼠标右键弹出快捷菜单,取消该操作后该菜单隐藏
12	控件、描述是否统一	● 所有控件、描述信息尽量使用大小统一的字体,除特殊提示信息、加强显示等情况外
13	快捷键、菜单设置是否正确	● 在 Windows 中按 F1 键总能得到帮助信息,查看软件设计中的快捷方式能否正确使用
14	滚动信息是否正常	● 若有滚动信息或图片,则将鼠标放置其上,查看滚动信息或图片是否停止
15	分辨率显示是否正常	● 调整分辨率验证页面格式是否有错位现象。 ● 软件界面要有一个默认的分辨率,且在其他分辨率下也可以运行,例如,分别在 1024 像素×768 像素、1280 像素×768 像素、1200 像素×1600 像素分辨率下的大字体、小字体的界面显示正常
16	Flash 显示是否正常	● 指针移到 Flash 焦点上特效是否实现,移出焦点后特效是否消失
17	术语是否统一	● 整个软件中是否使用同样的术语,例如,Find 是否一直叫 Find,而不是有时叫 Search

9.1.3　功能测试

Web 应用程序中的功能测试(functional testing)主要是对页面的链接、按钮等元素功能是否正常工作所进行的测试。

● 链接问题。主要测试链接是否正常工作、是否有空链接、页面是否有错误等。

● 按钮问题。检测按钮是否能够正常工作,单击按钮是否产生 JS 错误。

● 链接、按钮应该具有的功能。主要测试其功能有没有实现、是否对应。

● 提示问题。主要测试是否有提示错误信息、是否有提示 UI 的问题。

从用户的角度考虑,常见的业务系统基本页面元素一般包含表单、编辑框、按钮、图片/音频/视频、下拉列表、单选按钮、复选框、Flash 插件等。

1. 表单测试

当用户填写数据向 Web 提交信息时,就需要执行表单操作。常见的表单操作有用户注册、用户登录、查询数据、数据排序、将商品放入购物车、修改网购商品数量、填写收货人地址、通过网银支付等。在这些情况下,必须测试提交操作的完整性,校验提交给服务器的信息的正确性。例如,用户填写的出生日期是否恰当,填写的省份与所在城市是否匹配等。如果使用了默认值,还要检验默认值的正确性。如果表单只能接受某些字符,那么测试时跨越或跳过这些字符,查看系统是否会报错。

表单测试的方法主要有边界值测试、等价类测试,以及异常测试等。测试中要保证每种类型都有两个以上的典型数值的输入,以确保测试输入的全面性。

表单测试的技术程度直接反映了测试人员对 Web 应用程序测试的技术水平与经验程度。表单测试的主要内容如表 9-2 所示。

表 9-2　表单测试的主要内容

序号	内　容	描　述
1	输入有没有限制	长度限制、字符限制、输入空格、大小写等
2	姓名	长度有没有限制,是否会导致 UI 问题等
3	required	跨越接受空格或者不填写
4	电话	是否可以填写非数字的字符
5	日期处理	无效日期处理、前后日期等
6	密码	大小写、空格是否正确
7	搜索框	长度限制、特殊字符处理、默认值、空值等

2. 文本框测试

需考虑其默认焦点、输入长度、输入内容类型(字母、汉字、特殊符号、脚本代码等)、输入格式限制、能否粘贴输入、能否删除文本等因素。例如,"用户名"字段,测试时需考虑其用户名长度、组成、格式限制、是否重名等情况,在测试用例设计时,可利用等价类划分法、边界值分析法详细设计。文本框测试的常见内容如表 9-3 所示。

表 9-3　文本框测试的常见内容

序号	内　容	描　述
1	检查输入内容是否能够正常工作、正确处理	● 输入正常的字母或数字,验证程序是否能够正常工作。 ● 输入默认值、空白、空格,检查程序能否正确处理(例如,需要填写用户名的地方,输入 6 个空格,结果为提交成功)。 ● 输入特殊字符集,检查程序能否正确处理。 ● 输入中文、英文、数字、特殊字符(特别注意单引号和反斜杠)及这 4 类的混合输入,检查程序能否正确处理。 ● 输入全角、半角的英文、数字、特殊字符等,检查是否报错
2	对邮箱输入进行验证	● 输入已存在的用户名或电子邮件名称,验证校验的唯一性

序号	内　　容	描　　述
3	输入特殊内容是否影响显示	● 输入 HTML 的〈head〉、〈html〉、〈b〉等,检查是否能正确显示原样。 ● 需要填写用户名的地方,如果输入了"〈head〉",提交登录后,是否能够看到填写的名字
4	文本框是否对异常输入长度进行处理	● 输入超长字符串,检查程序能否正确处理。 ● 需要填写用户名的地方,如果输入了 2000 个字符,提交后,系统报超出数据库表字段定义宽度错。 ● 需要填写用户名的地方,输入了 300 个字符,登录成功,页面被撑开
5	特殊要求的输入对错误输入是否能够正常处理	● 若只允许输入字母,尝试输入数字;若只允许输入数字,尝试输入字母,检查程序能否正确处理(例如,需要填写购物数量的地方,如果出现了字母,则会导致系统出错)。 ● 输入不符合格式的数据,检查程序是否能正常校验(例如,程序要求输入身份证号,若输入"hello123",则给出错误提示信息)
6	复制、粘贴是否能够正常处理	● 利用复制、粘贴等操作强制输入程序不允许输入的数据,检查程序能否正确处理

3. 特殊输入域常见测试点

对于输入域来说,有一些常见的测试点,如密码框、日期、电话号码、电子邮件、单选按钮、复选框、下拉框、分页等内容,需要进行测试。

从表面上看,密码框与文本框一样,但它是用户展示用户输入密码的区域,因此要注意密码显示问题。

输入日期时,需要注意输入的数据是否是数字,若出现其他字符,则要注意是否会引起严重错误。

输入电话号码时,需要注意输入长度、数据类型等。

电子邮件是一种特殊格式,在输入时要注意格式是否正确。

单选按钮在 Web 系统中非常常见,当需要实现多选一的功能时,一般会使用单选按钮;测试过程中需关注该功能能否在选中后传递参数值;较常见的单选按钮是注册新用户时性别的选择。

当需要选择多个单独记录或数据时,需使用复选框,常用在注册时兴趣爱好的选择上。Web 测试中需考虑多选后能否实现期望的业务功能,如批量修改、批量删除,能否在提交请求时触发应该触发的脚本代码。

注册时,通常用下拉框来选择省份城市、毕业学校等,需要注意下拉框的内容是否正确、一致。

若有多个页面,则需要进行分页测试。需要特别注意的是,第一页及最后一页的翻页能否正常进行。

以上特殊输入域的常见测试点如表 9-4 所示。

表 9-4　特殊输入域的常见测试点

序号	内容	描　述
1	密码框	● 密码输入域中的输入数据是否可见。密码的正确显示必须为"＊＊＊＊＊＊",即不可见模式。 ● 密码不可以全部为空格。 ● 密码是否对大小写敏感。例如,密码"hello123"与"HELLO123"为不同密码。 ● 注册时,输入密码的位数是否为所要求的位数。例如,要求密码不少于 6 位,而用户提交了 3 位密码,则表示提交不成功。 ● 注册时,是否对密码进行二次确认。若两次输入密码不一致,则提交不成功
2	日期	● 输入不符合格式的数据,检查程序是否正常校验。例如,程序要求输入年、月、日的格式为 yy/mm/dd,用户输入格式为 yyyy/mm/dd,此时程序应给出错误提示。 ● 无效日期需给出相应处理,包含不合理日期(如输入出生年月日为 2009/02/30)或不可能日期(如未来的某一天,3333/02/29),程序应提示错误。 ● 在设置日期区间时,是否将结束日期设置在开始日期之前,检查是否有正常校验
3	电话号码	● 电话号码应该由一组数字组成,不能包含英文字母及特殊字符。 ● 如果有分机号,需要用破折号分隔
4	电子邮件	● 电子邮件的格式输入是否正确,是否有提示信息。 ● 输入正确的电子邮件地址,需要验证通过,并能收到相应的 Email
5	购物数量	● 购物数量填充时,需要考虑输入数据的不同情况,如数据为负、超过了最大值、输入了 0、输入了字母、输入了特殊字符等
6	单选按钮	● 一组单选按钮不能同时选中,只能选择其中一个。 ● 逐一执行每个单选按钮的功能,检测对应数据库中的数据存储是否正确。 ● 一组执行同一功能的单选按钮在初始状态时必须有一个被默认选中,不能同时为空
7	复选框	● 多个复选框是否可以同时全部被选中,功能是否正常。 ● 多个复选框部分被选中,功能是否正常。 ● 多个复选框全部不被选中,功能是否正常。 ● 逐一执行每个复选框的功能,检查存储结果是否与所选择的一致
8	下拉框	● 条目内容正确,无重复条目、无遗失条目。 ● 逐一执行列表框中的每个条目,测试功能是否正确。例如,检测每一项是否都能正确选择到,是否有 JS 错误或者正常工作
9	分页	● 当没有数据时,"首页""上一页""下一页""尾页"标签全部显示为灰色,不支持单击。 ● 浏览至首页时,"首页""上一页"显示为灰色;浏览至尾页时,"尾页""下一页"显示为灰色;浏览至中间页时,4 个标签均可单击,且跳转正确。 ● 翻页后,列表中的数据是否按照指定的顺序进行排序。 ● 各个分页标签是否在同一水平线上。 ● 各个页面的分页标签样式是否一致。 ● 分页的总页数及当前页数显示是否正确。 ● 能否正确跳转到指定的页数。 ● 在分页处输入非数字的字符,如输入 0 或者超出页数的字符,是否有提示信息。 ● 是否支持回车键的监听

4. 其他常见测试点

（1）当用户提交表单时，若用户的网络或者机器的速度比较慢，可能导致用户多次单击"提交"按钮，针对这种情况，是否有相应的保护措施。若用户多次提交"删除"按钮，是否会出现系统报错。

（2）当用户提交照片时，页面刷新是否会导致部分数据丢失。页面刷新有两种：一种是用户主动点击刷新按钮或按下 F5 键；另一种是程序控制的页面刷新。测试时，需要关注是否有数据莫名丢失。

（3）用户使用浏览器时，会点击浏览器上的"前进""后退"按钮，需要测试点击这两个按钮后系统是否会报错，或者页面是否可以正常显示。

（4）根据 Web 系统的体系架构不同，在系统开发过程中，可能采用 Session、Cookie、Cache 等方法来优化、处理数据信息。

当用户访问 Web 系统时，服务器为了在下一次用户访问时判断该用户是否为合法用户、是否需要重新登录，服务器可根据业务需求设定并发送信息给客户端。Cookie 一般以某种具体的数据格式记录在客户端的硬盘中。通常情况下，Cookie 可记录用户的登录状态，服务器可保留用户的信息，用户在下一次访问时无须重新登录；对于购物类网站，也可通过 Cookie 实现购物功能。

进行 Cookie 测试时，需要测试 Cookie 的作用域是否合理、用于保存关键数据的 Cookie 是否被加密、Cookie 的过期时间是否已设置、Cookie 的变量名与值是否对应等。测试时需关注 Cookie 信息的正确性（服务器给出的信息格式），当用户主动删除 Cookie 信息时，若再次访问，应验证是否不需要重新登录。如在电子商务类网站中添加商品信息后删除 Cookie，刷新后查看购物车中的商品是否成功清除。

Session 中内容的保存与浏览器相关，用户关闭浏览器，用户与服务器之间的会话认证关系就中断。Cookie 是保存在用户计算机本地的，所以与浏览器打开或关闭无关。Session 一般可理解为会话，在 Web 系统中表示一个访问者从发出第一个请求到最后离开服务这个过程维持的通信对话时间。当然，Session 除了表示时间外，还能根据实际的应用范围包含用户信息和服务器信息。

进行 Session 测试时，不能过度使用 Session，以免增加服务器维护 Session 的负担。因此，需要测试 Session 的超时机制；测试 Session 的键值是否对应；测试 Session 与 Cookie 是否存在冲突。

当某个用户访问 Web 系统时，服务器将在服务器端为该用户生成一个 Session，并将相关数据记录在内存中，某个周期后，如果用户未执行任何操作，则服务器释放该 Session。简单来说，Session 信息一般记录在服务器的内存中，与 Cookie 不同。测试过程中需关注 Session 的失效时间。

Web 系统将用户或系统经常访问或使用的数据信息存放在客户端 Cache（缓存）或服务器端 Cache 中，以此来提高响应速度。与 Cookie 和 Session 不同，Cache 是服务器提供的响应数据，只能存放在客户端或服务器端。用户发出请求后，首先根据请求的内容从本地读取数据，若本地存在所需的数据，则直接加载，从而减轻服务器的压力；若本地不存在相关数据,则从服务器的 Cache 中查找;若还不存在,则执行进一步的请求响应操作。很多时候,服务器使用 Cache 提高访问速度,优化系统性能。在 Web 系统前端进行性能测试时,需关注 Cache 对测试结果的影响。

9.1.4 性能测试

Web 性能测试包括连接速度测试、负载测试及压力测试等。

(1) 连接速度测试。Web 系统的响应时间直接与用户的体验好坏挂钩。如果 Web 系统的响应时间过长(如超过 5 秒),则用户可能因为没有耐心等待而关闭页面。

(2) 负载测试。通过负载测试,可以确定 Web 系统在某一量级上是否具备需求范围内正常工作的性能。在进行负载测试时,需要测试 Web 系统允许多少个用户同时在线使用系统的功能,测试 Web 系统是否可以处理大量用户对同一个页面的请求等。

(3) 压力测试。通过压力测试来验证 Web 系统被破坏时的实际反应,通过压力测试来验证 Web 系统在什么情况下会崩溃等。

9.2 嵌入式测试

嵌入式系统被定义为以应用为中心和以计算机技术为基础的,并且软硬件可裁减的,能满足系统对功能、可靠性、成本、体积、功耗等指标的严格要求的专用计算机系统。嵌入式系统由嵌入式硬件与软件组成。其中,硬件是以芯片、模板、组件、控制器等形式嵌入内部;软件是实时多任务操作系统和各种专用软件,一般固化在 ROM 或闪存中。

嵌入式系统主要应用在各种信号处理与控制的国防、国民经济及社会生活各领域中。嵌入式系统通常可以分为应用层、中间层、操作系统层和驱动层四层。

宿主机(host)是一台通用计算机,可以是 PC,也可以是工作站。宿主机通过串口或者网络连接与目标机通信,其资源比较丰富。目标机(target)是嵌入式系统的硬件平台,而嵌入式软件运行其中,它的资源是有限的,通常体积小、集成度高。嵌入式软件的开发采用"宿主机/目标机"的交叉方式,利用宿主机上丰富的资源以及良好的开发环境,通过串口或者网络等将交叉编译生成的目标代码传输并安装到目标机上,通过调试器在监控程序或者实时内核/操作系统的支持下进行分析、测试和调试。

嵌入式系统的软件、硬件功能界限模糊,其测试比系统软件测试要困难许多。嵌入式软件测试具有以下特点。

(1) 软件功能依赖系统的硬件功能,快速定位错误困难。

(2) 强壮性测试、可知性测试很难编码实现。

(3) 交叉测试平台的测试用例、测试结果上载困难。

(4) 消息系统测试的复杂性,包括线程、任务、子系统之间的交互,并发、容错和对时间的要求。

(5) 确定性能测试的瓶颈比较困难。

(6) 实施测试自动化技术比较困难。最新资料表明,软件测试的工作量往往占软件开发总工作量的 40％甚至以上。极端情况下,在与生命安全等相关的行业中,嵌入式测试所花费的成本可能是软件工程中其他过程总成本的 3～5 倍。

嵌入式软件不仅提供交叉开发环境,也提供交叉测试(cross-test)环境。

构建交叉测试环境需要解决:主机和目标机之间的通信连接;主机如何对目标机程序进行测试控制;目标机如何反馈测试信息及在主机端如何显示测试信息。

嵌入式测试流程包含以下几步。

(1) 使用测试工具的插桩功能(主机环境)进行静态测试分析并且为动态覆盖测试准备好已插桩的软件代码。

(2) 使用源码在主机环境下进行功能测试,修正软件和测试脚本中的错误。

(3) 使用插桩后的软件代码进行覆盖率测试,添加测试用例或修正软件的错误,保证达到所要求的覆盖率目标。

(4) 在目标环境下重复步骤(2),确认软件在目标环境中进行测试的正确性。

(5) 若测试要求达到极致完整,最好在目标系统上重复步骤(3),确定软件的覆盖率没有改变。

通常在主机环境进行大多数测试,只在确定最终测试结果和最后的系统测试时才移植到目标环境,这样可以避免在访问目标系统资源时出现瓶颈,也可以减少在昂贵资源(如在线仿真器)上的费用。

9.3　手机测试

手机测试包含传统手机测试、手机应用软件测试以及手机 Web 测试。传统手机测试是指针对手机设备本身的测试,包括手机的抗压、抗摔、抗高温、防水等测试,也包括手机本身的功能、性能等测试。手机应用软件测试是指对手机上的软件进行测试。手机 Web 测试是通过手机直接访问 Web 网站的测试。随着人们对移动便携式设备的依赖性越来越强,响应式开发也越来越普及,这类测试与通过计算机访问网站是一样的。

9.3.1　手机测试分类

1. 传统手机测试

手机测试的特点是手机的网络多样化,如 4G 网络、5G 网络、无线网络(WiFi)等;手机的系统多样化,如 Plam、BlackBerry、WindowsMobile、Android、iOS 等;以及手机界面的分辨率也多样化。

手机自身的测试不仅涉及硬件测试和软件测试,还涉及结构测试。若手机结构不合理,可能会造成应力集中,使外壳变形等。

2. 手机应用软件测试

随着智能移动设备的迅猛发展,人们对智能手机的依赖性日益增强,支付宝、智能公交、网上购物等已经充斥在人们生活的每个角落。因此,手机 App 的质量,尤其是操作友好的界面、可靠性、安全性等方面的要求也越来越高。手机 App 因为其资源、能源的有限性,在安全性、性能和可靠性等方面也受到较大的约束,因此手机 App 的测试也面临着许多新的挑战。

1) 移动通信网络的连接

移动通信网络包括无线网络、5G 网络或蓝牙等。由于移动应用通过登录移动通信网络实现在线服务,因此需要在不同的网络和连接性场景中进行功能性测试;性能、安全性和可靠性测试则依赖可用的连接类型。

2) 设备的多样性

不同的场景需要不同的移动终端,并且还要支持不断新加入的"感知器",例如 GPS、陀螺仪、多点触摸屏等。由于涉及不同的硬件设备、各种移动操作系统、不同的软件版本等,移动技术、平台、设备的多样性给开发和测试的兼容性带来了很大困扰。因此,跨平台应用程序的质量是其一大挑战。

3) 资源限制

虽然移动设备越来越强大,但是其资源(如内存、CPU 等)却非常有限,并且手机电池的续航能力、三防(防水、防尘、防震)等方面都有许多缺陷。

4) 安全隐患

对于手机 App 来说,通常需要获取设备 ID、位置、所连接的网络等信息。用户最关心的是 App 是否会盗取用户的个人隐私信息。移动支付的迅速发展也让用户更加关心移动应用的安全,加上 Android 的一些 App 平台审核不够严格,App 中可能会被植入硬性的弹窗广告甚至恶意的木马程序。

手机 App 测试时需要看清测试范围、手机型号要求等,在安装过程中要查看测试是否出现 Bug,安装好 App 后需要测试软件的功能、界面等,在卸载过程中需要查看是否出现 Bug。手机 App 测试与计算机中的软件测试类似,常见问题是安装后能否正常升级、卸载。由于手机内存有限,所以需要检测在使用 App 的过程中是否会造成死机、运行速度慢等情况。由于手机屏幕的种类非常多,所以需要检测安装程序在打开后的每个功能页面是否正常显示。

手机 App 测试技术可以根据 App 的典型特征选择对应的测试技术。

(1) 连接特性。测试不同网络连接的功能、性能、安全性、可靠性。

(2) 用户体验。对 GUI 进行测试。

(3) 设备支持性(物理设备和操作系统)。需要使用基于差异覆盖测试的测试矩阵。

(4) 触摸屏。进行可用性和性能测试。

(5) 新程序开发语言。进行白盒测试、黑盒测试及字节码分析。

(6) 资源限制。针对资源限制的特性,进行功能和性能监控测试。

(7) 上下文感知。对上下文感知进行基于上下文的功能测试。

3. 手机 Web 测试

手机 Web 测试与在计算机上进行 Web 测试基本一致,需要注意的是,手机型号、配置种类非常多,需要在指定的某些手机型号的访问项目中给定 Web URL 页面,然后对其进行测试并报告相应的缺陷。

9.3.2　移动应用软件测试

手机 App 测试包括客户端和服务器端的测试。由于客户端的"碎片化"问题严重,因此在测试时更加关注客户端的测试。服务器端的性能测试可以采用传统测试的方法及工具进行。

从用户及软件质量的角度来看,手机 App 测试的关注点主要在功能性、稳定性、可维护性、性能、兼容性以及安全性等方面。

1. 功能测试

进行功能测试时,检测手机 App 的主要功能及用户常用功能。由于手机 App 的版本更新比较频繁,因此需要检测是否有版本更新的提示、操作系统更新后对应的功能是否能正常使用。若某些手机 App 有离线的功能应用,则应检测在离线状态下是否可以正常使用,离线后再连接网络功能是否正常以及网络的切换(如从 WiFi 切换到 5G)是否会导致功能的异常或者信息丢失等。

2. 用户界面测试

手机 App 需要进行操作界面的测试。测试的目的是验证操作流程是否能够让用户快速接受,是否符合用户习惯等。一个良好产品的使用感是舒适、有用、易用、友好的,这些需要通过用户操作界面和流程来实现。在测试时需要测试手机 App 是否符合用户的操作习惯,不同的触摸和按钮操作是否存在冲突,交互流程分支是否合理并能够让用户快速接受等。同样,在界面布局、导航、图片、内容等方面与传统测试类似。

3. 兼容性

手机 App 需要测试与设备资源限制、网络环境、流量等系统平台相关的兼容性。同样,还要测试与本地或主流 App 的兼容性。

4. 性能测试

手机 App 同样要进行 App 的响应能力、压力、基线、极限等测试。

5. 安全性测试

手机 App 需要测试软件的权限,例如,用户注册登录时的信息是否安全,与财务相关的信息是否及时退出,是否存在泄露隐私的风险等;需要测试数据的安全性,如密码是否明文显示,敏感数据是否存储在设备中,备份是否加密;需要进行网络安全性测试。

除进行以上测试外,还要进行安装卸载测试、定位照相机服务测试、时间测试等。

在移动应用软件测试领域,代表性的测试工具有 Monkey、Robotium、Appium、Instrumentation 和 Robolectric 等。下面简单介绍 Monkey。

Monkey 是 Android SDK 公司提供的一款命令行工具,可以简单、方便地运行在任何版本的 Android 模拟器和实体设备上。Monkey 会发送伪随机的用户事件流,适合对应用进行压力测试。Monkey 可以提供多种参数让测试变得多样化。Monkey 的测试流程为:首先选择被测机器或者模拟器,然后输入制定策略的命令,最后按 Enter 键运行。

9.4 大数据测试技术

9.4.1 大数据测试的基本思想

随着大数据时代的到来,基于大数据分析的各种应用也悄然改变着人们的生活、工作,这种变化不仅给我们带来了巨大的挑战,也为企业带来了新的商机,越来越多的公司将数据当成一种重要的战略资源,对数据进行收集、储备及分析。

在以往,人们通常认为数据是静止的、陈旧的,对数据的处理多为查询及分类统计,并以此得出一些经验及规律。然而,当大数据时代来临,人们通过对海量数据进行分析后发现之前得出的某些规律可能根本不存在。依据大数据的统计和分析能够发现很多以前无法想象的规律。

在传统软件测试过程中,由于受测试成本的约束,测试用例数通常是小样本的有限集合。随着大数据技术的发展,软件测试行业人员也在尝试采用大数据技术来保证软件的可靠性。通过获得海量用户使用软件的数据,再利用大数据处理技术对这些数据进行分析,就能从中发现软件执行失效的小概率事件,从而发现软件缺陷,这种测试方法称为大数据测试方法。

大数据测试思想的核心是通过分析海量用户使用软件的数据来发现传统软件测试阶段不易检查出来的软件缺陷,而不是单纯地从技术角度触发设计测试用例、检测软件缺陷。由于大数据测试思想和传统软件测试思想并不相同,所以大数据测试方法并不能直接替代传统软件测试方法,即使检测出软件缺陷,仍然需要采用传统软件测试方法设计测试用例,进而发现软件错误的位置并进行修复。

大数据测试流程图如图 9-2 所示。

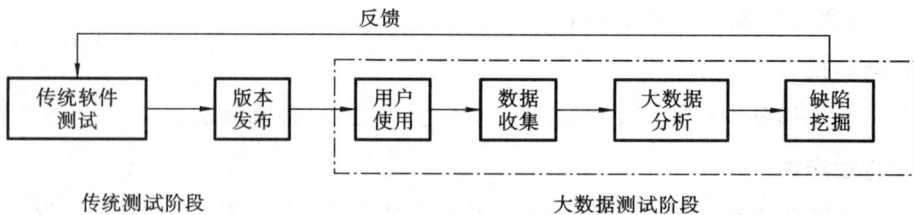

反馈

传统软件测试 → 版本发布 → 用户使用 → 数据收集 → 大数据分析 → 缺陷挖掘

传统测试阶段　　　　　　　　　　　大数据测试阶段

图 9-2 大数据测试流程图

9.4.2 大数据测试的基本流程

大数据测试方法包括用户数据收集、数据处理、大数据分析及缺陷挖掘四个阶段。与敏捷开发方法类似,大数据测试方法同样需要用户的参与,不同的是大数据测试方法参与用户的数量十分庞大。大数据测试方法需要收集海量用户使用软件的数据,再通过对数据进行处理、分析进而进行软件缺陷的挖掘。软件缺陷的挖掘是在海量数据中发现一个软件 Bug 后,采用大数据技术再次从数据中挖掘出更多具有相同特征的软件 Bug。

1. 用户数据收集

数据收集是大数据测试的基础。通常收集数据分为主动收集数据和被动收集数据。大多数企业采用被动收集数据的方式获取用户的一些信息,如通过用户填写部分内容来获取数据;而主动收集数据可以通过手机、360 随身 WiFi 和 Wireshark 软件等抓取手机 App 获取网络传输的数据包。

2. 数据处理

主动收集数据所得到的数据格式不一定便于大数据分析工具的读取和处理,需要进行格式转换,例如,将所有格式转换为 CSV 格式的文件,以方便大数据分析工具进行处理。

3. 数据分析

使用大数据分析工具进行分析。数据通常分为结构化数据和非结构化数据。虽然主动收集的数据大多数是非结构化数据,但是我们希望大数据分析工具处理的是结构化数据,因此,需要采用正则表达式对非结构化数据进行分析和提取。若无法迅速掌握正则表达式的语法,则可以使用 RegexBuddy 和 JavaScript 正则表达式在线测试工具来辅助编写。

4. 对手机 App 进行性能测试

通过实时获取手机 App 的联网信息,这些数据量非常庞大且是非关系型的,不能直接存储在关系型数据库中,因此,可以通过大数据分析工具来满足这种需求。例如,可以使用大数据分析工具将获取到的手机联网数据进行分析,获得手机 App 的联网效率,从而实现对手机 App 进行性能测试。

9.4.3　工具的选择

1. Wireshark

Wireshark 是一款网络封包分析软件,用于抓取并显示网络封包的详细信息。Wireshark 使用 Winpcap(Windows packet capture)作为接口,直接与网卡进行数据报文交换。

2. Total Control

Total Control 是一款安卓手机投屏软件,可以通过该软件实现计算机对手机的控制。将手机投屏到计算机上,并从计算机端反向控制和操作手机,手机的一切功能均由计算机操作实现。

3. Splunk

Splunk 是一款成熟的商业化日志处理分析产品,也是一套开源的方案 ELK(Elasticsearch＋Logstash＋Kibana)。Splunk 是机器数据的引擎。Splunk 开源让所有人访问机器数据,让机器数据对所有人有用。使用 Splunk 可以收集、索引和使用所有应用程序、服务器及设备生成的快速移动型计算机数据。使用 Splunk 可以监视端对端的基础结构,避免服务性能降低或中断,以较低的成本满足要求;可以关联分析跨越多个系统的复杂事件,获取新层次的运营可见性、IT 和业务职能等信息。

9.5 车载测试

在科技飞速发展的时代,汽车已不仅仅是一种交通工具,更是一个集先进技术于一体的智能移动空间。随着汽车智能化和网联化的不断推进,车载系统的重要性日益凸显出来。从精准的导航系统带领我们畅行无阻,到丰富多样的车载信息娱乐系统为旅途增添乐趣,再到关键的车载控制系统确保行车安全,因此,这些车载系统的稳定运行和卓越性能至关重要。而这背后,车载测试发挥着不可或缺的作用。车载测试面临的技术难点是多方面的,这些难点反映了汽车软件系统的复杂性、安全要求和多变的运行环境。以下是一些主要的技术难点。

1. 系统集成复杂性

汽车软件不仅数量庞大,而且运行在不同的硬件和操作系统上,测试工作需要涵盖广泛的技术和平台。现代车辆集成了多种不同的计算平台,包括传统的嵌入式系统和更现代的、类似服务器的计算架构。车载测试必须涵盖所有这些系统及其交互。

2. 安全性与可靠性

汽车软件的安全测试不仅限于功能正确性,还包括对抗恶意攻击的能力,如防止黑客入侵和保护数据隐私。根据 ISO 26262 等标准,测试不仅要确保软件功能正确,还要证明其在潜在故障情况下的安全性。测试中要模拟各种正常操作和极端情况,以及从未预见到的场景,确保系统在面对未知情况时仍能保持稳定。

3. 实时性和性能

车载系统必须满足严格的实时性和高可靠性要求,任何延迟或故障都可能导致严重后果。

许多车载系统(如制动和转向控制)要求严格的实时响应,测试需证明系统在最坏情况下仍能满足时限。随着车载信息娱乐系统的加入,用户对系统的响应速度和流畅度有更高的期望,车载系统需要的性能也越高。

4. 环境和场景仿真

汽车在多变的环境中运行,软件测试需要考虑不同的气候、地形和道路条件。由于在实际道路上进行测试存在安全和成本问题,因此需要在模拟环境中准确地复现真实世界的驾驶情景。自动驾驶车辆依赖多个传感器(如雷达、摄像头、激光雷达)的数据融合,测试需要验证这些传感器协同工作的正确性。

5. 用户体验和界面

车载测试不仅要关注系统的功能性,还要关注用户界面的直观性和易用性。随着非传统控制方式的增加,车载测试必须涵盖语音识别的准确性和手势控制的响应性。

6. 长期稳定性与耐久性

考虑到汽车的使用寿命通常比电子产品的长,因此需要进行长期稳定性测试。需要测试汽车软件在各种气候条件下的表现,如从极寒到酷热。

为了克服这些技术难点,车载软件测试需要采用先进的测试方法、工具和技术,包括但不限于硬件在环(HIL)仿真、软件在环(SIL)仿真、模型驱动的开发和测试、自动化测试框架、持续集成和部署(CI/CD)以及专门的安全测试技术。此外,跨学科团队的合作也是成功实施车载软件测试的关键因素。

9.6　小结

本章主要介绍了一些实用软件测试技术。

随着 Web 应用的增多,新模式的解决方案中以 Web 为核心的应用也越来越多,很多公司开发的应用构架都以 B/S 即 Web 应用为主。Web 测试涉及的内容有界面测试、功能测试、性能测试、安全性测试等。

嵌入式系统的软件、硬件功能界限模糊,其测试比系统软件测试要困难许多。

手机测试包含传统手机测试、手机应用软件测试以及手机 Web 测试。传统手机测试是指针对手机设备本身的测试,包括手机的抗压、抗摔、抗高温、防水等测试,也包括手机本身的功能、性能等测试。手机应用软件测试是指对手机上的软件进行测试。

大数据测试思想的核心是通过分析海量用户使用软件的数据来发现传统软件测试阶段不易检查出来的软件缺陷,而不是单纯地从技术角度触发设计测试用例、检测软件缺陷。

车载测试是对汽车电子系统进行的全面检测。它涵盖车载信息娱乐系统、通信系统及控制系统等。测试人员通过功能、性能、安全等多方面测试,确保车载系统在各种环境下稳定运行。随着汽车智能化的发展,车载测试的重要性日益凸显,不断推动着汽车行业迈向更高品质的新征程。

习题 9

一、选择题

1. 为校验某 Web 系统并发用户数是否满足性能要求,应进行(　　　)。

A. 负载测试　　　　B. 压力测试　　　　C. 疲劳强度测试　　　　D. 大数据量测试

2. 以下不属于大数据流程的是(　　　)。

A. 用户使用　　　　B. 数据收集　　　　C. 大数据分析　　　　D. 版本更新

3. 以下关于车载测试说法错误的是(　　　)。

A. 车载系统的集成度不高,只需要检测软件是否能够正常运行即可

B. 车载测试所需要测试的角度与移动应用测试的角度是不同的

C. 车载软件测试只需要采用环境仿真是不够的

D. 车载测试需要采用先进的测试方法、工具和技术

二、综合题

1. Web 系统测试主要测试哪些方面? 它是如何进行的?

2. 什么是嵌入式测试? 它有什么特点?

3. 手机测试有哪些分类? 移动应用软件测试需要进行哪些方面的测试?

4. 大数据测试的基本思想是什么? 请简述其基本流程。

5. 车载测试是什么? 主要针对哪些方面进行测试?

6. 某证券交易所为了方便提供证券交易服务,想要开发一个基于 Web 的证券交易平台。其主要功能包括客户开户、记录查询、存取款、股票交易等。客户信息包括姓名、Email(必填且唯一)、地址等;股票交易信息包括股票代码(6 位数字编码的字符串)、交易数量(100 的整数倍)、买/卖价格(单位:元,精确到分)。

系统要求支持:① 在特定时期 3000 个用户并发时,主要功能的处理能力至少要达到128 个请求/秒,平均数据量为 2 KB/请求;② 页面中采用表单实现客户信息、交易信息等的提交与交互,系统前端采用 HTML 5 实现。

根据以上信息回答下列问题。

(1) 在对此平台进行非功能测试时,需要测试哪些方面?

(2) 在满足系统支持问题①时,系统的通信吞吐量是多少?

(3) 表单输入测试需要测试哪几个方面?

(4) 针对股票代码为 111111、数量为 10 万股、当前价格为 6.00(元),设计 4 个股票交易的测试输入;设计 2 个客户开户的测试输入,以测试是否存在 XSS、SQL 注入。

7. 某企业想开发一套 B2C 系统,其主要目的是在线销售商品和服务,使顾客可以在线浏览和购买商品与服务。由于系统用户的 IT 技能、访问系统的方式差异较大,因此系统的易用性、安全性、兼容性等方面的测试至关重要。系统要求:① 所有链接都要正确;② 支持不同的移动设备、操作系统和浏览器;③ 系统需通过 SSL 进行访问,没有登录的用户不能访问应用内部的内容。

根据以上要求,回答下列问题。

(1) 简述链接测试的目的以及测试的主要内容。

(2) 简述为了达到系统要求②,要测试哪些方面的兼容性。

(3) 本系统强调安全性,简述 Web 应用安全测试应考虑哪些方面。

(4) 针对系统要求③,设计测试用例以测试 Web 应用的安全性。

第10章 软件测试管理

【学习目标】

对于一个具体的软件测试项目来说，需要哪些管理工作才能让项目可控，并且朝着成功的方向走近呢？通过本章的学习，你将：

（1）掌握软件测试项目管理的思想。

（2）掌握软件测试管理的特点、方法和技巧。

第10章课程资源

10.1 软件测试管理概述

有能力的软件测试组织会拥有一个好的测试系统，该系统能为项目提供有效的和高效的服务。好的测试系统能帮助测试人员把测试工作重点放在关键质量风险上，并发现、再现、隔离、描述以及管理被测软件中最重要的缺陷。图 10-1 所示的为测试系统的组成示意图。其中，测试过程包括书面和非书面的过程、检查列表和其他测试小组执行测试方法所达成的协议；被测件包括测试小组用于测试的文档和软件等；测试环境包括测试小组为了测试而配置到被测系统上的软件、硬件、测试工具、网络和其他基础设施（如实验室等）。

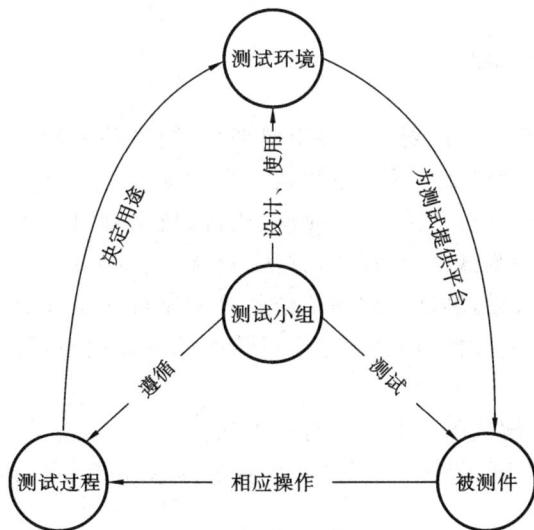

图 10-1　测试系统的组成示意图

从图 10-1 可见，软件测试组织的组建和管理只有从测试过程规范、测试环境的搭建和测试小组的建立、被测件的版本管理等方面着手，才能构建一个良好的测试系统。

对于一个成熟的软件公司来说，测试管理在先，测试活动在后，即先有一套规范的测试流程，然后开展测试活动、收集相关测试数据，并进行分析且持续改进。但对于一个处于初级水平且管理不规范的软件公司来说，一般先有测试活动，在发现问题后为了解决问题才会逐步建立规范的测试管理。从测试管理的角度来看，虽然不同测试阶段的关注点不一样，但在测试过程中各个层面的活动都不能错过，如测试工程师的培训、问题的沟通等。测试作为质量保证的重要手段之一，应强调测试管理的全局性，既不能忽视任何一个环节和活动，也不能放过任何一个可能异常的过程数据。

测试的内容有很多，可以从测试团队（测试小组）、测试过程和测试方法、测试管理、测试执行等多个层次进行。

（1）测试团队。人是决定因素，团队是基础，应在招聘、组建、培训、组织架构和绩效考核等方面锻造一支一流的软件测试队伍。

（2）测试过程和测试方法。由于过程质量决定产品质量，为了保证过程质量，需要根据项目特点和团队状况，对公司的质量保证体系进行适当裁减，建立一套适合该团队的测试计划、设计和执行流程以及缺陷生命周期管理流程等的方法。该方法建立在测试过程中，包括测试策略、自动化测试方法及工具、用例设计方法和测试模板等。

（3）测试管理。有了测试团队、测试过程和测试方法后，就可以分配项目任务、确定角色和职责、分配测试资源和安排测试进度，通过不断地对测试风险进行评估来降低测试风险。

（4）测试执行。执行是测试过程的具体化和测试方法的应用，是项目计划的实施，需要细致的管理，如测试环境的配置、任务的完成情况、缺陷的评审和数据分析，可以通过缺陷跟踪等管理信息系统了解测试的进展和状态，与测试的基准计划进行比对，以发现、跟踪和解决问题。

10.2　测试管理计划

软件测试计划是整个开发计划的重要组成部分，同时又依赖于软件组织的产品开发过程、项目的总体计划和质量保证体系。在测试计划活动中，首先要确认测试的目标、范围和需求，然后制定测试策略，并对测试任务、时间、资源、成本和风险等进行估算或者评估。测试计划是为了解决项目的测试目标、任务、方法、资源、进度和风险等问题，当这些问题被解决或找到相应的解决对策后，测试计划的工作就是编制好测试计划文档。测试计划是一个过程，不仅要编制测试计划文档，还必须随项目情况的变化而不断进行调整，以便优化资源和提高测试效率。

在测试计划中，需要解决的问题主要有以下几项。

（1）测试的目标和范围：包括产品的特性，质量目标，各测试阶段的测试对象、范围和约束条件。

（2）测试工期估算、进度安排和资源配置。根据历史项目的测试工期和其他数据，采用合理的工期评估技术，对测试工作量、所需资源（人力、硬件和测试场地等）进行合理的估算；根据测试的目标和范围，采用项目管理方法的策略对项目的进度和资源进行合理的安排与分配。

（3）测试风险评估。对测试过程中所存在的各种可能的风险进行分析、识别，并采取相应的措施（如回避、监控和管理等）。

（4）确定不同测试阶段的过渡条件。对每个测试阶段，在测试组织进行高效的测试前，被测系统或被测件必须满足最小限定条件的集合。测试计划部分也应该指明各个阶段的开始和结束的必要条件,通常称为进入条件、继续测试条件和退出条件。

进入条件:指允许系统进入某个测试阶段所必备的条件,如必要的文档、设计和需求等是否具备,测试人员所使用的支持工具等是否具备,测试环境是否准备充分。

继续测试条件:指要在测试过程中高效地继续测试的条件,如测试环境是否稳定,测试版本是否定期和适当交付,缺陷跟踪是否可管理等。

退出条件:指决定何时退出测试,如可能是全部计划的测试用例和回归测试已经运行,且被测系统或被测件的质量达到发布标准。

(5)测试版本的管理。当缺乏有效测试计划管理时,通常测试版本的管理也是混乱的,如测试小组一天能收到很多测试版本,更坏的结果是提交的测试版本不具有可测试性。有效的解决方案有:首先在正式提交测试之前进行冒烟测试;其次在项目管理中进行严格的变更管理和软件的版本管理;最后确定以多长周期接受一个测试版本,如系统测试时确定进行几轮测试,在每轮测试中主要完成哪些测试(如回归测试、功能测试和非功能测试等)。

10.2.1　测试计划模板

目前,网络上有很多系统测试策略模板和系统测试计划模板。系统测试策略模板和系统测试计划模板的选择,应根据项目的实际情况选择相应的模板,并不断完善后形成适合自己项目计划的模板。本节主要介绍几种系统测试策略模板和系统测试计划模板。

测试计划可以按集成测试、系统测试、验收测试等不同的阶段去组织和管理。编写这些子测试计划时,要从不同的测试阶段、不同的方法学、不同的目标等方面加以区别。除了为每个测试阶段制订一个计划外,还可以为每个测试任务或目的(如安全测试、性能测试等)制订一个特别的计划。当然,也可为测试计划中的每项内容制订一个具体的实施计划,如每个阶段的测试重点、范围和测试方法等。

1. 系统测试策略模板

1)产品、修订和概述

主要描述产品和修订设计者,简要描述产品如何工作。

2)产品历史

提供产品修订的简短历史,提供产品错误的历史信息。

3)要测试的特性

列出所有测试软件的特性,以最有意义的方式组织列表——用户特性或等级。

4)不测试的特性

描述不被测试软件的特性。

5)测试和不测试的配置

推荐使用表格来说明哪个配置将使用哪款软件进行测试。

6)环境需求

枚举用于测试的硬件、软件和网络等。

7)系统测试方法

简要描述测试产品从开始到结束阶段要执行的内容和要采用的测试方法。

8）初始测试需求

测试策略（本文档）由测试人员编写、产品开发小组评审、项目经理认可。

9）系统测试进入标准和退出标准

进入标准：在产品开始进行系统测试前必须达到的标准。应列举一些不同于一般标准的特殊项。这些特殊项必须和项目经理讨论，并获得其同意。进入标准主要包含以下几个方面。

（1）所有基本功能必须有效。

（2）所有单元测试正确无误。

（3）代码被冻结并包含完整的功能。

（4）代码已进行版本管理。

（5）所有已知问题被纳入缺陷跟踪系统。

退出标准：在产品退出系统测试阶段之前，软件必须达到的标准。一般退出标准主要包含以下几个方面。

（1）执行所有系统测试。

（2）代码全部冻结。

（3）文档评审结束。

（4）没有显示错误。

（5）少于×个主要缺陷和×个次要错误，且无严重缺陷。

2. 系统测试计划模板

1）产品目的

简要描述产品开发的原因以及对公司的好处等。

2）历史

提供产品修订的简要历史。

3）技术需求

若有需求文档，可以参考之；否则使用列表列出项目计划的功能，包括特性、性能和安装需求等。

4）系统测试方法

描述希望实现多少手工和自动测试，以及希望如何利用人员。

5）进入标准和退出标准

确定目标标准，通过这些标准可以知道软件准备进入或退出系统测试。

6）配置管理

对诸如要测试的特性、不测试的特性、要测试的性能、不测试的性能、要测试的安装、不测试的安装等提供配置管理。

7）进度安排

对测试阶段和活动做一个合理的进度安排。

3. IEEE 829 测试计划模板

IEEE 829 测试计划模板主要包含以下方面。

（1）测试计划标记。

（2）引言。

（3）测试项。

（4）要测试的特性。

（5）不测试的特性。

（6）方法。

（7）测试通过/失败的标准。

（8）暂停标准和恢复测试标准。

（9）测试交互品。

（10）测试任务。

（11）环境需求。

（12）职责。

（13）人员配置和培训需求。

（14）进度安排。

（15）风险管理。

（16）批注。

10.2.2　测试计划的跟踪与监控

软件测试计划的跟踪与监控过程包括定期收集测试项目完成情况的数据，并将实际完成情况的数据与计划进程进行比较，一旦项目的实际进程晚于计划进程，就要采取纠正措施。这个控制过程在软件测试的工期内必须定期进行。在软件测试过程中，应确定一个固定的报告期，将实际进程与计划进程进行比较。根据软件测试项目的复杂程度和完工期限，可以将报告期定为日、周、双周或月。如果测试项目能在一个月内完成，则报告期应缩短为一天；若测试项目能在三年内完成，则报告期可能是一个月。在每个报告期内，需要收集以下两种数据或信息。

（1）实际进程数据，主要包括从活动开始到结束的实际时间，以及投入的实际成本。

（2）任何与测试项目范围、进度计划和预算变更有关的信息。这些变更可能是由客户或测试项目团队引起的，或者是由某种不可预见的事情引起的，如员工辞职、自然灾害等。

实际中需要注意的是，一旦信息变更被列入计划并得到批准，就必须建立一个新的基准计划。这个软件测试计划的范围、进度和预算可能与最初的基准计划不同。

最新的进度计划和测试预算一经批准，必须将它们与基准进度和预算进行比较，分析其偏差，确定测试是提前还是延期完成，是低于还是超过预算。若项目进展顺利，就不需要采取纠正措施；若需要采取纠正措施，就必须对项目计划或预算采取的纠正措施做出决策，这些通常涉及时间、成本和测试范围，如增加测试资源、缩短测试工期等。一旦决定采取某种纠正措施，必须将其列入进度计划和预算，然后给出一个新的进度计划和预算，以判断该计划采取的纠正措施在进度和成本范围内能否接受；否则，需进一步修改。

在测试过程中，可能发生的变更会对测试计划产生影响。这些变更可能是由客户或项目开发团队引起的，或者是由某种不可预见事件引发的，如需求发生变化后，测试用例应进行重新设计。这些变更意味着对最初项目范围的修改,这将对进度计划、测试成本等产生影响,该影响的程度取决于做出变更的时间。发生在项目早期的变更对测试进度、测试成本的影响比发生在项目晚期的变更小。一些变更是由最初制订测试计划时忽略的一些活动引起的,不可预见的事件的发生使一些变更难以避免,如项目团队的关键成员突然离职等。对于测试进度,其变更可能会引起测试活动的增加或删除、活动的重新排序、活动工期估计的变更或者测试项目完工时间的更新。软件测试的变更控制过程如图 10-2 所示。

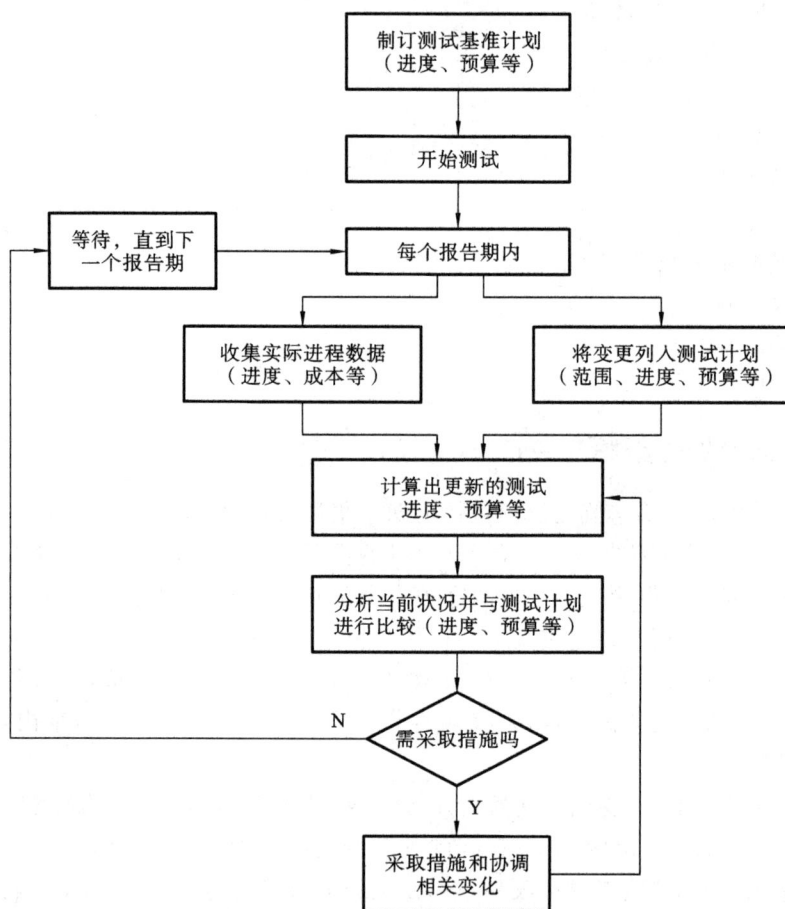

图 10-2　软件测试的变更控制过程

要完美实现测试目标,使测试计划中的测试策略、测试方法和测试技术充分发挥作用,并形成一个符合测试目标要求的有效测试过程,这不仅需要良好的测试计划,更为重要的是要对测试计划进行良好的跟踪和监控。由于现在的软件规模越来越大,所需要测试的规模和复杂度的要求也越来越高,同时由于市场竞争越来越激烈,给予整个项目的开发时间越来越短,这就要求测试人员对测试过程进行有效的管理。

要跟踪管理好测试过程和测试计划,采用测试管理系统是必不可少的。测试管理系统包含以下内容。

(1)测试用例。

（2）测试包（测试用例的组合）。

（3）测试结果。

（4）缺陷管理（记录、跟踪和分析）。

（5）测试资源分配。

（6）测试环境的配置。

市场上的测试管理工具有很多，可根据企业项目管理的实际情况和财力情况来决定购买商业测试管理工具或采用免费的测试管理工具，如中小型软件企业，从有限的研发费用和免费开源测试管理工具提供的功能及性能两个方面来看，使用开源工具能满足大部分企业的管理要求。下面首先介绍商业测试管理工具，然后介绍免费开源测试管理工具。

主要的商业测试管理工具有以下几种。

（1）软件测试管理工具：HP-Mercury 的 Test Director、IBM-Rational 的 Test Manager 等。

（2）缺陷管理工具主要有：IBM-Rational 的 ClearQuest、Compuware 公司的 Track-Record 软件、微创公司的 BMS 软件。

主要的免费开源测试管理工具有以下几种。

（1）免费的开源测试管理工具有：Bugzilla Test Runner（基于开源 Bugzilla 缺陷管理系统的测试用例管理系统）、TestLink（基于 MySQL、PHP 等开发的测试管理和执行系统）等。

（2）免费的缺陷管理工具主要有：Bugzilla（流行的缺陷管理工具）、Mantis（基于 Web 的软件缺陷管理工具）。

10.3　软件测试文档

测试文档（test document）是整个测试活动中的重要文件。测试文档用于描述和记录测试活动的全过程。

10.3.1　IEEE/ANSI 测试文档概述

IEEE/ANSI 规定了一系列有关软件测试的文档及测试标准。

IEEE/ANSI 829/1983 标准推荐了一种常用的软件测试文档格式，便于有效交流测试工作进度。IEEE/ANSI 1012/1986 标准主要对软件进行验证和对测试计划进行确认。

计划和规格说明的文档组成如下。

（1）SQAP：软件质量保证计划，每个软件测试产品中有一个 SQAP。

（2）SVVP：软件验证和确认测试计划，每个 SQAP 中有一个 SVVP。

（3）VTP：验证测试计划，每个验证活动中有一个 VTP。

（4）MTP：主确认测试计划，每个 SVVP 中有一个 MTP。

（5）DTP：详细确认测试计划，每个活动中有一个或多个 DTP。

（6）TDS：测试设计规格说明，每个 DTP 中有一个或多个 TDS。

（7）TPS：测试步骤规格说明，每个 TDS 中有一个或多个 TPS。

（8）TCS：测试用例规格说明，每个 TDS/TPS 中有一个或多个 TCS。

（9）TC：测试用例，每个 TCS 中有一个 TC。

10.3.2　软件生命周期各阶段测试交付的文档

从前述可知,软件生命周期分为需求阶段、功能设计阶段、详细设计阶段、编码阶段、测试阶段和运行与维护阶段。在这些不同的阶段都有某种程度的测试活动,每个阶段结束后必须按一定的顺序交付相应的测试文档。

1. 需求阶段

(1) 测试输入:软件质量保证计划、需求(来自开发方)计划。

(2) 测试任务:验证和确认测试计划;对需求进行分析和审查;分析并设计与需求相关的测试,构造相应的需求来覆盖或跟踪矩阵。

(3) 可交付的文档:验证测试计划,针对需求的验证测试计划,针对需求的验证测试报告。

2. 功能设计阶段

(1) 测试输入:功能涉及规格说明。

(2) 测试任务:功能设计验证和确认测试计划;分析和审核功能设计规格说明;可用性测试设计;分析并设计与功能相关的测试;构造相应的功能来覆盖矩阵;实施测试。

(3) 可交付的文档:确认的测试计划,针对功能设计的验证测试计划,针对功能设计的验证测试报告。

3. 详细设计阶段

(1) 测试输入:详细设计规格说明(来自开发方)。

(2) 测试任务:详细设计验证测试计划,分析和审核详细设计规格说明,分析并设计内部的测试。

(3) 可交付的文档:详细确认测试计划,针对详细设计的验证测试计划,针对详细设计的验证测试报告。

4. 编码阶段

(1) 测试输入:代码(来自开发方)清单。

(2) 测试任务:代码验证测试计划,分析代码,验证代码,设计基于外部的测试,设计基于内部的测试。

(3) 可交付的文档:测试用例规格说明,需求覆盖或跟踪矩阵,功能覆盖矩阵,针对代码的验证测试计划、针对代码的验证测试报告。

5. 测试阶段

(1) 测试输入:要测试的软件、用户手册。

(2) 测试任务:制订测试计划,审查开发部门进行的单元测试和集成测试,进行功能测试,进行系统测试,审查用户手册。

(3) 可交付的文档:测试记录,测试事故报告,测试总结报告。

6. 运行与维护阶段

(1) 测试输入:已确认的问题报告,软件生存周期过程。

（2）测试任务：监视验收测试，为确认的问题开发新的测试用例，对测试进行有效性评估。

（3）可交付的文档：可升级的测试用例库。

10.3.3 测试文档类型

每个测试过程一般需要 5 个基本测试文档。

1. 测试计划文档

测试计划文档是指明测试范围、方法、资源，以及相应测试活动的时间进度安排表的文档。

（1）目标。测试计划应达到的目标。

（2）概述。

①项目背景：简要描述项目背景及所要达到的目标，如项目的主要功能特征、体系结构及简要历史，等等。

②范围：指明测试计划的适用对象及范围。

（3）组织形式：表示测试计划执行过程中的组织结构及结构之间的关系，以及所需要的组织独立程度。同时，指出了测试过程与其他过程之间的关系，如开发、项目管理、质量保证配置管理之间的关系。测试计划还定义了测试工作中的沟通渠道，赋予了解决测试发现问题的权利，以及批准测试输出工作产品的权利。

（4）角色与职责。定义角色以及职责，即在每一个角色与测试任务之间建立关联。

（5）测试对象。列出所有被测目标的测试项（包括功能需求、非功能需求、性能可移植性等）。

（6）测试通过/失败的标准。测试标准是客观陈述，它指明了判断/确认测试在何时结束，以及所测试的应用程序的质量。测试标准可以是一系列的陈述或是对另一个文档（如过程指南或测试标准）的引用。测试标准指明确切的测试目标，度量尺度该如何建立，以及使用哪些标准对度量进行评价。

（7）测试挂起的标准及恢复的必要条件。指明挂起全部或部分测试项的标准，并指明恢复测试的标准及其必须重复的测试活动。

（8）测试任务安排。明确测试的任务，每项任务都应清晰说明以下 6 个方面。

①任务：用简洁的句子对任务加以说明。

②方法和标准：指明执行该任务时，应采用的方法以及应遵循的标准。

③输入/输出：给出该任务所需的输入和输出数据。

④时间安排：给出任务的起始及持续的时间。

⑤资源：给出任务所需要的人力和物力。人力资源安排参考"组织形式"和"角色及职责"，并明确到人。

⑥风险和条件：指明启动该任务应满足的条件，以及任务执行可能存在的风险。

（9）应交付的测试产品。指明应交付的文档、测试代码及测试工具，一般包括文档测试计划、测试方案、测试用例、测试规程、测试日志、测试总结报告、测试输入与输出数据、测试工具。

2. 测试方案文档

测试方案文档是指为完成软件或软件集成特性的测试而进行的设计测试方法的细节文档。

(1) 概述:简要描述被测对象的需求要素、测试设计准则,以及测试对象的历史。

(2) 被测对象:确定被测对象,包括其版本/修订级别、软件的承载媒介及其对被测对象的影响。

(3) 应测试的特性:确定应测试的所有特性和特性组合。

(4) 不被测试的特性:确定被测对象有哪些特性不被测试,并说明其原因。

(5) 测试模型:首先从测试组网图和结构/对象关系图两个描述层次分析被测对象的外部需求环境和内部结构关系,然后进行概要描述,最后确定本测试方案的测试需求和测试着眼点。

(6) 测试需求:确定本阶段测试的各种需求因素,包括环境需求、被测对象要求、测试工具需求、测试数据准备等。

(7) 测试设计:描述各测试阶段需求运用的测试要素,包括测试用例、测试工具、测试代码的设计思路和设计准则。

3. 测试用例文档

测试用例文档是指为完成一个测试用例项的输入、预期结果、测试执行条件等因素的文档。

(1) 测试用例清单。测试用例清单如表 10-1 所示。

表 10-1　测试用例清单

项 目 编 号	测 试 项 目	子项目编号	测试子项目	用 例 编 号
0×××	×××	0×××~0×××	×××	×××
总数				

(2) 测试用例列表。测试用例列表如表 10-2 所示。

表 10-2　测试用例列表

项 目 编 号	测试项目	子项目编号	测试子项目	用 例 编 号	用 例 级 别	用 例 结 论
0×××	×××	0×××~0×××	×××	×××	×	

测试项目:指明并简单描述本测试用例是用来测试哪些项目、子项目或软件特性的。

用例编号:对该测试用例分配唯一的标号标识。

用例级别:指明该用例的重要程度。用例级别并不是指对用例所造成的后果,而是对用例的级别程度进行测定,如一个可能导致死机的用例级别不一定就是高级别,因为其触发的满足条件的概率很小。

测试用例的级别分为 4 级:级别 1(基本)、级别 2(重要)、级别 3(详细)、级别 4(生僻)。用例结论:测试用例的可用性认可。

(3) 输入值列出执行本测试用例所需的具体的每一个输入值。

(4) 预期输出值描述的是被测项目或被测特性所希望或要求达到的输出或指标。

(5) 实测结果指明该测试用例是否通过。若不通过,应列出实际测试时的测试输出值。

(6) 备注如果必要,则填写"特殊环境需求(硬件、软件、环境)"、"特殊测试步骤要求"、"相关测试用例"等信息。

4．测试规程文档

测试规程文档是指执行测试时测试活动序列的文档。

5．测试报告文档

测试报告文档是指执行测试结果的文档。

(1) 概述。指明本报告是哪个测试活动的总结,该测试活动所依据的测试计划、测试方案及测试用例为本文档的参考文档,且必须指明被测对象及其版本/修订级别。

(2) 测试时间、地点和人员。

(3) 测试环境描述。

(4) 测试总结和评价。

① 测试结果统计:对本次测试的项目进行统计,包括通过多少项,失败多少项等。测试结果统计表如表 10-3 所示。

表 10-3　测试结果统计表

	总测试项	实际测试项	OK 项	POK 项	NG 项	NT 项	无须测试项
数目							
百分比							

其中:OK 表示测试结果全部正确;POK 表示测试结果大部分正确;NG 表示测试结果有较大错误;NT 表示由于各种原因本次无法测试。

② 测试评估:对被测对象以及测试活动分别给出总结性的评估,包括稳定性、测试充分性等。

③ 测试总结与改进意见:对本次测试活动的经验教训、主要的测试活动和事件、资源消耗数据进行总结,并提出改进意见。

④ 问题报告:测试缺陷(问题)包括问题总数、致命、严重、一般和提示问题的数目及百分比;测试问题的详细描述表如表 10-4 所示,测试缺陷统计表如表 10-5 所示。

表 10-4　测试问题的详细描述表

问题编号:
问题简述:
问题描述:
问题级别:

续表

| 问题分析与对策: |
| 避免措施: |
| 备注: |

表 10-5 测试缺陷统计表

问题总数	致命问题	严重问题	一般问题	提示问题	其他统计项
数目					
百分比					

表 10-4 中,问题编号表示问题报告单号,问题简述表示对问题的简短概要描述,问题描述表示对意外事件的描述,问题级别表示说明该问题的级别,问题分析与对策表示针对此问题提出影响程度分析与对应策略,避免措施表示针对此问题的预防措施。

6. 其他测试文档

(1) 任务报告:每一项验证与确认任务完成后,都要有一个任务完成情况的报告。

(2) 测试日志:测试工作日程记录。

(3) 阶段报告:每一测试阶段完成后,都要有阶段测试任务完成报告,其中包括经验教训和总结。

10.4 测试人员组织

10.4.1 测试团队的组建

软件的质量不是靠测试试出来的,而是靠产品开发团队所有成员(需求分析工程师、系统设计工程师、程序员、测试工程师、技术支持工程师等)的共同努力来获得的。由于质量始终是产品和企业的生命,所以为了保证产品质量不受项目开发时间和预算的影响,测试人员应具有质量方面的权威性和与之相称的地位。

组建测试团队之前,首先要分析测试组织的现状(如一穷二白、初始级别、扩展级别、成熟级别等),然后分析企业的组织框架(软件测试是属于开发部门管理、独立测试部门还是QA组织等),最后根据所开发的软件产品的类型(产品型、项目型等)确定测试工程师需要哪些测试技能。换句话说,测试团队的组建必须根据企业的具体情况和项目情况来确定。在实践中可按如下方法操作。

(1) 对于测试组织处于初始状态的,要考虑的是如何组建一个适合软件企业未来发展方向的测试团队。主要考虑测试团队的组织架构、测试团队的发展规划和分阶段实施情况。

(2) 对于软件测试已经有初步积累(如已成立项目中的测试小组)、现在扩建测试团队的,主要工作是招聘测试工程师和培养现有的测试工程师,需要考虑项目是否要求性能测试、新员工有没有合适的测试技能等。

(3) 对于已经有一个测试团队,而且是独立的测试部门,现在需要扩展和提高测试团队的测试能力。其主要工作是招聘新的测试人员，对现有的测试人员进行分类培训，培养出某方面的专家，如用例自动化回归测试专家、性能测试专家等。

软件测试团队不仅仅是指被分配到某个测试项目中工作的一组人员，还指一组互相依赖的人员齐心协力地进行工作，以实现项目的测试目标。要使这些测试工程师发展成为一个有效协作的团队，既需要测试项目经理的努力，也需要软件测试团队中每位测试工程师的努力。测试项目团队工作是否有效将决定软件测试的成败。尽管要有计划，也需要项目管理技能，但项目中的每个人员才是项目成功的关键。软件项目的测试需要一个有效的团队，有效的软件测试项目团队具有以下特征。

（1）对软件项目的测试目标有清晰的理解。

（2）对每位测试工程师的角色和职责有明确的期望。

（3）以目标为导向。

（4）高度的互助合作。

（5）高度的信任。

尽管每个软件测试团队都有高效工作的潜力，但通常会存在一些障碍，使得团队难以实现其力所能及的效率水平。下面给出对软件测试团队有效工作的障碍以及克服这些障碍的建议。

（1）目标不明确。项目经理应该就项目说明软件项目的测试目标、测试范围、测试标准、预算以及进度计划，并且要对项目结果和产出的好处做出良好的预期，这一情况应该在第一次软件测试例会上沟通交流。在定期项目测试例会上，项目经理要时刻了解成员在完成必须工作任务时存在的问题。仅在项目开始时，就项目目标作一次说明是远远不够的，项目经理一定要经常地、多次就软件项目的测试目标同成员进行交流与沟通。

（2）角色和职责不明确。在测试项目开始的时候，测试经理要与每一位团队成员进行单独沟通，表明每一位团队成员对该角色及职责的期望，并解释他与其他成员之间的角色和职责的相互关系。在制订软件测试项目计划时，要充分利用工作分解结构（WBS）、责任矩阵、甘特图等工具明确划分每个团队成员的任务。

（3）项目结构不健全。项目结构不健全会让每个成员感觉团队中每个人有不同的工作方向或没有建立团队工作的规章制度。这也是让每位团队成员参加测试项目计划制定的原因。在软件测试项目启动时，测试经理应制订基本的工作规章制度，如沟通渠道、文档撰写、Bug 管理流程等。每项规章制度都需要向每位成员进行详细说明。若某些规章制度对软件测试项目不再有效，测试经理要接受有关废止或修订的建议。

（4）工作缺乏投入。软件测试工程师可能看起来对项目目标或工作热情投入不够，面对这一难题，项目经理需要对成员说明其角色和职责对项目成功的意义，以及该成员能为项目的测试成功做出怎样的贡献。软件测试经理需要对每个测试工程师的工作成绩进行奖励和表扬，并对他们的工作予以支持和鼓励。

（5）沟通不够。沟通不够就会使团队测试工程师之间对项目工作中发生的事情知之甚少，或成员之间不能进行有效交流信息。因此项目经理要定期召开项目例会或相关技术评审会议，要求所有成员对其工作情况进行简要总结，积极鼓励参与并提出问题，以及合作并解决问题。

无论对于哪一种类型的测试团队,其团队的基本职责主要有以下几点。

(1)尽早发现软件产品中尽可能多的缺陷。

(2)督促和帮助开发人员尽快解决产品中的缺陷。

(3)协助项目管理人员制订合理的开发计划和项目测试计划。

(4)对缺陷进行跟踪、分析和总结,以便项目经理和相关人员能够及时、清楚地了解产品当前的质量状态。

(5)评估软件产品的当前质量状态,以评估是否达到发布水平。

(6)培养测试工程师的测试技能。

10.4.2　软件测试经理

软件测试经理应确保全部测试工作在预算范围内按时、优质地完成,从而使客户满意。项目经理的基本职责是测试项目的计划、组织和控制等工作,以实现项目目标。即项目经理的职责就是领导测试团队完成项目的测试目标。

1. 计划

首先,软件测试经理要高度明确项目目标,并就该目标与客户取得一致意见。其次,领导团队成员一起制订项目目标的计划。让项目团队成员一起制订测试计划,这样的计划比测试经理独自制定要更切合实际。

2. 组织

组织工作涉及开展测试工作如何有效、合理地分配资源。首先,测试经理要明确哪些工作应该由团队内部完成,哪些工作应该由团队以外的其他团队完成。然后,应由团队内部完成的工作部分,负责这一工作的具体人员应对项目经理做出承诺。最后,组织工作应该营造一种工作环境,使所有团队成员士气高昂地投入工作。

3. 控制

为了实施测试项目的监控,测试经理需要一套软件测试管理系统,以跟踪实际测试进度并与计划进度进行比较。对于偏差,一定要及早发现,项目经理决不能采取等待和观望的工作方法,要积极主动在问题恶化之前予以解决。

根据经验,采用传统的"组建小组"方法,但它不会使测试成员有太好的工作表现,可以采用一些适当的管理形式,去代替团队不能做的事情:使测试团队成员之间相互信任,测试经理尊重团队成员的时间和对团队的贡献,并且当团队成员需要时支持他们。这些管理小技巧主要有以下几种。

(1)在不损害公司利益前提下,站在测试团队一边。使团队成员坚信,你尊重他们的想法,并且尽力支持他们的工作。另外保证把"好消息"公平地发放到测试小组中。

(2)支持合理的工作方式。应该帮助团队成员缓解测试带来的压力,并注意安抚团队成员。只要有可能,就应该尽量分解工作,以达到专业分工、团队协作的目的。

(3)规划每个团队成员的职业发展。作为测试经理,需要和团队成员一起工作,讨论他们的职业规划,并使他们得到期望的升职和加薪。

10.4.3　测试小组的分类

从测试团队的基本职责可以看出软件测试在软件开发中具有非常重要的地位。在实践中,不少公司都将软件测试团队和质量保证团队合在一起,组成测试部门。把软件测试团队和质量保证团队合并成一个部门,工作会更有效率。在不同的软件企业中,开发团队的组织模式亦有差别,按测试小组的独立性来划分,可分为非独立的测试小组、相对独立的测试小组和独立的测试小组等。

1. 非独立的测试小组

非独立的测试小组以开发为核心,测试只是开发团队中的一部分,不是一个相对独立的部门,测试人员通常由开发人员兼任。采用这种方式,测试人员的独立性很难得到保证。

2. 相对独立的测试小组

相对独立的测试小组以开发为核心,测试是开发团队的有机且重要的组成部分,是一个相对独立的部门。测试人员由专职的人员组成,但测试的进度、成本等仅对项目经理负责。

3. 独立的测试小组

独立的测试小组以项目测试经理为核心,产品组一般由测试小组、文档小组、开发小组、系统小组等组成,不同的小组一般来自不同的职能部门。测试小组除隶属项目组外,其工作同时对项目经理和公司质量保证等部门负责。这种模式的测试独立性比较强。

软件开发公司也可不设置测试组,而将相关测试进行外包。表 10-6 给出了不同测试组织的优点和缺点。

表 10-6　各种测试组织的优点和缺点

组织类型	优　点	缺　点
独立测试小组	观点明确、客观的专业测试人员	开发人员和测试人员有潜在的冲突,要尽早开始测试比较困难
非独立测试小组	精通软件,与测试人员无冲突	缺乏明确的观点、缺乏测试业务知识,还可能缺乏软件测试技能,有交付压力,主要精力集中在开发上
相对独立测试小组	团队工作方式,从一开始就共享资源和设施	迫于交付压力,不考虑质量等问题
第三方测试	低风险,专业测试人员,不需要雇佣或储备或培养测试人员	需要管理,要有一份好的合同

10.4.4　测试团队成员的合适人选

对于测试团队中应该具备哪些技能、素养、行业领域知识和个性的人才能成为优秀的测试工程师,目前仍然是一个仁者见仁、智者见智的问题。在测试过程中,应采取对测试工程师进行鼓励和培养,使个人的技能、素养、行业领域知识等得到加强。在实践中,可以从以下四个方面来挑选优秀的测试工程师。

1. 计算机专业技能

计算机领域的专业技能是测试工程师应该必备的一项技能，是做好测试工作的前提条件。计算机专业技能主要包含以下三个方面。

（1）测试专业技能。测试专业技能涉及的范围很广，既包括黑盒测试、白盒测试、测试用例设计等基础测试技术，又包括单元测试、功能测试、集成测试、系统测试、性能测试等测试方法，还包括基础的测试流程管理、缺陷管理、自动化测试技术等知识。

（2）软件编程技能。只有有编程技能的测试工程师，才可以胜任诸如单元测试、集成测试、性能测试等难度较大的测试工作。

（3）掌握网络、操作系统、数据库、中间件等计算机基础知识。与开发人员相比，测试人员掌握的知识具有"博而不精"的特点，如在网络方面，测试人员应该掌握基本的网络协议以及网络工作原理，尤其要掌握一些网络环境的配置，这些都是测试工作中经常使用到的知识；在操作系统和中间件方面，应该掌握基本的使用以及安装、配置等；在数据库方面，至少应该掌握 Mysql、MS Sqlserver、Oracle 等常见数据库的使用。

2. 行业领域知识

行业主要指测试人员所在企业涉及的领域，例如很多 IT 企业从事石油、电信、银行、电子政务、电子商务等行业领域的产品开发。具有行业知识即行业领域知识，是测试人员做好测试工作的又一个前提条件，只有深入了解产品的业务流程，才可以判断开发人员实现的产品功能是否正确。而且行业知识与工作经验有一定关系，可通过时间完成积累。

3. 个人素养

测试工作在很多时候都会显得有些枯燥，只有热爱测试工作，才更容易做好。因此测试人员首先要对测试工作有兴趣，然后对测试保持适度的好奇心（在按时完成开发测试执行所需的测试包和充满激情地编写灵活高效的测试用例之间取得平衡），最后应是一个专业悲观主义者（测试人员应该把精力集中放在缺陷的查找上，发现项目的阴暗面）。此外还应该具有以下一些基本的个人素养。

（1）专心：主要指测试人员在执行测试任务的时候要专心，不可一心二用。经验表明，高度集中精神不但能够提高效率，还能发现更多的软件缺陷。

（2）细心：主要指执行测试工作时要细心，认真执行测试，不可以忽略一些细节。某些缺陷如果不细心会很难发现，例如一些界面的样式、文字等。

（3）耐心：很多测试工作有时候会显得非常枯燥，需要很大的耐心才可以做好。如果比较浮躁，就不能做到"专心"和"细心"，这会让很多软件缺陷从你眼前逃过。

（4）责任心：责任心是做好工作必备的素质之一，测试工程师更应该将其发扬光大。如果测试中没有尽到责任，甚至敷衍了事，这将会把测试工作交给用户来完成，很可能引起非常严重的后果。

（5）自信心：自信心是现在多数测试工程师都缺少的一项素质，尤其在面对需要编写测试代码等工作的时候，往往认为自己做不到。要想获得更好的职业发展，测试工程师应该努力学习，建立能"解决一切测试问题"的信心。

4. 团队协作能力

测试人员不但要具有良好的团队合作能力,还要具有与测试组的人员、开发人员、技术支持等产品研发人员之间良好的沟通和协作能力,而且应该学会宽容待人,学会理解开发人员,同时要尊重开发人员的劳动成果。

10.5　配置管理

软件产品从需求分析开始到最后提交产品要经历多个阶段,每个阶段的工作产品又会产生出不同的版本,如何在整个生产期内建立和维护产品的完整性是配置管理的目的。配置管理的关键过程域的基本工作内容是:标识配置项、建立产品基线库、系统地控制对配置项的更改、产品配置状态报告和审核。同软件质量保证活动一样,配置管理活动必须制订计划,而不能随意。相关的组织和个人要了解配置管理的活动及其结果,并且要认同在配置管理活动中所承担的责任。

软件配置管理(software configuration management,SCM)是否进行与软件的规模有关,软件规模越大,配置管理就显得越重要。在团队开发中,它是标识、控制和管理软件变更的一种管理。配置管理的使用取决于项目规模、复杂性及其风险水平。

1. 软件配置管理应提供的功能

ISO 9000.3 中,对配置管理系统的功能做了如下描述。

(1)唯一地标识每个软件项的版本。

(2)标识共同构成一完整产品的特定版本的每一软件项的版本。

(3)控制由两个或多个独立工作的人员同时对一给定软件项进行更新。

(4)按要求在一个或多个位置对复杂产品的更新进行协调。

(5)标识并跟踪所有的措施和更改。在开始到放行期间,这些措施和更改是由于更改请求或问题引起的。

2. 版本管理

软件配置管理分为版本管理、问题跟踪和建立管理三个部分,其中版本管理是基础。版本管理完成以下主要任务。

(1)建立项目。

(2)重构任何修订版的某一项或某一文件。

(3)利用加锁技术防止覆盖。

(4)当增加一个修订版时要求输入变更描述。

(5)提供比较任意两个修订版的使用工具。

(6)采用增量存储方式。

(7)提供对修订版历史和锁定状态的报告功能。

(8)提供归并功能。

(9)允许在任何时候重构任何版本。

(10)权限的设置。

（11）升级模型的建立。

（12）提供各种报告。

3. 配置管理软件

通过配置管理软件,实现配置管理中各项要求,并能集成多种流行开发平台,为配置管理提供了很大的方便。

（1）软件配置管理概念。软件配置管理是通过在软件生命周期的不同时间点上对软件配置进行标识,并对这些标识的软件配置项的更改进行系统控制,从而达到保证软件产品的完整性和可溯性的过程。

① 配置:软件系统的功能属性。

② 配置项:软件系统的逻辑组成,即与某项功能属性相对应的文档或代码等。

（2）软件配置管理的 4 个基本过程。

① 配置标识:标识组成软件产品的各组成部分并定义其属性,制订基线计划。

② 配置控制:控制对配置项的修改。

③ 配置状态发布:向受影响的组织和个人报告变更申请的处理过程、已通过的变更及它们的实现情况。

④ 配置评审:确认受控软件配置项满足需求并准备就绪。

（3）配置库。配置库是对各基线内容的存储和管理的数据库。

① 开发库:程序员工作空间,始于某一基线,为某一目的开发服务,开发完成后,经过评审回归到基线库。

② 基线库:包括通过评审的各类基线、各类变更申请的记录和统计数据。

③ 产品库:某一基线的静态拷贝,基线库进入发布阶段形成产品库。

10.6 测试风险管理

1. 风险的基本概念

软件风险是指开发不成功时引起损失的可能性,这种不成功事件会导致公司在商业上的失败。风险分析是对软件中潜在的问题进行识别、估计和评价的过程。软件测试中的风险分析是根据测试软件将出现的风险,制订软件测试计划,并排列优先等级。

软件风险分析的目的是确定测试对象、测试优先级,以及测试的深度,有时还包括确定可以忽略的测试对象。通过风险分析,测试人员识别软件中高风险的部分,并进行严格、彻底地测试;确定潜在的隐患软件构件,对其进行重点测试。在制订测试计划的过程中,可以将风险分析的结果用来确定软件测试的优先级与测试深度。

2. 软件测试与商业风险

软件测试是一种用来尽可能降低软件风险的控制措施。软件测试是检测软件开发是否符合计划,是否达到预期的结果的测试。如果检测表明软件的实现没有按照计划执行,或与预期目标不符,就要采取必要的改进行动。因此,公司的管理者应该依靠软件测试之类的措施来帮助自己实现商业目标。

3. 软件风险分析

风险分析是一个对潜在问题识别和评估的过程,即对测试的对象进行优先级划分。风险分析包括以下两个部分。

- 发生的可能性:发生问题的可能性有多大。
- 影响的严重性:如果问题发生了会有什么后果。

通常风险分析采用两种方法:表格分析法和矩阵分析法。通用的风险分析表包括以下几项内容。

(1) 风险标识:表示风险事件的唯一标识。

(2) 风险问题:风险问题发生现象的简单描述。

(3) 发生可能性:风险发生可能性的级别(1~10)。

(4) 影响的严重性:风险影响的严重性的级别(1~10)。

(5) 风险预测值:风险发生可能性与风险影响的严重性的乘积。

(6) 风险优先级:风险预测值从高向低的排序。

综上所述,软件风险分析的目的是:确定测试对象、确定优先级,以及测试深度。在测试计划阶段,可以用风险分析的结果来确定软件测试的优先级。对每个测试项和测试用例赋予优先代码,将测试分为高、中和低的优先级类型,这样可以在有限的资源和时间条件下,合理安排测试的覆盖度与深度。

4. 软件测试风险

软件测试的风险是指软件测试过程中出现的或潜在的问题,造成的原因主要是测试计划的不充分、测试方法有误或测试过程的偏离,从而造成测试的补充以及结果不准确。测试的不成功导致软件在交付后潜藏着问题,一旦在运行时爆发,会带来很大的商业风险。因此应对测试计划执行的风险进行分析,并且制定应采取的应急措施,以降低软件测试产生的风险及其造成的危害。

测试计划的风险一般指测试进度滞后或出现非计划事件,就是针对计划好的测试工作造成消极影响的所有因素,对于计划风险分析的工作是制订计划风险发生时应采取的应急措施。

其中,交付日期的风险是主要风险之一。测试未按计划完成,发布日期推迟,影响对客户提交产品的承诺,管理的可信度和公司的信誉都会受到考验,同时也受到竞争对手的威胁。交付日期的滞后,也可能是已经耗尽了所有的资源。计划风险分析所做的工作重点不在于分析风险产生的原因,重点应放在提前制定应急措施来应对风险发生。当测试计划发生风险时,可能采用的应急措施有:缩小范围、增加资源、减少质量过程等。

将采用的应急措施如下。

应急措施 1:增加资源。请求用户团队为测试工作提供更多的用户支持。

应急措施 2:缩小范围。决定在后续的发布中,实现较低优先级的特性。

应急措施 3:减少质量过程。在风险分析过程中,确定某些风险级别低的特征测试,或少测试。

上述列举的应急措施要涉及有关方面的妥协,如果没有测试计划风险分析和应急措施处理风险,开发者和测试人员能采取的措施就比较匆忙,将不利于将风险的损失控制到最小。因此,软件风险分析和测试计划风险分析与应急措施是相辅相成的。

由上面分析可以看出,计划风险、软件风险、重点测试、不测试,甚至整个软件的测试与应急措施都是围绕"用风险来确定测试工作优先级"这样的原则来构造的。软件测试存在着风险,如果提前重视风险,并且有所防范,就可以最大限度减少风险的发生。在项目过程中,风险管理的成功取决于如何计划、执行与检验每一个步骤。遗漏任何一点,风险管理都不会成功。

10.7　测试成本管理

10.7.1　软件测试成本管理概述

软件测试项目成本管理就是根据企业的情况和软件测试项目的具体要求,利用公司既定的资源,在保证软件测试项目的进度、质量达到客户满意的情况下,对软件测试项目的成本进行有效的组织、实施、控制、跟踪、分析和考核等一系列管理活动,能最大限度地降低软件测试项目成本,提高项目利润。

成本管理的过程包括以下 4 个方面。

(1) 资源计划。

(2) 成本估算。

(3) 成本预算。

(4) 成本控制。

10.7.2　软件测试成本管理的一些基本概念

对于一般项目,项目的成本主要由项目的直接成本、管理费用和期间费用等构成。

1. 测试费用有效性

风险承受的确定,从经济学的角度考虑就是确定需要完成多少次测试,以及进行什么类型的测试。经济学所做的判断,确定了软件存在的缺陷是否可以接受,如果可以,能承受多少。测试的策略不再主要由软件人员和测试人员来确定,而是由商业的经济利益来决定的。

"太少的测试是犯罪,而太多的测试是浪费。"对风险测试得过少,会造成软件的缺陷和系统的瘫痪;而对风险测试得过多,就会使本来没有缺陷的系统进行没有必要的测试,或者是对轻微缺陷的系统所花费的测试费用远远大于缺陷给系统造成的损失。

测试费用的有效性,可以用测试费用的质量曲线来表示,如图 10-3 所示。随着测试费用的增加,发现的缺陷也会越多,两线相交的地方是过多测试开始的地方,这时,排除缺陷的测试费用超过了缺陷给系统造成的损失费用。

2. 测试成本控制

测试成本控制也称为项目费用控制,就是在整个测试项目的实施过程中,定期收集项目的实际成本数据,与成本的计划值进行对比分析,并进行成本预测,从而及时发现并纠正偏差,使项目的成本目标尽可能好地实现。

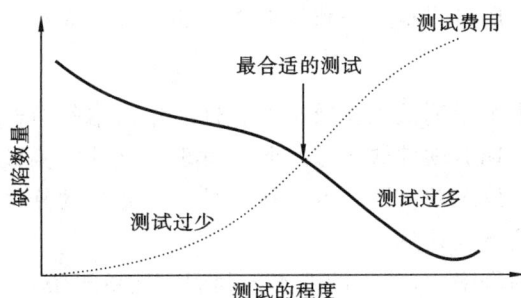

图 10-3　测试费用的质量曲线

测试工作的主要目标是使测试产能最大化,也就是说,要使通过测试找出错误的能力最大化,而检测次数最小化。测试的成本控制目标是使测试开发成本、测试实施成本和测试维护成本最小化。

在软件产品测试过程中,测试实施成本主要包括:测试准备成本、测试执行成本、测试结束成本。

对部分重新测试进行合理的选择,若将风险降至最低,则成本同样会很高,故必须将其与测试执行成本进行比较,权衡利弊。利用测试自动化,进行重新测试,其成本效益较好。部分重新测试选择方法有以下两种。

① 对由于程序变化而受到影响的每一部分进行重新测试。

② 对与变化有密切和直接关系的部分进行重新测试。

降低测试维护成本,与软件开发过程一样,加强软件测试的配置管理,所有测试的软件样品、测试文档(测试计划、测试说明、测试用例、测试记录、测试报告)都应置于配置管理系统控制之下。

保持测试用例效果的连续性是重要的措施,有以下几个方面。

● 每一个测试用例都是可执行的,即被测产品在功能上不应有任何变化。

● 基于需求和功能的测试都应是适合的,若产品需求和功能发生较小的变化,不应使测试用例无效。

● 每一个测试用例不断增加使用价值,即每一个测试用例不应是完全冗余的,通过连续使用,它的成本效益不断增加。

3. 质量成本

测试是一种带有风险性的管理活动,可以使企业减少因为软件产品质量低劣,而花费不必要的成本。

1)质量成本要素

质量成本要素主要包括一致性成本和非一致性成本。一致性成本是指用于保证软件质量的支出,包括预防成本和测试预算,如测试计划、测试开发、测试实施费用。非一致性成本是由出现的软件错误和测试过程中的故障(如延期、劣质的测试发布)引起的支出。

2)质量成本计算

质量成本一般按下式计算:

$$质量成本＝一致性成本＋非一致性成本$$

4. 缺陷探测率

缺陷探测率是另一个衡量测试工作效率的软件质量成本的指标。

缺陷探测率＝测试发现的软件缺陷数/(测试发现的软件缺陷数

　　　　＋客户发现并反馈技术支持人员进行修复的软件缺陷数)×100%

测试投资回报率可按下式计算：

$$投资回报率＝(节约的成本－利润)/测试投资×100\%$$

10.7.3　软件测试成本管理的基本原则和措施

当一个测试项目开始后,就会发生一些不确定的事件。测试项目的管理者一般都在一个不能够完全确定的环境下管理项目,项目的成本费用可能出现难以预料的情况,因此,必须有一些可行的措施和办法来帮助测试项目的管理者进行项目成本管理,从而实施整个软件测试项目生命周期内的成本度量和控制。

1. 软件测试项目成本的控制原则

(1) 坚持成本最低化原则。

(2) 坚持全面成本控制原则。

(3) 坚持动态控制原则。

(4) 坚持项目目标管理原则。

(5) 坚持责、权、利相结合的原则。

2. 软件测试项目成本控制措施

(1) 组织措施。

(2) 技术措施。

(3) 经济措施。

10.8　测试管理工具

10.8.1　TestDirector 测试管理工具及应用

1. TestDirector 概况

TestDirector 是 HP MI(Mercury Interactive)公司推出的知名测试管理工具。它能指导进行测试需求管理、测试计划管理、测试用例管理和缺陷管理,在整个测试过程的各个阶段,适用于对测试执行和缺陷的跟踪。

TestDirector 是用于规范和管理日常测试项目的工作平台。它用于管理不同的开发人员、测试人员和管理人员之间的沟通调度,以及项目内容管理和进度跟踪。

TestDirector 是一个集中实施、分布式使用的专业测试项目管理平台软件,具有以下特点。

(1) TestDirector 提供了与 HP MI 公司的测试工具(WinRunner、LoadRunner、Quick-

测试管理工具-
禅道使用流程

Test Professional 等)、第三方或者自主开发的测试工具、需求和配置管理工具、建模工具的整合功能。TestDirector 能够与这些测试工具无缝链接,提供全套解决方案来进行全部自动化的应用测试。

(2) TestDirector 提供强大的图表统计功能,便于测试工作来提高质量及测试团队来进行管理。TestDirector 基于 Web 方式,无论是通过 Internet 还是 Intranet,测试团队与开发团队都可以基于 Web 的方式来访问 TestDirector。

(3) TestDirector 能系统地控制整个测试过程,并创建整个测试工作流的框架和基础,使整个测试管理过程变得更为简单和有组织性。通常情况下,对应用程序测试是非常复杂的,需要开发和执行数以千计的测试用例。同时,测试需要多样式的硬件平台、多重配置(计算机、操作系统、浏览器)和多种应用程序版本。管理整个测试过程中的各个部分非常耗时且十分困难。

(4) TestDirector 能帮助维护一个测试工程数据库,并能覆盖应用程序各个方面的功能。在工程中的每一个测试点都对应着一个指定的测试需求,它提供了直观且有效的方式来计划和执行测试集、收集测试结果并分析数据。

(5) TestDirector 专门提供一个完善的缺陷跟踪系统,即跟踪缺陷从产生到最终解决的全过程。TestDirector 通过与用户的邮件系统相关联,缺陷跟踪的相关信息即可被整个应用开发组、QA、客户支持、负责信息系统的人员共享。

(6) TestDirector 指导测试用户进行需求定义、测试计划、测试执行和缺陷跟踪,即在整个测试过程的各个阶段,通过整合所有的任务到应用程序测试中来确保高质量的软件产品。

2. TestDirector 管理功能

测试管理的重点在于管理复杂的开发和测试过程,改善部门之间的沟通,加速测试成功。

(1) 测试需求管理。程序的需求驱动整个测试过程。TestDirector 的 Web 界面简化需求管理过程,以此可以验证应用软件的每一个特征功能都正常。TestDirector 的需求管理可以让测试人员根据应用需求自动生成测试用例,通过提供一种直观机制将需求和测试用例、测试结果及报告的错误联系起来,从而确保完全的测试覆盖率。

TestDirector 有两种方式将需求和测试联系起来。其一,TestDirector 捕获并跟踪所有首次发生的应用需求,可以在这些需求基础上生成一份测试计划,并将测试计划对应于需求。例如,有 25 个测试计划可对应同一个应用需求。通过方便管理需求和测试计划之间可能存在的一种多对多的关系,确保每一个需求都经过测试。其二,由于 Web 应用的不断更新和变化,需求管理允许测试人员加减或修改需求,并确定目前的应用需求已拥有一定的测试覆盖率。需求管理帮助决定一个应用软件的哪些部分需要测试,哪些测试需要开发,完成的应用软件是否满足用户的要求等。对于任何动态地改变 Web 应用,必须审阅测试计划是否准确,确保其符合当前的应用要求。

(2) 测试计划。测试计划的制订是测试过程中至关重要的环节,为整个测试提供结构框架。TestDirector 的 Test Plan Manager 在测试计划期间,为测试小组提供统一的 Web

界面来协调团队间的沟通。

Test Plan Manager 指导测试人员如何将应用需求转化为具体的测试计划。这种直观的结构能帮助定义如何测试应用软件,从而组织起明确的任务和责任。Test Plan Manager 提供了多种方式来建立完整的测试计划。可从草图上建立一份计划,或根据需求管理(requirements manager)所定义的应用需求,通过 Test Plan Wizard 快速地生成一份测试计划。若已将计划信息以文字处理文件形式,如 MS Word 方式储存,可再利用这些信息,并将它导入到 Test Plan Manager,并把各种类型的测试汇总在一个可折叠式目录树内,即可在一个目录下查询到所有的测试计划。例如,可将人工和自动测试,如功能性的,还原和负载测试方案结合在同一位置。

Test Plan Manager 还能进一步地帮助完善测试设计和以文件形式描述每一个测试步骤,包括对于每一项测试用户反应的顺序、检查点和预期的结果。TestDirector 还能为每一项测试添加附属文件,如在 Word、Excel、HTML 中用于更详尽地记录每次测试计划。

Web 应用需求也随时间和实践不断改变,其中测试需要相应地更新测试计划、优化测试内容。即使频繁更新,TestDirector 仍能简单地将应用需求与相关的测试对应起来。TestDirector 还可支持不同的测试方式来适应项目特殊的测试流程。

多数测试项目需要人工测试与自动化测试相结合,包括健全、还原和系统测试。但即使符合自动化测试要求的工具,在大部分情况下也需要人工的操作。TestDirector 能让测试人员决定哪些重复的人工测试可转变为自动化的脚本,并可立即启动测试设计过程,以提高测试效率。

(3)安排和执行测试。在测试计划建立后,TestDirector 的测试管理为测试日程制订提供基于 Web 的框架。SmartScheduler 会根据测试计划中创立的指标对运行着的测试执行监控。例如,当网络上任一台主机空闲,测试可以安排 24×7 在它上面执行。SmartScheduler 能自动分辨出是系统的错误还是应用的错误,然后将测试重新安排到网络上其他机器执行。

对于不断改变的 Web 应用,经常性的执行测试对于追查出错发生的环节和评估应用质量都至关重要。然而,这些测试的运行都要消耗测试资源和时间。GraphicDesigner 图表设计,可很快将测试分类以满足不同的测试目的,如功能性测试、负载测试、完整性测试等。TestDirector 的拖动功能可简化设计并对排列在多个机器进行运行的测试,最终根据设定好的时间、路径或其他测试的成功与否,为序列测试制订执行日程。SmartScheduler 能在短时间内,在更少的机器上完成更多测试。当用 WinRunner、Astra QuickTest、Astra LoadTest 或 LoadRunner 自动运行功能性或负载测试,无论成功与否,测试信息都会被自动汇集传送到 TestDirector 的数据储存中心。同样,人工测试也以此方式运行。

(4)缺陷管理。当测试完成后,项目经理必须解读这些测试数据并将这些信息用于工作中。当发现错误时,还要指定相关人员及时纠正。

TestDirector 的出错管理直接贯穿于测试全过程,以提供管理系统终端-终端的出错跟踪,从最初的发现问题到修改错误,再到检验修改结果。由于同一项目组成员经常分布在不同地方,TestDirector 基于浏览器特征的出错管理能让多个用户都通过 Web 查询出错跟踪情况。测试人员只需进入一个 URL,就可汇报和更新错误,通过过滤整理错误列表做出趋势分析。在进入出错案例前,测试人员还可自动执行一次错误数据库的搜寻,确定是否已有类似的案例记录。这一查寻功能可避免重复工作。

(5) 用户权限管理。TestDirector 可以建立用户权限管理。这里的用户权限管理类似 Windows 操作系统下的权限管理,将不同的用户分成用户组。这项功能针对基于应用评测中心具备多项目、多人员的特点,比较适用。

在 TestDirector 中,默认设有 6 个组 TDAdmin、QATester、Project Manager、Developer、Viewer、Customer,用户还可以根据需求,自己建立特殊的用户组。每一个用户组都拥有属于自己的权限设置。

(6) 集中式项目信息管理。TestDirector 采用集中式的项目信息管理,安装在应用评测中心的服务器上,后台采用集中式的数据库(Oracle、SQL Server、Access 等)。所有关于项目的信息都按照树状目录的方式存储在管理数据库中,被赋予权限的用户,可以执行登录、查询和修改的操作。

(7) 分布式访问。TestDirector 将测试过程流水化,从测试需求管理到测试计划、测试日程安排、测试执行到出错后的错误跟踪,仅在一个基于浏览器的应用中便可完成。基于 Web 的测试管理系统能提供一个协同合作的环境和一个中央数据库。由于测试人员分布在各地,需要一个统一的测试管理系统能让用户不管在何时何地都能工作。TestDirector 完全基于 Web 的用户访问,拥有可定制的用户界面和访问权限;完全基于 Web 的服务器管理、用户组和权限管理,实现测试管理软件的远程配置和控制。

(8) 图形化和报表输出。测试过程最后一步是分析测试结果,确定应用软件是否已测试成功或再次测试。

TestDirector 常规化的图表和报告以及在测试的任一环节帮助人们对数据信息进行分析。TestDirector 以标准的 HTML 或 Word 形式提供一种生成和发送正式测试报告的简单方式。测试分析数据还可简便地输入到工业标准化的报告工具,如 Excel、ReportSmith、CrystalReports 和其他类型的第三方工具。

3. TestDirector 测试流程

(1) 总体管理流程。TestDirector 测试流程共有以下 4 步。

① Specify Requirements:分析并确认测试需求。

② Plan Tests:依据测试需求制订测试计划。

③ Execute Tests:创建测试用例(实例)并执行。

④ Track Defects:缺陷跟踪和管理,并生成测试报告和各种测试统计图表。

(2) 确认需求阶段的流程。该阶段进一步分解为以下 4 个环节。

① Define Testing Scope:定义测试范围阶段,包括设定测试目标、测试策略等内容。

② Create Requirements:创建需求阶段,将需求说明书中的所有需求转化为测试需求。

③ Detail Requirements:详细描述每一个需求,包括其含义、作者等信息。

④ Analyze Requirements:生成各种测试报告和统计图表,分析和评估这些需求能否达到设定的测试目标。

(3) 制订测试计划的流程。这一项又可以进一步分解为以下 7 个环节。

① Define Testing Strategy:定义具体的测试策略。

② Define Testing Subjects：将被测系统划分为若干等级的功能模块。

③ Define Tests：为每一个模块设计测试集，即测试用例。

④ Create Requirements Coverage：将测试需求和测试计划进行关联，使测试需求自动转化为具体的测试计划。

⑤ Design Test Steps：为每一个测试集设计具体的测试步骤。

⑥ Automate Tests：创建自动化测试脚本。

⑦ Analyze Test Plan：借助自动生成的测试报告和统计图表进行分析和评估测试计划。

（4）执行测试的流程。执行测试阶段又可进一步分解为以下 4 个环节。

① Create Test Sets：创建测试集，一个测试可包含多个测试项。

② Schedule Runs：制定执行方案。

③ Run Tests：执行测试计划阶段编写的测试项（分自动和手动编写）。

④ Analyze Test Results：借助自动生成的各种报告和统计图表来分析测试的执行结果。

（5）缺陷跟踪的流程。缺陷跟踪又可分解为以下 5 个环节。

① Add Defects：添加缺陷报告。质量保障人员、开发人员、项目经理和最终用户，都可在测试的任何阶段添加缺陷报告。

② Review New Defects：分析、评估新提交的缺陷，确认哪些缺陷需要解决。

③ Repair Open Defects：修复状态为 Open 的缺陷。

④ Test New Build：回归测试新的版本。

⑤ Analyze Defects Data：通过自动生成的报告和统计图表进行分析。

4. TestDirector 测试管理

TestDirector 工程选项设置的操作步骤如下：首先进入 TD 主界面单击右上角"CUS-TOMIZE"按钮，弹出"登录"对话框，然后在对话框中选择一个域及域下面的工程，输入用户名（admin）和密码（默认为空），最后单击"OK"按钮进入选项设置界面，该界面左边有一个树形列表，列举了一些常用的工程选项，下面将逐一介绍。

（1）Change Password 链接：用户可修改当前登录用户的密码。

（2）Change User Properties 链接：可修改当前登录用户基本信息，包括名称、全名、电子邮箱、电话、描述。

（3）Setup User 链接：可设置用户所在的组（用户组是指具有相同权限的用户的集合），一个用户可属于多个用户组。

①左边的树形列表列举出 TD 的所有用户，就是在 Site Administrator 中的 User 标签中添加的（需要在选择之前先进行添加），可选择一个用户，如 admin。

② Member OF：该用户属于哪一个组，可通过左右箭头加以控制。

③ Not Member OF：该用户不属于哪一个组，可通过左右箭头加以控制。

（4）Setup Groups 链接可设置用户组的成员和权限。

① Defect Reporter：缺陷提交人员。

② Developer：开发人员。

③ object Manager：项目经理。

④ Manager：质量保障经理。

⑤ Tester：质量保障人员。

⑥ R&D Manager：需求分析经理。

⑦ TDAdmin：TD 管理员。

⑧ Viewer：查看人员。

不同的角色具有的权限不一样，可以单击右面的 View 按钮查看、单击 Change 按钮修改、单击 Set As 按钮将两个角色相关联。

（5）Customize Module Access 链接。其中，"√"号表示用户组能够访问的模块，"×"号表示用户组不能访问的模块。Defect Reporter 用户组被授予了 Defect Module License，就表示该组内的用户只能使用缺陷管理模块。其他用户被授予了 TestDirector License，表示该组中的用户能够使用需求管理、测试计划、测试执行和缺陷管理跟踪所有的模块。

（6）Customize Project Entities 链接。该模块的作用是设置项目实体。在该模块中，可修改后台数据库的字段，但前提是用户对 TestDirector 的后台数据库比较熟悉。System Field 表示系统默认的字段，User 表示工程自己定义的字段。单击"New Filed"按钮为数据表新增一个字段，单击"Remove Field"按钮为删除一个字段。

（7）Customize Project Lists。该选项设置项目列表也就是设置项目实体中的一个子集。

（8）Customize Mail。该选项设置发送邮件选项，可以实现系统自动发送邮件。

（9）Setup Workflow。该选项设置业务工作量，详细信息请参考 TD 的使用说明。

5．TestDirector 的测试流程场管理

测试流程场管理包括需求管理、测试计划管理、测试执行管理和缺陷管理 4 个模块。它是 TD 的核心功能。

这里用 TestDirector 软件包中自带的演示项目——TestDirector_Demo 为例说明流程管理使用。

在 TD 登录页面中，显示默认的工程项目 TestDirector_Demo，直接单击"Login"按钮，进入测试流程管理的主界面。这里共显示 4 个标签：REQUIREMENTS（需求管理）、TESTPLAN（测试计划）、TEST LAB（测试执行）、DEFECTS（缺陷跟踪），默认显示为"缺陷跟踪"标签。

（1）REQUIREMENTS：测试管理第一步，定义哪些功能需要测试，哪些功能不需要测试。这一步是成功测试的基础。在需求管理模块中，所有需求都是用需求树（需求列表）表示的，可以对需求树中需求进行归类和排序，或自动生成需求报告和统计图表。需求管理模块可实现自动与测试计划相关联，将需求树中的需求自动导出到测试计划中。用 TD 实现需求管理，主要是新建需求、需求转换和需求统计三个步骤。

（2）TESTPLAN：设计完成测试需求后，下一步就需要对测试计划进行管理。在测试计划中，需要创建测试项，并为每个测试项编写测试步骤，即测试用例，包括操作步骤、输入数据、期望结果等，还可以在测试计划与需求之间建立连接。

除了创建功能测试项之外，还可以创建性能测试项，引入不同测试工具生成的测试脚本,如 WinRunner、QTP 等。测试计划管理主要是实现测试计划和测试用例的管理。

(3) TEST LAB:设计完成测试用例后,即可执行测试。执行测试是整个测试过程的核心。

测试执行模块就是对测试计划模块中静态的测试项执行过程。在执行过程中需要为测试项创建测试集进行测试,一个测试集可以包括多个测试项。选择 TEST LAB 可切换到测试执行界面。

(4) DEFECTS:从界面上看,缺陷管理是测试流程管理的最后一个环节,而实际上,缺陷管理贯穿于整个测试流程的始终。在项目进行当中,随时发现 Bug 并随时提交。缺陷管理操作主要为添加缺陷、修改缺陷、查询缺陷、缺陷匹配、发送缺陷及缺陷统计报告等。

在 TD 中,缺陷管理的流程大致要经过几个状态转换:New(新建)→Open(打开)→Fixed(解决)→Closed(关闭)→Rejected(被拒绝)→Reopened(重新打开)。

TD 默认的初始状态为 New,然后由项目经理或 SQA 人员来检查是否是缺陷,若是,则修改优先级并修改状态为 open。

① 缺陷列表。进入缺陷管理界面,界面的主体部分为缺陷列表,双击某一条缺陷可以查看其详细信息。每个字段都有具体含义。

② 添加缺陷。选择和单击 Defects/Add Defect 菜单进行操作,输入缺陷的基本信息。

③ 查询缺陷。工具栏上有三项与查询缺陷有关的按钮(操作)。

● Set Filter/Sort:对缺陷列表进行过滤、排序。

● Clear Filter/Sort:恢复到初始状态。

● Refresh Filter/Sort:刷新显示结果。

④ 缺陷匹配。解决缺陷的重复提交问题。选择一条缺陷,然后单击工具栏上的"Find Similar Defects"按钮,自动查找与该条缺陷相类似的缺陷,并显示查询的结果。

⑤ 发送邮件通知。将缺陷通过发邮件的方式,通知相关人员。方法如下:选择一条缺陷,单击"Mail Defects"按钮,弹出发出邮件对话框并填写收件人地址、抄送地址、邮件主题、发送的缺陷、包含的组件等,并发送。

⑥ 统计报告。进行缺陷的统计,自动生成各种缺陷分布统计图,方便测试人员和项目经理了解缺陷的分布情况和缺陷数量的走势,为项目管理人员做决策提供有力的数据支撑。

统计报告分为两种:文字表格报告和图表统计报告。其中,后者更加直观,它又分为缺陷的分布图和缺陷的走势图。

10.8.2　TestManager 测试管理工具简介

1. Rational TestManager 测试管理工具

IBM Rational TestManager 也是测试业界知名的测试管理工具,可用于实现测试的计划、测试用例设计、测试用例实现、测试的实施以及测试结果的分析。它从一个独立的或全局的角度对各种测试活动进行有效管理和控制。TestManager 可以让测试者随时了解需求变更对于测试用例的影响,也可以对测试计划、测试设计、测试实现、测试执行和结果分析进行全方位的测试管理。Rational TestManager 可处理针对测试计划、执行和结果数据收集,甚至包括使用第三方的测试工具。使用 Rational TestManager,测试者可通过创建、维护或引用测试用例来组织测试计划,包括来自外部模块、需求变更请求和 Excel 电子表格的数据。

（1）获得需求变更对于测试的影响。Rational TestManager 一个主要功能就是通过自动跟踪整个项目的质量和需求状态来分析所造成的针对测试用例的影响,由此成为整个软件团队的项目状态的数据集散中心。

（2）让整个团队获得信息共享访问。QA 或者 QE 经理、商业分析师、软件开发者和测试者使用 Rational TestManager 都能较容易获得基于他们自己特定角度的测试结构数据,并且利用这些数据对于他们的工作进行决策。Rational TestManager 在整个项目生命周期内可为开发团队提供持续的、面向测试计划目标的状态和进度跟踪。

（3）独立性和集成性。Rational TestManager 在 Rational Suite TestStudio 中既可作为一个独立组件存在,也可配合 Rational TeamTest 和 Rational Robot 使用。作为一个集成的软件测试解决方案套件,Rational TestManager 可以和 Rational 的其他产品很好地连接,从而实现各种产品输入的即时跟踪。例如,Rational RequisitePro 需求组件、Rational Rose 系统分析模型与 Rational ClearQuest 需求变更。它的开发方式 API,可让测试者为不同输入类型制作接口程序的配件。

2. 调用和功能测试

TeamTest 是一种团队测试工具,用于功能、性能和质量的量化测试与管理,通过针对一致目标而进行的测试与报告来提高团队的生产力。它提供功能、分布式功能、客户/服务器应用调用、网页和 ERP 应用的自动化测试解决方案,通过跟踪和测试管理来降低团队开发和配置的风险。

（1）提高应用程序质量。Rational TeamTest 为开发中的项目提供了功能和性能的自动化、高效率以及可重复的测试,可以测试管理和跟踪能力。测试者不仅可以降低配置应用的风险,还可以减少测试用时,使得整个团队的生产力得到提高。

（2）重复功能性测试。Rational TeamTest 让测试者可以建立和维护强壮的、可重复的测试脚本功能、分布式功能、衰减、"冒烟"的系列测试,并可以集成在大多数开发环境当中,它使用了面向对象测试（OO Testing）技术。

（3）量化的性能测试。测试者可以设计并执行高度量化的性能测试来模拟现实世界中的真实情景。Rational TeamTest 可以不用编程就能建立复杂的用例场景,并且产生很有条理的报告,显示性能问题的根据所在。

（4）集成测试管理。Rational TestManager 是 Rational TeamTest 集成组件,是测试者的工作平台,以开放式的可扩展环境来管理相关测试工作。测试者使用 Rational TestManager 进行计划,可以设计、实现、执行以及升级功能测试和性能测试。Rational ClearQuest 负责根据相应的变更进行跟踪。

10.8.3　TestLink 测试管理工具简介

TestLink 用于进行测试过程中的管理,通过使用 TestLink 提供的功能,可以将测试过程从测试需求、测试设计到测试执行完整地管理起来,同时,它还提供了多种测试结果的统计和分析,使我们能够简单地开始测试工作和分析测试结果。而且,TestLink 可以关联多种 Bug 跟踪系统,如 Bugzilla、Mantis、Jira 和 readme。

TestLink 是 sourceforge 的开放源代码项目之一,是基于 PHP 开发的、WEB 方式的测试管理系统,其功能可以分为两部分——管理和计划执行。

管理部分包括产品管理、用户管理、测试需求管理和测试用例管理。

计划执行部分包括测试计划并执行测试计划,最后显示相关的测试结果分析和测试报告。

1. TestLink 的主要功能

(1) 测试需求管理。

(2) 测试用例管理。

(3) 测试用例对测试需求的覆盖管理。

(4) 测试计划的制订。

(5) 测试用例的执行。

(6) 大量测试数据的度量和统计功能。

2. TestLink 的主要特色

(1) 支持多产品或多项目经理,按产品、项目来管理测试需求、计划、用例和执行等,项目之间保持独立性。

(2) 测试用例,不仅可以创建模块或测试套件,而且可以进行多层次分类,形成树状管理结构。

(3) 可以自定义字段和关键字,极大地提高了系统的适应性,可满足不同用户的需求。

(4) 同一项目可以制订不同的测试计划,可以将相同的测试用例分配给不同的测试计划,支持各种关键字条件过滤测试用例。

(5) 可以很容易地实现和多达 8 种流行的缺陷管理系统(如 Bugzilla、Mantis、Jira 和 readme 等)集成。

(6) 可设定测试经理、测试组长、测试设计师、资深测试人员和一般测试人员等不同角色,而且可自定义具有特定权限的角色。

(7) 测试结果可以导出多种格式,如 HTML、MS Excel、MS Word 和 Email 等形式的文件。

可以基于关键字搜索测试用例,测试用例也可以通用拷贝生成。

10.9　小结

本章主要介绍了以下几方面的内容。

(1) 测试管理在先,测试活动在后,即先有一套规范的测试流程;然后开展测试活动、收集相关测试数据,并进行分析且持续改进。

(2) 测试管理的内容有很多,可以从团队(测试小组)、过程、测试环境、方法、测试执行等多个层次进行。

(3) 测试策略和测试计划模板的选择,应根据项目的实际情况选择相应的模板,并不断完善后形成适合自己项目计划的模板。常见的测试计划模板有系统测试策略模板、系统测试计划模板、IEEE 829 测试计划模板。

（4）测试文档是整个测试活动中的重要文件。测试文档用于描述和记录测试活动的全过程。测试文档主要有测试计划文档、测试方案文档、测试用例文档、测试规程文档、测试报告文档等。

（5）测试团队的组建必须根据企业的具体情况和项目情况来确定。测试人员不仅要具备良好的计算机技能，还要具备丰富的行业领域知识、良好的个人素养和团队协作能力。

（6）如何在整个生产期内建立和维护产品的完整性是配置管理的目的。配置管理的关键过程域的基本工作内容包括配置项标识、建立产品基线库、系统地控制对配置项的更改、产品配置状态报告和审核。

（7）项目的成本主要由项目的直接成本、管理费用和期间费用等构成。

（8）常用的测试管理工具有 TestDirector、TestManager、TestLink 等。

习题 10

一、选择题

1. 为了保证测试活动的可控性，必须在软件测试过程中进行软件测试配置管理。一般来说，软件测试配置管理中最基本的活动包括（　　）。

A. 配置项标识、配置项控制、配置状态报告、配置审计

B. 配置基线确立、配置项控制、配置报告、配置审计

C. 配置项标识、配置项变更、配置审计、配置跟踪

D. 配置项标识、配置项控制、配置状态报告、配置跟踪

2. 关于软件测试过程中的配置管理，（　　）是不正确的表述。

A. 测试活动的配置管理属于软件项目管理的一部分

B. 软件测试配置管理包括 4 项基本活动：配置项变更控制、配置状态报告、配置审计和配置管理委员会的建立

C. 配置项变更控制要规定测试基线，并对每个基线进行描述

D. 配置状态报告要确认过程记录、跟踪问题报告、更改请求以及更改次序等

3. 在项目质量管理过程中，下面（　　）不属于项目质量管理过程。

A. 质量成本　　　　B. 质量计划　　　　C. 质量保证　　　　D. 质量控制

4. 在项目配置管理的基线变更管理中，下面（　　）不属于该变更管理。

A. 变更验证　　　　B. 变更申请　　　　C. 变更实施　　　　D. 变更批准

5. 在软件项目跟踪控制管理中，下面（　　）不是按时间属性分类的。

A. 定期评审　　　　B. 阶段评审　　　　C. 事件评审　　　　D. 计划评审

二、问答题

1. 测试管理的内容有哪些？

2. 为什么要进行测试计划？测试过程中的变更对测试计划会产生什么影响？

3. 软件生命周期各阶段测试交付的文档有哪些？

4. 组件测试团队需要做哪些工作？

5. 测试风险有哪些？应该如何处理？

参 考 文 献

[1] 宫云战. 软件测试教程[M]. 2 版. 北京:机械工业出版社,2016.

[2] Poul C. Jorgensen. Software Testing-A Craftsman's Approach[M]. 4th Edition. Florida:CRC Press,2008.

[3] Poul C. Jorgensen. 软件测试[M]. 4 版. 马琳,李海峰,译. 北京:机械工业出版社,2017.

[4] 陈承欢. 软件测试任务驱动式教程[M]. 北京:人民邮电出版社,2014.

[5] 朱少民. 软件测试方法和技术[M]. 3 版. 北京:清华大学出版社,2014.

[6] 王丹丹. 软件测试方法和技术实践教程[M]. 北京:清华大学出版社,2017.

[7] 王顺. 软件测试全程项目实战宝典[M]. 北京:清华大学出版社,2016.

[8] 刘攀. 大数据测试技术[M]. 北京:人民邮电出版社,2018.

[9] 郑炜,刘文兴,等. 软件测试[M]. 北京:人民邮电出版社,2017.

[10] 陈英,王顺,等. 软件测试实验实训指南[M]. 北京:清华大学出版社,2018.

[11] 兰景英. 软件测试实践教程[M]. 北京:清华大学出版社,2016.

[12] 周元哲. 软件测试习题解析与实验指导[M]. 北京:清华大学出版社,2017.

[13] 朱少民. 软件测试——基于问题驱动模式[M]. 北京:高等教育出版社,2017.

[14] 范勇,兰景英,李绘卓. 软件测试技术[M]. 西安:西安电子科技大学出版社,2017.